东大哲学典藏·萧焜焘文丛

U0275328

自然辩证法概论新编

萧焜焘　主编

商务印书馆
The Commercial Press
创于1897

2018年·北京

图书在版编目（CIP）数据

自然辩证法概论新编 / 萧焜焘主编. — 北京：商
务印书馆，2018
（萧焜焘文丛）
ISBN 978-7-100-16686-7

Ⅰ. ①自… Ⅱ. ①萧… Ⅲ. ①自然辩证法－研究
Ⅳ. ①N031

中国版本图书馆CIP数据核字（2018）第226985号

（萧焜焘文丛）
自然辩证法概论新编
萧焜焘　主编

商　务　印　书　馆　出　版
（北京王府井大街36号　邮政编码 100710）
商　务　印　书　馆　发　行
三河市尚艺印装有限公司印刷
ISBN 978 - 7 - 100 - 16686 - 7

2018 年 10 月第 1 版　　　开本 640×960　1/16
2018 年 10 月第 1 次印刷　　印张 23 1/4　插页 2
定价：96.00 元

未敢忘却的记忆

萧焜焘先生离开我们已经二十年了。也许，"萧焜焘"对当今不少年轻学者甚至哲学界部分学者来说是一个有点陌生的背影；然而，对任何一个熟悉当代中国学术史尤其是哲学发展史的学者来说，这却是一个不能不令人献上心灵鞠躬的名字。在学术的集体记忆中，有的人被记忆，或是因为他们曾经有过的活跃，或是因为他们曾经占据的那个学术制高点，当然更有可能是因为他们提出的某些思想和命题曾经激起的涟漪。岁月无痕，过往学者大多如时光映射的五色彩，伴着物转星移不久便成为"曾经"，然而每个时代总有那么一些人，他们沉着而不光鲜，沉潜而不夺目，从不图谋占领人们的记忆，但却如一坛老酒，深锁岁月冷宫愈久，愈发清冽醉人。萧焜焘先生的道德文章便是如此。

中国文化中诞生的"记忆"一词，已经隐含着世界的伦理真谛，也向世人提出了一个伦理问题。无论学人还是学术，有些可能被"记"，但却难以被"忆"，或者经不住"忆"。被"记"只需要对神经系统产生足够的生物冲击，被"忆"却需要对主体有足够的价值，因为"记"是一种时光烙印，"忆"却是一种伦理反刍。以色列哲学家阿维夏伊·玛格利特提出了一个严肃的问题："记忆的伦理"。它对记忆提出伦理追问：在被称为"灵魂蜡烛"的记忆共同体中，我们是否有义务记忆某些历史，同时也有义务忘却某些历史？这个命题提醒我们：记忆不只是一个生理事件，也是一个伦理事件；某些事件之所以被存储于记忆的海马区，本质上是因为它们的伦理意义。记忆，是一种伦理情怀或伦理义务；被记忆，是因其伦理贡献和伦理意义。面对由智慧和心血结晶而成的学术史，我们不仅有记忆的伦理义务，而且也有唤醒集体学术记忆的伦理义务。

我对萧先生的"记"是因着本科和研究生两茬的师生关系，而对先生那挥之不去的"忆"却是超越师生关系的那种出于学术良知的伦理回味。四十年的师生关系，被 1999 年元宵节先生的猝然去世横隔为前后两个二十年。前二十年汲取先生的学术智慧，领略先生的人生风采；后二十年在"忆"中复活先生的精神，承续先生未竟的事业。值此先生书稿再版之际，深感自己没有资格和能力说什么。但经过一年的彷徨，又感到有义务说点什么，否则便缺了点什么。犹豫纠结之中，写下这些文字，姑且作为赘语吧。

萧先生对于学术史的贡献留待时间去写就。当下不少学者太急于将自己和对自己"有意义的他人"写进历史，这不仅是一种不智慧，也是一种不自信。我记住了一位历史学家的告诫：历史从来不是当代人写的。学术史尤其如此。我们今天说"孔孟之道"，其实孟子是在死后一千多年才被韩愈发现的，由此才进入人类学术史的集体记忆；要不是被尘封的时间太久，也不至于今日世人竟不知这位"亚圣"的老师是谁——这个问题如此重要，以至于引起了"不知孟子从哪里来"的现代性的困惑。朱熹、王阳明同样如此，甚至更具悲剧色彩，因为他们的思想生前都被视为"伪学"，百年之后方得昭雪，步入学术史的族谱。我不敢妄断先生在未来学术记忆中的位置，因为学术史上的集体记忆最终并不以任何人的个体记忆为转移，它既考量学者对学术的伦理贡献，也考量学术记忆的伦理，这篇前言性的文章只是想对先生的学术人生或道德文章做一个精神现象学的还原：萧焜焘是一个"赤子"，他所有的学术秉持和学术成就，他所有的人生成功和人生挫折，都在于一个"真"字；不仅在于人生的真、学术的真，而且在于学术和人生完全合而为一的真。然而正如金岳霖先生所说，"真际"并非"实际"，学术和人生毕竟是两个世界，是存在深刻差异的两个世界，否则便不会有"学术人生"这一知识分子的觉悟了。先生年轻时追随现代新儒学大师牟宗三学习数理逻辑，后来专攻马克思主义哲学，又浸润于德国古典哲学尤其是黑格尔哲学，是国内研究黑格尔哲学的几位重要的代表性前辈之一。先生治学，真实而特立，当年毛泽东论断对立统一规律是唯物辩证法的核心，先生却坚持否定之否定规律是辩证法的核心，这就注定了他在"文革"中的命运。但是1978年我们进校师从先生学哲学时，他在课堂上还是大讲"否定之否定"的"第一规律"。当年，《中国社会科学》杂志复刊，约他写稿，先生挥笔写就了他的扛鼎之作《关于辩证法科学形态的探索》，此时先生依然初心不改，坚持当初的观点。萧先生是最早创立自然辩证法（即今天的科技哲学）学科的先驱者之一，但他首先攻克的却是"自然哲学"，建立起自然哲学的形上体系。直至今日，捧着这本当代中国学术史上最早的《自然哲学》，我们依然不能不对他的抱负和贡献满怀敬意。他试图建立"自然哲学—精神哲学—科学认识史"的庞大哲学体系，并且在生前完成了前后两部。遗憾的是，"精神哲学"虽然已经形成写作大纲，并且组建了研究团队，甚至已经分配好了学术任务，先生却突然去世，终使"精神哲学"成为当代中国学术史上的"维纳斯之臂"。

　　萧先生对东南大学百年文脉延传的贡献可谓有"继绝中兴"之功，这一点所有东大人不敢也不该忘记。自郭秉文创建东南大学起，

"文"或"秉文"便成为东大的脉统。然而 1952 年院系调整，南京大学从原校址迁出，当年的中国第一大学便只留下一座名为"南京工学院"的"工科帝国"。1977 年恢复高考，萧先生便在南京工学院恢复文科招生，第一届规模较小，第二届招了哲学、政治经济学、中共党史、自然辩证法四个专业。我是七八级的。我们那一年高考之后，招生的批文还没有下发，萧先生竟然做通工作，将我们 46 位高分考生的档案预留，结果在其他新生已经入校一个多月后，我们的录取通知才姗姗来迟，真是让我们经受"烤验"啊。然而，正是这一执着，才使东大的百年文脉得以薪火相传。此后，一个个文科系所、文科学位点相继诞生。可以毫不夸张地说，萧先生是改革开放以后东大百年文脉延传中最为关键的人物，如果没有先生当年的执着，很难想象有今日东大文科的景象。此后，先生亲自给我们讲西方哲学，讲黑格尔哲学，讲自然辩证法，创造了一个个令学界从心底敬重的成果和贡献。

1988 年以后，我先后担任先生创立的哲学与科学系的副系主任、主任；先生去世后，担任人文学院院长。在随后的学术成长和继续创业的历程中，我愈益感受到先生精神和学术的崇高。2011 年，我们在人文学院临湖的大院竖立了先生的铜像，这是 3700 多亩东大新校区中的第一尊铜像。坦率地说，冒着有违校纪的危险竖立这尊铜像，并不只是出于我们的师生之情。那时，东大已经有六大文科学院，而且其中四个学院是我做院长期间孵化出来的。东大长大了，东大文科长大了，我强烈地感到，我们还有该做的事情没有做，我们还有伦理上的债务没有还，趁着自己还处于有记忆能力的年龄，我们有义务去唤起一种集体记忆。这是一种伦理上的绝对义务，也是一种伦理上的绝对命令，虽然它对我们可能意味着某些困难甚至风险。在东大哲学学科发展的过程中，我们曾陆续再版过先生的几本著作，包括《自然哲学》，但完整的整理和再版工作还没有做过。由于先生的去世有点突然，许多事情并没有来得及开展。先生生前曾经在中国人民大学宋希仁教授的建议和帮助下准备出版文集，但后来出版商几经更换，最后居然将先生的手稿和文稿丢失殆尽，造成无可挽回的损失。这不仅是先生的损失、东大的损失，也是中国学术的损失。最近，在推进东大哲学发展、延续东大百年文脉的进程中，我们再次启动完整再版先生著作的计划。坦率地说，所谓"完整"也只是一个愿景，因为有些书稿手稿，譬如先生的"西方哲学史讲演录"，我们未能找到，因而这个对我们的哲学成长起过最为重要的滋养作用的稿子还不能与学界分享。

这次出版的先生著作共六本。其中，《自然哲学》、《科学认识史论》是先生组织大团队完成的，也是先生承担的全国哲学社会科学重大项目的成果。《精神世界掠影——黑格尔〈精神现象学〉的体系与方法》（原名《精神世界掠影——纪念〈精神现象学〉出版180周年》）、《从黑格尔、费尔巴哈到马克思》是先生在给我们讲课的讲稿的基础上完成的。《辩证法史话》在相当程度上是先生讲授的历时两学期共120课时的西方哲学史课程的精华，其内容都是先生逐字推敲的精品。《自然辩证法概论新编》是先生组织学术团队完成的一本早期的教材，其中很多作者都与先生一样早已回归"自然"。依现在的标准，它可能存在不少浅显之处，但在当时，它已经是一种探索甚至是某种开拓了。在这六本先生的著作之外，还有一本怀念先生的文集《碧海苍穹——哲人萧焜焘》，选自一套纪念当代江苏学术名家的回忆体和纪念体丛书。现在，我们将它们一并呈献出来，列入"东大哲学典藏"，这样做不只是为了完成一次伦理记忆之旅，也不只是向萧先生献上一掬心灵的鞠躬致意，而且也是为了延传东大的百年文脉。想当年，我们听先生讲一学期黑格尔，如腾云

驾雾，如今我居然给学生讲授两学期 120 课时的《精神现象学》与
《法哲学原理》，并且一讲就是十五年；想当年，先生任东大哲学系
主任兼江苏省社会科学院副院长，如今我也鬼使神差般在江苏社会
科学院以"双栖"身份担任副院长，并且分管的主要工作也与先生
当年相同。坦率地说，在自我意识中完全没有着意东施效颦的念头，
这也许是命运使然，也许是使命驱动，最可能的还是源自所谓"绝
对精神"的魅力。

　　"文脉"之"脉"，其精髓并不在于一脉相承，它是文化，是学
术存续的生命形态。今天已经和昨天不一样，明天和今天必定更不
一样，世界日新又新，唯一不变、唯一永恒、唯一奔腾不息的是那
个"脉"。"脉"就是生命，就是那个作为生命实体的、只能被精神
地把握的"伦"，就是"绝对精神"。"脉"在，"伦"在，生命在，
学术、思想和精神在，直至永远……

樊　浩

2018 年 7 月 4 日于东大舌在谷

第一版序言

自从 1978 年全国科学技术规划会议将自然辩证法列为重点研究项目以来，十年已经过去了。十年来它得到广泛的研究，特别是将它列为硕士研究生的必修课程以后，更加普及深入了。为了教学的需要，北京编写了一本《自然辩证法讲义》，南京编写了一本《自然辩证法概论》。以后各地区各系统相继出版了一系列的教材，真是蔚为大观。

然而，自然辩证法的"科学体系"，迄今尚无统一认识；自然辩证法的"教学体系"版本虽多，实则趋同。作为一个科学体系，必须具备：前提的自明性、逻辑的一贯性、结论的真理性。而教学体系除了要以科学体系为依据，还必须具备：对象的特殊性、内容的针对性、讲授的方便性。因此，编写一本教材，首先必须有正确的哲学思想做指导，然后因材施教、精选内容、方便说"法"。

最近国家教委关心自然辩证法的教学工作，制定了一份教学大纲征求意见稿，我粗看一遍之后，寄去了一份修改意见，因时间仓促未及深思，因此那个意见很不完备。江苏的同志历年使用《自然辩证法概论》一书，深感有重新编写的必要，推举我主编《〈自然辩证法概论〉新编》(本版改为现名——编者)，以应教学之需。

我根据近年关于对自然辩证法科学体系的思考，参考国家教委的意见，吸收了编写组全体成员的有益意见，制定了一份写作提纲。

这本新编就是据此展开的。

《新编》的特色之一，是它的长篇导论。它揭示了自然辩证法的实质就是"马克思主义的自然哲学"。自从恩格斯指出实证科学兴起以后，那个以虚构的幻想的联系编织起来的自然哲学就解体了，人人都觉得重提自然哲学仿佛是一种倒退。我认为这是由于没有全面吃透恩格斯的精神而导致的一种偏狭见解。恩格斯着手从事的自然辩证法的探索，旨在建立一个新的自然哲学体系。他曾经说，自然科学的发展再也逃避不了辩证的综合了。这就是说，实证科学的分门别类的发展，开始出现违背科学本性的偏执倾向，它们必须复归于综合，即进行科学的概括，从而克服它们的偏执性，深化它们的真理性。于是科学发展的过程就形成这样一个辩证的圆圈运动：自然哲学—实证科学—自然哲学。实证的自然科学的兴起，促使那个笼统的自然哲学解体；愈分愈细的各门科学，转而又要求哲学的辩证综合，即要求建立一个高层次的自然哲学体系。马克思主义自然哲学的形成，正是实证科学这一要求的实现。

这个马克思主义自然哲学的理论体系，是一个动态的逻辑结构，即由一个辩证的圆圈形运动所组成。这个运动过程的三个环节是：宇宙自然论、科学思维论、科学技术论。它们是客观辩证法、主观辩证法以及主客观统一的体现。

我们没有劳神纠缠于物质的定义的烦琐讨论之中，而是从物质的基本特性分析着手，论述了物质的客观实体性、层次结构性、系统过程性及其辩证的统一。这个关于物质动态结构的揭示，合乎逻辑地指明了宇宙自然的历史性，即它的时序特征。这是一个从存在到演化的四维整体发展过程，客观自然界从天体到生命的演化，确证了这一过程的现实性。这里还特别点明了客观自然界的异化，产生了既依存于自然界又与自然界相对立的人类世界。自然界的自在性与人类世界的自为性仿佛是截然划分的。人类的主观能动性与行为目的性似乎是自然界绝对没有的。我们于此第一次提出"自然目的性"问题,论证了人类主观的社会目的性和自然目的性的机制,这一哲学论断的提出,是以自组织理论作为其科学根据的。

客观自然界与人类世界的辩证发展进程,在人类头脑里的反映,就是理论的科学思维,亦即辩证的哲学思维。这个思维过程由三个环节所组成:感性直观—知性分析—理性综合,这是一个表现于主体之中的辩证圆圈运动。用这样一个辩证线索来统率科学方法,就使得这些散漫的、无思想性的、简单操作的"方法"相互联系起来了,生动活泼起来了,从而赋予了诸科学方法以理论的生命与哲学的灵魂。

科学技术论是主客观辩证统一的真理性阶段。这方面的探讨,目前还只能是探索性的。它的辩证构成是:科学技术形态论—科学技术发展论—科学技术价值论。形态论是对科学技术的横向的逻辑结构的解剖;发展论是对科学技术的纵向的历史追踪;价值论是对科学技术的社会功能的价值取向的评估。整个马克思主义自然哲学的历史,特别是它的显为真理的科学技术论的探讨,最终必然要落实到人以及人类社会。它如不能将人从生物的人、现实的人提升到完全的人,它如不能为社会主义的建立、共产主义的前途提供科学基础与技术手段,那么它就不是科学、不是真理。因此,马克思主义自然哲学,必然是而且必须是科学社会主义的理论前提。

我们关于马克思主义自然哲学的科学体系的设想只是初步的探索性的。在写作实践过程中,我们力求使头脑里的东西完全实现,但一时又难以办到,好在一切都在自我扬弃中前进,匡正不妥之处,只好俟诸来日。

1989 年 4 月 7 日

写于扬州江苏农学院

目　录

导　论

第一章　自然辩证法就是马克思主义自然哲学 ... 3

　第一节　马克思主义自然哲学的创立是人类认识发展的

　　　　　必然趋势 ... 4

　　一、古代自然哲学 ... 4

　　二、近代自然哲学 ... 9

　　三、现代自然哲学 ... 15

　第二节　旧自然哲学的扬弃和新自然哲学的复归 ... 19

　第三节　马克思主义自然哲学是自然哲学发展史上的

　　　　　伟大变革 ... 22

　　一、唯物论与辩证法的统一 ... 23

　　二、客观辩证法和主观辩证法的统一 ... 23

　　三、自然运动和历史运动的统一 ... 25

第二章　马克思主义自然哲学是宇宙自然论、科学思维论、科学技术论的辩证统一体 ... 27

第一节　宇宙自然论 ... 27

一、宇宙自然论的本质 ... 27

二、人和自然之间的作用与反作用 ... 28

三、人类认识和改造自然的特征 ... 29

第二节　科学思维论 ... 33

一、人是科学思维的主体 ... 33

二、社会实践是科学思维的源泉 ... 35

三、科学思维的辩证过程 ... 36

四、科学思维的本质 ... 44

第三节　科学技术论 ... 47

一、科学技术论的实质是科学技术的哲学理论 ... 47

二、科学技术的社会目的性 ... 52

三、科学技术目的性的展开过程 ... 54

第三章　马克思主义自然哲学必须以科学社会主义为其理论归宿，才能成为变革现实的强大力量 ... 59

第一节　马克思主义自然哲学是科学社会主义的基础理论之一 ... 59

第二节　马克思主义自然哲学只有落脚到科学社会主义，才能成为变革现实的强大力量 ... 64

第三节　马克思主义自然哲学必须以现代科学技术综合理论为基础，促进哲学与科学的同步发展 ... 70

第一篇 宇宙自然论

第四章 作为物质世界的自然界 ... 79

第一节 物质世界的客观存在性 ... 79

一、物质的客观存在 ... 79

二、物质的实体与属性 ... 81

三、客观存在的辩证性 ... 85

第二节 物质形态的层次结构性 ... 87

一、物质层次结构的划分 ... 88

二、物质层次结构的特点 ... 92

三、物质层次结构的辩证法 ... 95

第三节 物质系统的过程性 ... 97

一、实体与过程的统一 ... 98

二、层次结构在过程中展开 ... 100

三、宇宙自然的整体过程 ... 102

第五章 自然界的演化发展 ... 105

第一节 自然界的历史性 ... 105

一、从存在到演化 ... 105

二、宇宙、天体、地球和生命的起源与演化 ... 109

三、物质生命的异化 ... 114

第二节 客观演化过程 ... 117

一、运动不灭原理 ... 117

二、热力学的演化观 ... 119

三、进化论的演化观 ... 122

第三节 进化与自组织 ... 125

一、自组织及其形成条件 ... 125

二、自组织的目的性 ... 129

三、自然目的性与社会目的性 ... 133

第六章 人和自然 ... 136

第一节 人类的产生 ... 136

一、人类是自然界长期进化的产物 ... 136

二、人类产生的根本机制 ... 138

三、人类区别于动物的根本标志 ... 140

第二节 人类世界 ... 142

一、自然界是人类世界的客观基础 ... 142

二、人类有目的的活动及其产物构成人类世界 ... 143

三、人的能动性与受动性的统一 ... 145

第三节 人与自然的分合关系 ... 147

一、顺应自然与变革自然的矛盾 ... 147

二、人与自然是有机的整体 ... 149

三、协调人与自然关系的可能性 ... 150

第二篇 科学思维论

第七章 感性直观 ... 155

第一节 观察 ... 155

一、观察的实质 ... 155

二、观察的原则 ... 158

三、观察与问题 ... 161

第二节 实验 ... 164

　　一、实验的特点 ... 164

　　二、实验与仪器 ... 169

　　三、实验与理论 ... 170

第三节 直观 ... 172

　　一、直观的特点 ... 172

　　二、直观的抉择性 ... 173

　　三、科学研究中的机遇 ... 173

第八章 知性分析 ... 175

第一节 一般科学方法的灵魂 ... 175

　　一、知性是科学方法的本质 ... 175

　　二、近代方法的核心与现代方法的基础 ... 178

　　三、知性是感性通达理性的桥梁 ... 178

第二节 逻辑方法 ... 179

　　一、逻辑方法是知性思维的典型形式 ... 179

　　二、逻辑方法的内在结构及其规律 ... 182

　　三、逻辑方法的进化与趋势 ... 189

第三节 数学方法 ... 194

　　一、数学方法的知性特征 ... 194

　　二、数学方法中质与量的互补共进性 ... 199

　　三、数学方法中知性思维向辩证思维的转化 ... 202

第九章 理性综合 ... 212

第一节 理性是知性的归宿 ... 212

　　一、知性思维的局限性与实证性 ... 212

二、知性抽象思维和理性具体思维 ... 215

三、理性综合是知性分析的根据与归宿 ... 218

第二节　从科学假说到科学理论 ... 220

一、假说构成的原始综合性 ... 221

二、假说实现的实证性 ... 222

三、假说向理论转化的辩证综合性 ... 224

第三节　现代系统思维的整体性 ... 232

一、现代科学技术综合的辩证发展 ... 232

二、系统思维的基本原则 ... 239

三、协同与自组织方法 ... 245

第三篇　科学技术论

第十章　科学技术形态论 ... 251

第一节　科学技术知识在人类知识、体系中的地位 ... 252

一、知识的常识形态 ... 253

二、知识的科学形态 ... 254

三、知识的哲学形态 ... 257

第二节　科学技术的基本形态 ... 259

一、科学技术的经验形态 ... 260

二、科学技术的实验形态 ... 264

三、科学技术的综合形态 ... 271

第三节　科学技术基本形态的哲学性 ... 279

一、科学技术的实践性 ... 280

二、科学技术的辩证性 ... 283

三、科学技术的具体性 ... 285

第十一章 科学技术发展论 ... 289

　第一节 技术—科学—技术 ... 289

　　一、从技术到科学 ... 290

　　二、从科学到技术 ... 293

　　三、科学与技术的统一 ... 295

　第二节 综合—分化—综合 ... 298

　　一、原始综合 ... 299

　　二、科学分化 ... 302

　　三、辩证综合 ... 304

　第三节 手工技艺—基础理论—工程技术 ... 308

　　一、手工技艺 ... 308

　　二、基础理论 ... 311

　　三、工程技术 ... 316

第十二章 科学技术价值论 ... 322

　第一节 经济价值 ... 322

　　一、科学技术与物质文明 ... 323

　　二、科学技术与社会进步 ... 326

　　三、科学技术与天人合一 ... 329

　第二节 文化价值 ... 332

　　一、科学技术与伦理道德 ... 332

　　二、科学技术与思想感情 ... 335

　　三、科学技术与民族精神 ... 337

　第三节 人生价值 ... 341

　　一、科学技术与人生态度 ... 342

二、科学技术和人类进程 ... 344

三、科学技术与人类理想 ... 347

结束语 ... 350

第一版编后记 ... 353

导论

自然辩证法就是马克思主义自然哲学，它是马克思主义哲学体系的基石，把革命实践视为人们认识和改造自然的原则，力图阐明自然界本身就是一个客观辩证发展过程，人类思维的主观辩证发展不过是它的反映，而在科学技术形态中达到了主客观的辩证统一，从而显示出否定之否定的辩证运动。

第一章　自然辩证法就是马克思主义自然哲学

　　随着实证科学的兴起，人们力图回避"自然哲学"这一概念，往往把它同旧的自然哲学相提并论。其实，恩格斯从来没有一概否定过自然哲学，他反对的只是那种唯心主义和经验主义的自然哲学，即那种"用理想的、幻想的联系来代替尚未知道的现实的联系，用臆想来补充缺少的事实，用纯粹的想象来填补现实的空白"①的自然哲学；对于在科学发展中形成的自然哲学，恩格斯非但未予排斥，恰恰正是他所追求的目的。他那部尚未完成的著作《自然辩证法》，正是企图建立科学的马克思主义自然哲学体系的准备，并为这一体系的创立奠定了理论基础，阐发了马克思主义自然哲学的基本观点。

　　恩格斯认为近代唯物主义是 18 世纪实证科学形成过程中的产物，是 18 世纪科学的最高峰，是第一个自然哲学体系。然而，这个体系的机械力学的特征，导致了它的僵死性、偏执性，未能全面地、动态地刻画宇宙自然的真实的整体图景。恩格斯依据 19 世纪科学发展的辩证综合趋势，在哲学上做了辩证综合的最初尝试，着手创立一个新的自然哲学体系，即马克思主义自然哲学体系。由于马克

---

① 《马克思恩格斯选集》第 4 卷，第 242 页。

思逝世后给他带来的繁重任务，使他中断了这一研究。但他留下的《自然辩证法》手稿，为我们建立马克思主义自然哲学的科学体系勾画了轮廓，指明了方向。随着现代自然科学的发展，马克思主义自然哲学的内容正不断得到丰富和发展，它将如 18 世纪的唯物主义一样，成为 20 世纪以后科学的最高峰。

纵观人类认识的辩证过程，已经历了一个由原始综合—抽象分析—辩证综合的过程；与之相适应的是，自然哲学也经历了一个由古代自然哲学—近代自然哲学—现代自然哲学的否定之否定的辩证发展过程。

第一节　马克思主义自然哲学的创立是人类认识发展的必然趋势

由于"自然观"的常识性与模糊性，往往使人走向"科普"的道路，例如，通俗地概括地介绍四大起源之类的材料，难以深入地揭示自然界的本质特征及演变规律。不同的历史时期有不同的自然哲学。在马克思主义自然哲学产生前，自然哲学主要有三种历史形态，即古代朴素的唯物辩证的自然哲学，近代机械唯物论的自然哲学和德国唯心辩证的自然哲学。这三种自然哲学，既有它们的合理因素，也有它们的非科学成分。在生产不发达和知识不充足的条件下，这些自然哲学充满了幻想、臆想和想象。但其中不少思想对我们是颇有启发的。

一、古代自然哲学

古代自然哲学是同古代的社会生产、社会文明的发展水平相适应的，它经历了原始社会、奴隶社会和封建社会三个阶段。在漫长的历史时期，人们在生产实践中积累了一些利用自然物的经验，获得了一定的劳动技能和生产知识，出现了自然哲学的萌芽，形成了人类对自然界的原始综合知识。这种原始综合知识集中反映在古希腊学者的著作中，如赫拉克利特的《论自然》，德谟克里特的《论宇宙》，亚里士多德的《物理学》，卢克莱茨的《论物性》，等等。由于当时科学从属于哲学，而哲学又以整个自然界作为研究对象，凭借感性直观，依靠思辨抽象，从整体上综合了人们对自然界的本质及其规律性的认识。这种认识的主要内容是：

第一，从本体论上寻求自然界的物质本质。自然哲学一开始就以整个自然界作为研究对象，它要探讨的核心问题是：自然界的实体是什么？实体（substance）亦即本体，它的提出，是人类探索自然的飞跃，其意义在于：人们开始意识到"自然"的感性外观的虚幻性、暂时性、杂多性，而要求探寻真实的、永恒的、统一的实体。也就是说，要求抓住自然的本质及其内在规律性。从古迄今，哲学与科学主要是以各种不同的方式研究和解释实体的问题。

在古希腊，从米利都学派泰勒斯提出的"水原说"到赫拉克利特提出的"活火说"，从恩培多克勒提出的"四元素说"到留基伯、伊壁鸠鲁提出的"原子—虚空说"，都把某种单一的感性物质作为宇宙万物之源，试图从自然自身的多样性中寻求统一的物质实体，但他们都陷入感性的杂多性与实体的普遍性的矛盾中。在这一探索中，亚里士多德克服了上述矛盾，做了系统的研究和论述，代表了希腊古典时代科学和哲学的最高水平。他认为实体是事物最本质的东西，是自然哲学研究的主要对象，所以，在他的范畴中，"实体"在十个范畴中占据了核心地位，其他九个范畴所指谓的东西皆依赖于"实体"所指谓的对象，它们不能独立自存。

"自然"一词，按希腊文 φύσις 的原意，指未经人工雕琢而出自天然的本性。亚里士多德认为自然自身具有一个运动或变化的根据，他要求人们在探索自然时必须在实体事物内寻求事物运动的原因。在著名的"四因说"中，揭示了人们探索自然物而形成人造物的过程。"四因说"中的"目的因"，虽然存在着否定事物必然性的倾向，但他所称之为目的性的东西，是指自然的自身规定，即自然所体现的自身运动过程，即从潜在（potentia）到现实（actus）的过程，是事物自身合目的性的东西。他强调自然哲学必须将自然的"运动和变化的根源"作为"我们研究的题目"，这些思想深刻地反映了古代自然哲学的优良传统。

第二，从辩证法上研究自然界的辩证本性。在古代自然哲学上，早在人们把"辩证法"（dialectics）当作通过对立意见的争论达到揭露矛盾求得真理的艺术之前，不少希腊学者已经把自然界看作是对立统一的过程了。从泰勒斯和阿拉克西曼德到被列宁誉为"辩证法的奠基人之一"的赫拉克利特，都从多样性的事物中分离出蕴藏于其中的对立物，肯定自然界自身是一个无限发展的过程，不断地运动、过渡和转化。赫拉克利特把事物发展变化的规律叫作"logos"，类似中国老子所说的"道"，作为统帅一切事物的总规律。它是如此的普遍而抽象，弥漫宇宙，贯穿自然，无所不在，无时不有，给万物以秩序，对一切事物都具有普遍性。但赫拉克利特对辩证法的表述多属于格言式，缺乏深刻的论证，在这一点上比之毕达哥拉斯的思想，则相形见绌了。

毕达哥拉斯的自然哲学带有数的神秘主义色彩，用数的概念构造自己的宇宙模型；但关于数的辩证观点，却使人类思维方法前进了一步，拨开神秘主义的迷雾，可以看到其中闪烁着辩证法的光辉。他把事物的发展，用"3"这个数显示了事物的整体性和过程性。一个过程有起点、中点和终点，"3"是事物形成的一个必要量。"3"

包含着"2"，是对立的扬弃，复归于统一。在毕达哥拉斯学说中，"对立"这一概念对辩证法的形成具有决定性意义，是对古代自然哲学的重大贡献，不仅说明了事物的差异，而且揭示了事物的关系。这些思想，对思维辩证法的产生具有一定启迪性。尔后，从苏格拉底、柏拉图到亚里士多德，都达到当时辩证法发展的最高形态。恩格斯指出："古希腊的哲学家是天生的自发的辩证论者，他们中最博学的人物亚里士多德就已经研究了辩证思维的最主要的形式。"①

亚里士多德是一位百科全书式的自然哲学家，他几乎在人类知识的一切方面都做了探索性的贡献，尤其在生物学上的造诣很深，对生命现象有较为深刻的认识，并以独特的自然哲学，抓住生命这一自然界中最高级最活跃的部分，探索了生命的运动规律，抽象出辩证法的基本原则即生命原则或生长原则，并把这一原则推广为自然界的普遍原则，作为区分事物、规定过程、自己运动的内在动力。这一内在动力的哲学意义就是辩证的否定，是事物运动、变化、发展的内在根据。这是古代自然哲学的精髓和灵魂所在，也是辩证法的精髓和灵魂所在。

第三，从方法论上探索自然界的正确道路。在希腊文中，方法一词由 μετα（沿着）和 όδός（道路）所组成，指沿着正确的道路运动。古代自然哲学虽然还不能揭示各种方法的内在联系，但他们的思辨哲学中，尤其是亚里士多德初步研究的方法论问题，还有不少对今天仍有积极意义的内容。他比较详细地研究了科学思维的程序及其所遵循的原则，他在总结前人研究成果的基础上，奠定了形式逻辑学的基础，使逻辑学成为具有独特意义的科学。

逻辑学是人类几千年来抽象思维的结晶。最早开始研究逻辑学

---

① 《马克思恩格斯选集》第 3 卷，第 59 页。

的是德谟克里特，他的《论逻辑》一书，对人类的思维规律和认识方法做过有益的探索，但逻辑学真正的奠基人是亚里士多德，后人把他奉为"逻辑之父"。他撰作的逻辑学专著有《范畴论》、《分析前篇》、《分析后篇》等，因其逻辑学作为人们从事研究、获得知识的工具，所以后人把他的逻辑学著作统称为《工具论》(*Organon*)，黑格尔称它"乃是一部给予他的创造人的深刻思想和抽象能力的最高荣誉的作品"[①]。

《工具论》的内容十分丰富，并不局限于现在的形式逻辑范畴，它同语言学、认识论、本体论等紧密结合，并且继承了希腊辩证法的传统，把人类的科学思维提升到新的境界。现在所说的辩证法、认识论、逻辑学三者统一的提法，实际上是在继承《工具论》的基础上发展起来的。在马克思主义自然哲学产生前的自然哲学中，包括亚里士多德在内，从未使辩证法、认识论、逻辑学三者的关系得到科学的解决，但这并不妨碍我们从中吸取合理因素。亚里士多德所揭示的形式逻辑的基本形式和推论规则，直到今天依然有效，特别是在表述科研成果、检验科学结论、证明科学定理等方面，它的作用是不能低估的。在科学思维过程中，逻辑方法是科学抽象的最基本方法，它构成了科学抽象的中心环节，是自然哲学中的科学思维论的一个重要内容。

上述古代自然哲学的成就，表现了一种"天才的自然哲学的直觉"。基本上达到了唯物论和辩证法原始朴素的自发结合，"这种原始的、朴素的，但实际上是正确的世界观。是古代希腊哲学所固有的本质"[②]。但这种世界观只是出于"常识感"而获得的某种认识成

---

① 黑格尔：《哲学史讲演录》第 2 卷，第 366 页。
② 恩格斯：《反杜林论》，第 18 页。

果，从整体上所考察的自然，还缺乏充分的事实、科学的论证，因而具有下述特点或局限：

1.直观性。 直观是人们认识的起点，是外界事物作用于人的感官而产生的直接反映，但它只能停留在对自然表面现象的认识上，无法反映事物的内在本质，只能把握自然界画面的一般性质，而不能说明事物构成这种总画面的各个细节，因而古代自然哲学对自然的认识是笼统的、模糊的、粗浅的，不少看法是真实和虚假并存，合理与荒谬同在。

2.思辨性。 思辨是古代人的一种思维方式，这种方式论述了自然界运动发展的辩证性，提出过许多天才的预见，暗合了以后的一些科学发现。 但这种方式企图把从头脑中制造的规律，从外部注入自然界，主观推理，歪曲事实。

3.神秘性。 古代自然哲学虽然获得过一些科学的成就，提出过一些有价值的哲学观点，但不少看法带有浓厚的神秘主义色彩。 这种神秘主义集中地表现为"万物有灵论"。 这样就模糊了哲学与宗教的界限，暴露了它的不彻底性。

二、近代自然哲学

西欧经过漫长的中世纪神学统治之后，资产阶级革命掀起了一场波澜壮阔的文艺复兴运动，开展了反对封建阶级旧文化、创立资产阶级新文化的斗争。 这场运动的指导思想是人文主义，主张以人为中心，反对以神为中心，强调人的实体性，否定人的依附性；强调人间的现实性，否定天国的虚幻性；强调科学的合理性，否定宗教的欺骗性。 这场运动不仅使自然科学从神学奴役中获得解放，逐步又从哲学中分化出来，形成较为系统的知识体系，而且冲破了神学对哲学的束缚，为自然哲学的发展开辟了新的道路。 虽然近代自然哲学还保留了"科学之科学"的色彩，甚至企图用自己的哲学原则来编造一套包罗万象的"绝对真理"体系，但自然哲学的水平远远超过了古代。

更重要的是，在近代科学的形成过程中，自然科学与自然哲学还结下了不解之缘，科学推动哲学前进，哲学又促进科学发展，使得人们的思维能力和认识水平有了很大进步。恩格斯指出："科学与哲学结合的结果就是唯物主义"，从哥白尼日心体系的提出到牛顿力学体系的确立，充分反映了科学与哲学的结合。在近代时期推动这种结合的主要是英国的弗兰西斯·培根和法国的笛卡儿，他们对近代自然哲学的发展以及实证科学的兴起产生了深刻影响。

培根是一位划时代的人物，马克思称他是"英国唯物主义和整个现代实验科学的真正始祖"，他从客观自然界出发，坚持一条鲜明的唯物主义路线，强调在认识自然时要将感觉和理性结合起来；在从事科研时要将科学和哲学结合起来；在发展科学时要将知识和力量结合起来。

他以唯物论的经验论作为知识的前提，把人的感觉和经验作为认识的基础，提出必须清除知识和认识上的"幻相"（idols）。他把这种"幻相"称为"偶相"，也叫"假相"，指人们心目中形成的偏见，人们只有从"假相"中解放出来，才能使科学得到光明，使真理为人们所认识。为了帮助人们摆脱"假相"，认识真理，促进科学和哲学的发展，培根制定了一套科学方法，在著名的《新工具》中提出了与被经院哲学烦琐化、僵死化了的亚里士多德《工具论》中的演绎法（三段论）相对立的归纳法（三表法）。培根的归纳法对实验科学的发展曾起过重大作用，是知性思维方法的重要条件，为很多科学家运用于科学研究中。

笛卡儿不仅是一位成绩卓著的科学家，也是一位思想深邃的哲

学家。同培根一样，他也提倡创立为实践服务的科学和哲学，加强
人对自然的统治。

他非常重视科学方法的研究，在名著《方法论》中，创立了以
数学方法为基础，以演绎方法为核心的方法论体系，是近代演绎法
的先驱。他认为知识是从原理中推演出来的，这些原理必须包含两
个条件：首先，每一原理必须明白清晰，使人们不能怀疑它的真理
性；其次，从这些原理出发，推演出别的知识。他认为：科学是理
性的结果，是对事物本质的把握，只有理性思维，才能达到科学的
要求。

培根的方法是实验归纳法，笛卡儿的方法是数学演绎法。虽然
他们的基本倾向看起来是不同的，实际上都是相辅相成的。恩格斯
指出："归纳和演绎，正如分析和综合一样，是必然相互联系的，不
应当牺牲一个而把另一个捧到天上去，应该把每一个都用到该用的
地方去，而要做到这一点，就只有注意它们的相互联系，它们的相
互补充。"①

在近代自然哲学的启迪下，许多著名科学家在科学活动过程中，
也对他们的理论和方法进行哲学的思考，自觉或不自觉地做出自然
哲学的结论，比较典型的是牛顿。虽然他曾贬低理性思维，抵制哲
学干扰，但他实际上具有自发的唯物论倾向。在科学研究中，既承
认物质的客观性，也承认事物的规律性，按照自然界的本来面貌去
认识自然、改造自然。他把自然科学称作"实验哲学"，标榜自己
的理论是"自然哲学"，给人类留下了他的光辉著作《自然哲学的数
学原理》。他在该书第三篇"论宇宙系统"中提出研究白然的"四
条推理原则"，强调在科学研究中必须真实地揭示自然界自身存在的

---

① 《马克思恩格斯选集》第3卷，第548页。

内在规律性；必须探求自然界同类现象的因果关系；必须通过实验了解物体的普遍属性；必须运用归纳方法导出科学命题。他认为："自然哲学的目的在于发现自然界的结构和作用，并且尽可能把它归结为一些普遍的法则和一般定律——用观察和实验来建立这些法则，从而导出事物的原因和结果。"[①] 他十分强调在科学研究中运用观察、实验、归纳的方法来揭示自然本质，导出自然定律。他运用这些方法提出了空间、时间、质量、力等基本概念，总结出力学运动三大定律和万有引力定律。这些都是牛顿自发坚持唯物论的必然结果。但是，牛顿自发的唯物论倾向，缺乏有力的哲学论证。并且仅仅限制在自然科学范围内，一旦超出这一范围，就深深陷入科学与神学、唯物论与唯心论的矛盾中；更突出的是，他企图把一切自然现象都归结为机械现象，把各种物质运动都归结为机械运动，用力学原理来说明整个自然过程。这种机械论的自然观曾成为占支配地位的统治思想，不仅成为自然科学家的理论基础，而且也成为自然哲学家的科学根据。

　　机械唯物论的自然哲学，必然带来形而上学的思维方式。从近代自然科学产生到 18 世纪下半叶，自然科学广泛地采用了各种研究方法，人们在观察和实验的基础上，深入到自然界的各个部分，对事物进行具体的分析，形成了以分析为主导的研究方法，这对于弄清各种事物的特性和本质，曾起过积极作用。但人们也因此形成了形而上学的思维方式，把事物的局部夸大化，把运动的物质静止化，把联系的事物孤立化，把复杂的现象简单化；造成这一时期的自然哲学，明显地表现了静止性、孤立性、片面性的局限，随着自然科学的发展，这种形而上学的思维方式便陷入不可克服的矛盾中。

---

① H. S. 塞耶编：《牛顿自然哲学著作选》，前言。

从 19 世纪下半叶到 19 世纪中叶，在资本主义产业革命的推动下，自然科学获得狂飙式发展，由分门别类的研究过渡到对事物过程的考察，从搜集材料转变为整理加工，从分析研究转变为综合概括，从经验科学转变为理论科学，这些转变，导致自然科学的深刻革命。科学上的重大发现，证明了自然界物质运动的过程性和辩证性，给机械性和形而上学的自然观打开了一个个缺口，使自然哲学发展到一个新阶段。在科学革命的洗礼下，产生了德国的自然哲学。

从莱布尼茨、康德、谢林到黑格尔和费尔巴哈，开创了德国古典哲学，使德国成了哲学的故乡，并攀上了时代的高峰。这些哲学家对自然的哲学学说虽带有浓厚的思辨色彩和极端抽象的思维模式，既非常晦涩，又高深难解，但却充满了现实的内容、革命的要求、辩证的智慧。德国古典哲学的这种特色，集中地反映在黑格尔的哲学体系中。他以客观唯心主义的神秘形式，把思辨哲学与自然科学结合起来，建立了包罗万象的思辨自然哲学。这种自然哲学从概念中推出实在，从思想中演出自然，使客观自然界的发展服从主观构造的法则；但他对自然的整体观和发展观，却是相当合理而深刻的，而且是某些经验的自然科学家所望尘莫及的。他在哲学史上，在自然哲学史上，第一个全面地、系统地、有意识地叙述了辩证法的一般运动形式、基本规律，把一切事物描写为一个不断运动、发展、转化的过程，都经历一个肯定、否定、否定之否定的圆圈运动。这种圆圈运动本质上是绝对精神自我认识的过程，但当他把实体当作主体，把客观过程当作主体对客体的认识过程时，既赋予客体以能动性，又赋予主体以客观性，使主体和客体在运动过程中获得了统一。在黑格尔体系中，主客观的矛盾运动是在不同层次上展开的。在整个哲学体系中，这个矛盾表现为精神与自然的矛盾；在逻辑学中表现为客观逻辑与主观逻辑的矛盾；在认识论中表现为认识与实践的矛盾；等等。这些矛盾的转化和统一，就形成一串串圆圈运动，从而构成整个辩证法的内容。圆圈运动是一个过程，在每一循环中都经历"正题"（肯定）—"反题"（否定）—"合题"（否定之否定）。这个过程是辩证前进运动的完整表现，起点复归于终点，终点又是继续前进的起点。

黑格尔以最宏伟的形式概括了哲学和自然哲学的全部成果，给人们指出了一条正确认识事物的道路，这条道路就是辩证法。这是黑格尔的巨大功绩，也是全部哲学和自然哲学的精华。黑格尔无愧为一个辩证法大师。他的辩证法精神不仅在机械论和形而上学自然观统治人们头脑的时候，使人们的思想获得了解放，即使在今天，仍然起着春风解冻的作用，是激活与充实人们僵死贫乏的哲学头脑的精神营养。

当然，就黑格尔体系自身而言，它还不可能引导人们的认识由自在进入自为的境界，因为它的辩证法是倒立着的。所以，马克思和恩格斯在费尔巴哈唯物主义哲学解放的影响下，把黑格尔的辩证法倒过来，既从黑格尔出发，又同黑格尔分离，发掘了神秘外壳中的合理内核。在自然哲学思想上，恩格斯跨越了黑格尔体系不可克服的矛盾，从唯物主义原则出发，全面改造了黑格尔自然哲学中的辩证法。这种改造工作主要表现在下述三方面：

第一，根据19世纪中叶自然科学的重大成就，主要是"三大发现"所提供的事实，揭示了自然界各个领域之间的相互关系，肯定了黑格尔把自然过程结合为一个有机整体的尝试，论证了黑格尔关于自然界从一个阶段过渡到另一个阶段的思想，同时也批评了黑格尔用幻想的联系代替现实的联系的虚构和臆想。

第二，描绘了自然界从原始星云到人类社会的辩证演化过程，证明辩证法规律是自然界实在的发展规律，肯定了黑格尔关于自然界进化发展的思想，同时坚决抛弃了黑格尔的绝对精神辩证发展的神话，唯物地论述了客观辩证法和主观辩证法之间的关系。

第三，高度评价了黑格尔对机械论和形而上学思维方式的批判，肯定了黑格尔关于"人以实践态度对待自然"的正确观点，根据黑格尔的辩证原则，将自然观和历史观统一起来。恩格斯指出："马克思和我，可以说是从德国唯心主义哲学中拯救了自觉的辩证法并且转为唯物主义的自然观和历史观的唯一的人。"[①]

综上可见，马克思主义自然哲学和黑格尔自然哲学，既存在继承关系，也存在本质差别。马克思主义自然哲学正是经由黑格尔—费尔巴哈—马克思和恩格斯的这样一个圆圈运动，进入一个更高、更新的层次。

马克思主义自然哲学是近代自然科学高度发展的产物，是辩证唯物主义的世界观和方法论在自然领域的具体表现。它的出现，使全部旧的自然哲学包括黑格尔自然哲学从此走出了死胡同，完成了自然哲学从自在到自为、从自发到自觉、从低级到高级的过渡。

三、现代自然哲学

19 世纪末 20 世纪初，物理学革命使自然科学进入一个崭新的历史阶段。20 世纪以来，科学技术的发展，无论在速度和规模上，在广度和深度上，都发生了前所未有的变化，人类对自然界的认识，不仅在宏观领域更加全面、具体、深刻，而且进入宇观领域，深入微观世界，近来还提出了"胀观"与"渺观"层次的探索，从而揭开了人类认识和改造自然的新纪元。

在微观领域，基本粒子的探索把人们带入 10^{-23} 厘米内的原子世

[①] 《马克思恩格斯全集》第 20 卷，第 13 页。

界，极大地开阔了人类眼界。三百多种基本粒子及共振态的发现，彻底冲破了"原子不可入、不可分、不可变"的古老观念，使机械论的自然观遭到严重崩溃。人们在对基本粒子的探索中，先后提出了"坂田模型"、"夸克模型"、"层子模型"，证实了辩证唯物主义关于物质结构具有无限层次的原理；虽然目前还无法从基本粒子中打出"夸克"，出现所谓"夸克幽禁"的现象，说明物质可分的历史客观限度，但一旦有了克服超强相互作用的手段，自由夸克便可能跃入人们眼帘，那时将有可能使人们向更深层次进军。如何阐明物质结构的可分性与分割限度的客观性的辩证统一，将成为人们深入了解物质结构层次推进的一个基本的哲学指导思想。

在宇观领域，人们对宇宙的研究，不仅限于太阳系的起源与演化，而且扩展到宇宙的总体和各个部分，已能观测到 200 亿光年范围内总星体的概貌。宇宙大爆炸的假说向我们提供了这样一个基本思想，即宇宙不是永恒的，它同其他任何事物一样，也经历着产生、发展、灭亡的过程。这些事实为我们探索无限与有限的关系，提供了新的课题，如何阐明物质的无限与有限的辩证统一，应成为研究宇宙形成和演化的一个根本的哲学指导原则。

在生命世界，20 世纪以来，在物理学的影响与渗透下，生物学的发展突飞猛进，由于蛋白质、酶、DNA 的研究取得惊人的成就，使千古之谜的生命现象，不但得到科学的阐明，甚至通过实验控制或复制出生命的某种机能。一百多年前，达尔文进化论阐明了生物如何在自然条件、自然因素作用下进化的原理；20 世纪 30 年代，一批群体生物学家把达尔文主义与基因遗传学说密切结合，较好地说明了生物进化的原因；60 年代后期，人们又提出了一种"中性学说"，在分子水平上揭示了与达尔文主义不同的生物进化机理。所有这些，使人类对生命世界发展规律的认识更加深化，如何进一步揭示生命的本质和规律，也同过去一样，就成为研究生命运动的一个重要的哲学指导依据。

综上可见，从微观结构—宇宙天体—生命世界，现代自然科学以可靠的事实和科学的原理，丰富和发展了马克思主义自然哲学的内容与理论。从基本粒子到宇宙空间，从无机世界到生命世界，证明整个自然界，辩证法的规律，在错综复杂的变化中发生作用，进一步揭示了自然界的辩证性质。反映自然规律的自然科学，"不断地走向唯一正确的方法和唯一正确的自然科学的哲学"[①]。

20世纪40年代以来，维纳创立了控制论，申农创立了信息论，贝塔朗菲创立了系统论，这些综合学科的出现，集中反映了现代自然科学走向辩证综合的趋势；70年代以来兴起的耗散结构论、超循环论、协同论，是前述"三论"发展的必然产物，由此形成了当代科学技术的综合理论，使人类跃入辩证综合的系统科学时代，为马克思主义自然哲学提供了极其丰富的新课题、新内容、新思想。

这些综合理论的显著特征是整体性，它扬弃了自然、社会、思维三大领域的差别，扬弃了实体和过程的差别，把一切事物都抽象成一个具有整体性的系统，把研究对象作为一个有机整体来考察，从中揭示出它们的规律性。

辩证法十分重视事物的整体性或总体性。黑格尔指出："自然界是一个活生生的整体"，他要求人们必须把自然界看成是一种由各个阶段组成的体系，其中一个阶段是从另一个阶段必然产生的，用恩格斯的话说，叫作"过程的复合体"。恩格斯指出："我们所面对着的整个自然界形成一个体系，即各种物体相互联系的总体。"[②] 这里

---

① 《列宁全集》第 2 卷，第 319 页。
② 恩格斯：《自然辩证法》，第 54 页。

所说的"相互联系的总体"就是系统整体。所谓系统，顾名思义，"系"者联系，"统"者统一，"系统"即联系统一的意思，既强调联系，又强调统一，也就是从整体上考察整体与部分之间的关系，实现整体与部分的统一。在一个系统中，部分组成为整体后就扬弃了部分的质，整体分解为部分后就否定了整体的质，因而整体与部分是对立的；但是，整体又是由各个部分通过相互联系、相互作用而建立起来的，因而扬弃了对立复归于统一。现代综合理论有力地论证了唯物辩证法的整体观。

第一，综合理论更深刻地揭示了世界的统一性表现为世界的系统整体性。不仅世界上的物理系统、化学系统、生命系统、技术系统、社会系统乃至思维系统都具有整体属性，而且它们各自依一定的层次结构形成一个相互联系的系统整体。正是这种系统整体性，使现代综合理论成为科学整体化的方法论工具，标志着科学和哲学从过去的抽象分析向现代辩证综合的伟大转折。

第二，综合理论更完整地揭示了物质的运动性表现为世界的历史演化性。现代科学技术综合理论研究自然界各个领域如何从无序向有序或从有序向无序转化，揭示了这种转化的途径和机制，表明自然界各种物质的运动都是一个有序和无序相统一的历史演化过程。自然界中，既有从无序向有序的发展，又有从有序到无序的演化，二者的统一，构成了宇宙演化的辩证过程。综合理论不仅在技术系统与生物系统以至社会系统之间架起了桥梁，同时也填平了它们与物理、化学等非功能系统之间的鸿沟。形成了从低级运动形式进化到高级运动形式，从物理系统到化学系统，通过生物系统、技术系统到社会系统的历史连续性，揭示了事物进化的历史过程。从某种意义上讲，系统整体观也就是自然历史观，物质的运动发展也就是系统的历史演化。

第三，综合理论更客观地揭示了事物的联系性表现为系统之间的协同性。按照协同学观点，在复杂的多元系统中，由于子系统间的协同作用也会产生具有一定功能的有序的自组织结构，协同与有序构成一对辩证的因果联系，即协同是有序的原因，有序是协同的结果。协同表明了系统内部各要素或子系统之间相互联系、相互作用的一种特殊方式；有序表明了系统形成结构的趋势及结构稳定性的程度。综合理论主要是以信息、反馈、控制、熵等基本概念，揭示事物联系的规律性。这些思想对于自然哲学在考察自然界的普遍联系时，不仅要把整体看作是联系的整体，而且要把联系看作是整体的联系，用整体的观点把事物当作系统客体来研究，揭示系统各要素之间相互联系、相互作用中所具有的内在规律性。

仅从上述现代科学技术综合理论所具有的整体性特点看，它丰富了马克思主义自然哲学的内容，成了马克思主义自然哲学的坚实的科学基础。

第二节　旧自然哲学的扬弃和新自然哲学的复归

前述自然哲学的历史发展，表明人类认识经历了一个否定之否定的圆圈运动。马克思主义自然哲学仿佛复归到古希腊时代，并且重复了黑格尔自然哲学的某些特征，但这种复归或重复绝不是"照搬"，而是在否定中保持肯定的东西，是辩证的扬弃。事物的前进性是由它的辩证性决定的，新的自然哲学即马克思主义自然哲学，用新的规定性，极其深刻而具体地丰富了以往的自然哲学，使旧自然哲学转化为新自然哲学。虽然它直接继承了德国古典哲学中的自然哲学成果，特别是黑格尔和费尔巴哈的成果，但它既不是黑格尔"倒立着"的辩证法的简单重复，也不是费尔巴哈"半截子"唯物主义的简单移植，而是对二者的变革，既离开了黑格尔，又超过了费尔巴哈，是辩证唯物主义哲学与现代科学相结合的产物，是人类认识辩证运动的必然结果，标志着自然哲学史上的伟大转折，完成了从唯心思辨形态的旧的自然哲学向现代科学形态的新的自然哲学的过渡与转化。这种过渡与转化，正如列宁所说：表现为从黑格尔和费尔巴哈继续向前的运动，从唯心主义辩证法到唯物主义辩证法的前进运动。

马克思主义自然哲学的产生，不仅具有客观实践的根据，而且具有自然科学的基础。

马克思和恩格斯的一生，都十分关心、研究和总结自然科学的最新成果，并从哲学高度上进行理论概括，为创立马克思主义自然哲学做了极其充分的准备，列宁在《论马克思恩格斯通讯集》中指出：把唯物辩证法应用于自然科学，如同把辩证法应用于历史、政治经济学、哲学一样，是马克思和恩格斯最为注意的事情。可以说，那个时代的自然科学的一切重大成就和重大课题，他们都用唯物辩证法观点进行过研究。

马克思在从事巨著《资本论》写作过程中，成年累月地"泡"在伦敦大英博物馆里，用辩证的、历史的观点研究了哲学和力学、物理学、天文学、地质学、土壤学、农业化学、植物生理学等自然科学，广泛地应用自然科学论证了他的政治经济学原理。在《资本论》等著作中，他把自然科学同生产力联系起来进行考察，提出了自然科学转变为直接生产力的论断，阐述了自然科学在推动社会历史发展中的巨大作用。他对数学的研究造诣很深，研究了从牛顿、莱布尼茨到拉格朗日的微积分学，揭示了微积分本身所具有的辩证性质，撰写了一千多页的数学手稿，将整个高等数学奠定在唯物辩证法的哲学基础上。在马克思心目中，一门科学只有成功地运用数学时，才算达到了真正完善的地步。

马克思 1841 年关于德谟克里特和伊壁鸠鲁的原子论的差别的博士论文和《1844 年经济学—哲学手稿》，是他早期的自然哲学著作，被日本著名科学家坂田昌一誉为"现代科学的思想源泉"。他在尔后的理论和实践活动中，特别是对德国古典哲学进行改造时，概括总结了 19 世纪自然科学的重大成就，提出了许多关于宇宙自然论、科学思维论、科学技术论的光辉思想，奠定了马克思主义自然哲学的理论基础。

恩格斯和马克思一样，知识渊博，学问精湛，对自然科学做过深刻的研究。早在 19 世纪 50 年代就研究过生物学；从 1858 年起，开始系统地研究牛顿力学、能量守恒定律、细胞学说、有机化学以及生物进化论等当时最新的科学成果，紧紧抓住科学与哲学的关系，通过考察自然发展史，阐述了"宇宙自然论"；通过考察认识发展史，阐述了"科学思维论"；通过考察科学技术史，阐述了"科学技术论"。

在研究自然科学过程中，恩格斯十分注意科学与哲学的辩证关系，阐明了科学与哲学相互渗透和相互促进的辩证法。在恩格斯看来，人类历史上最初产生的是对自然界的辩证观点，把自然界当作不可分割的整体加以观察；后来代替它的是分析法，把自然界分为各个部分加以研究；以后又通过否定之否定，根据分析结果对自然现象加以综合，与此相应的是从形而上学思维方式复归于辩证思维方式，并实现了从形而上学自然观到辩证自然观的复归。由此可见，哲学的发展与科学的发展紧密联系，历史上的各种唯物主义形态和人类认识自然的思维方式是一致的。因此，他强调要复归到辩证思维，"要精确地描绘宇宙。宇宙的发展和人类的发展，以及这种发展在人们头脑中的反映，就只有用辩证的方法，只有经常注意产生和消失之间、前进的变化和后退的变化之间的普遍相互作用才能做到"①。

恩格斯既反对自然科学忽视辩证哲学的指导意义，也反对旧自然哲学企图取代自然科学的态度，指出只有将科学与哲学紧密结合起来，才能从形而上学的思维复归到唯物辩证的思维。他指出，除此以外，"在这里没有其他任何出路，没有达到思想清晰的任何可能"②。恩格斯扬弃了17世纪以来的机械性，复归于古希腊的整体性。但是，这种复归已上升到一个更高层次，形成了一个关于自然的完整辩证理论体系：宇宙自然的哲学学说是揭示自然自身的客观辩证法；科学思维的哲学学说是认识自然的主观辩证法；科学技术的哲学学说是客观辩证法和主观辩证法的统一。如果说，宇宙自然论是马克思主义自然哲学的肯定阶段，那么，科学思维论便是它的否定阶段，而科学技术论就是它的否定之否定阶段。这是马克思主义自然哲学的逻辑体系，它的确立，标志着旧自然哲学的扬弃，新自然哲学的复归。

第三节　马克思主义自然哲学是自然哲学发展史上的伟大变革

马克思主义自然哲学的产生，是自然哲学发展史上的伟大变革，标志着人类进入科学和哲学的真理阶段。这种变革，表现了下述三方面的特征：

---

① 恩格斯：《反杜林论》，第20—21页。
② 恩格斯：《自然辩证法》，第32页。

一、唯物论与辩证法的统一

马克思主义以前的自然哲学，从总体上看，唯物论与辩证法是互相分离的。虽然古代自然哲学的唯物论与辩证法是结合的，但只是建立在原始的、不自觉的基础上；在近代自然哲学中，二者完全对立，而且唯物论与形而上学同在，辩证法与唯心论为伍。马克思主义自然哲学遵循马克思主义的基本原则，在实践基础上，把唯物论与辩证法高度统一起来，把唯物辩证法的观点不仅贯彻到自然界领域，而且贯彻到社会历史领域，不仅贯彻到思维领域，而且贯彻到科学技术领域，结束了以往自然哲学中唯物论与辩证法分离的现象，成为唯物而辩证地解释一切现象的一元论的科学体系，这种统一，体现在对宇宙自然论、科学思维论、科学技术论的理解之中。

唯物论与辩证法的统一，也表现为唯物论与辩证法本身的相互渗透，彼此贯通，一方面，在唯物论中包含着辩证法，把宇宙自然、科学思维、科学技术的发展，看作是事物多样性的统一；另一方面，在辩证法中包含着唯物论，把辩证法的规律看作是一切事物自身的固有规律，宇宙自然、科学思维和科学技术的发展都充满了辩证法。

唯物论与辩证法的统一，还表现在马克思主义自然哲学中的每一个范畴、规律、原理上，要求人们在考察、研究事物的过程中，既要坚持唯物论原则，一切从实际出发，实事求是地研究对象的本质及其规律性；又要坚持辩证法原则，一切着眼于发展观点，辩证地、历史地考察对象的运动、发展、转化的过程性。

二、客观辩证法和主观辩证法的统一

恩格斯指出："所谓客观辩证法是支配着整个自然界的，而所谓主观辩证法，即辩证的思维，不过是自然界中到处盛行的对立中的运动的反映而已。"① 客观辩证法与主观辩证法在表现形式上虽然不同，但本质上是同一的。我们只能在观念中，而不能在现实中把它们分开。在现实中，"我们头脑中的辩证法只是自然界和人类社会中进行的，并服从于辩证形式的现实发展的反映"②。

客观辩证法是自然界自身所固有的辩证本性和辩证运动，主观辩证法是人的思维对自然辩证本性和辩证运动的自觉反映。这种同一，是马克思主义自然哲学的基本前提，是人类辩证思维的基本条件。这种前提和条件，对于古希腊自然哲学是不言而喻的。亚里士多德早已认识到逻辑规律不仅是思维规律，而且是存在规律，前者是后者的反映。在近代，黑格尔曾从唯心主义的思维与存在的同一性原则出发，认为思维不仅是主观的，同时也是客观的，所以思维的学说同时也是关于对象的学说。他曾明确地肯定了辩证法、认识论、逻辑学三者的统一，但他把三者统一的基础，归结为绝对观念自我发展的表现。

马克思主义自然哲学从辩证法、认识论、逻辑学三者统一的原则出发，描绘了一幅自然界的辩证图景，论证了客观辩证法，又从人类对自然的认识过程，抽象出主观辩证法，明确指出自然与精神是统一的，自然规律与思维规律也是统一的，它们统一的基础是人们改造世界的实践。

恩格斯指出："我们的主观的思维和客观的世界服从于同样的规律，因而两者在自己的结果中不能互相矛盾，而必须彼此一致，这个事实绝对地统治着我们的整个理论思维，它是我们的理论思维的不自觉的和无条件的前提。"③ 恩格斯所说的"同样的规律"就是唯物

---

① 恩格斯：《自然辩证法》，第 189 页。
② 《马克思恩格斯选集》第 4 卷，第 494 页。
③ 《马克思恩格斯选集》第 3 卷，第 564 页。

辩证法规律，无论是对自然界和人类历史的运动，还是人类思维的运动，都同样起作用。客观辩证法和主观辩证法的统一，正是这同一规律支配的结果。思维是存在的反映，客观事物发展到什么程度，人的认识也就反映到什么程度。在这个过程中，实践作为中介环节，不断沟通和推动客观辩证法和主观辩证法的统一。

三、自然运动和历史运动的统一

马克思主义自然哲学产生前，人们往往把自然界和人类社会当作互不相关的孤立现象，既看不到它们都是有其内在规律的物质运动形态，更看不到二者之间的内在联系及其统一性，只有马克思和恩格斯才能将二者统一起来，并在马克思主义自然哲学中得到充分体现。

马克思和恩格斯在创立马克思主义自然哲学过程中，虽然他们的研究重点是人类社会的本质及其发展规律，但在揭示社会发展规律时，紧紧地把自然史作为社会史的基础，从社会历史的"自然基础以及它们在历史过程中由于人们的活动而发生的变更出发"[1]来研究自然界和人类社会的关系，不仅承认在人类社会出现前，客观的自然界就早已存在，而且认为人类历史本身就是自然史的一个现实部分。在他们看来，自然过程和历史过程虽有质的差别，但都受统一的客观规律所支配，是同一物质世界连续发展过程的产物，后一阶段是前一阶段的推移和发展。因而他们总是力图寻求社会发展规律的自然史基础，实现自然运动和历史运动的统一。

马克思和恩格斯在考察自然和历史相统一的时候，发现劳动是实现自然和历史相统一的结合点，由此进一步考察了人和自然的关

---

[1] 《马克思恩格斯选集》第 1 卷，第 34 页。

系，既揭示了人和自然的区别和对立，又阐明了二者的联系和统一。人是自然界分化出来的产物，同时又是自然界的异物。在马克思和恩格斯的著作中，使用了许多自然和社会相互交叉的概念，如"人化了的自然界"和"自然化了的人类"，"社会的自然规律"和"自然的社会规律"，"人实现了自然主义"和"自然实现了人本主义"，等等，辩证地说明了自然和社会、人和自然的关系。

自然运动和历史运动的统一，必然导向自然科学和社会科学的统一，进一步形成一门统一的人的科学。人既是自然科学的对象，又是社会科学的对象。马克思指出："自然科学往后将包括关于人的科学，正像关于人的科学包括自然科学一样，它将是一门科学。"[1] 人的科学是一门交叉过渡的边缘科学，它把自然科学和社会科学连接起来，使之成为一门统一的科学。马克思主义自然哲学将是一门高度统一、高度综合的"人的科学"，它将帮助人们从宇宙自然的运动看到社会历史的运动，从而洞察人类社会的发展前景。

---

[1] 《马克思恩格斯全集》第 42 卷，第 128 页。

第二章　马克思主义自然哲学是宇宙自然论、科学思维论、科学技术论的辩证统一体

马克思主义自然哲学力图阐明唯物辩证法在自然界中的客观表现及其在人类思维中的主观反映，进而在科学技术形态中达到主客观的统一，从而形成以宇宙自然论、科学思维论和科学技术论为主要内容的马克思主义自然哲学的完整的理论体系，即真正科学的关于自然的哲学学说。

第一节　宇宙自然论

一、宇宙自然论的本质

人类在探索"宇宙之谜"的过程中，曾提出了许多见解。但在马克思主义自然哲学产生前，宇宙自然论的本质问题始终是一个"谜"。马克思主义自然哲学从科学的世界观出发，认为宇宙自然的本质是解决人和自然的矛盾。人不仅是从自然界分化出来的产物，同时又是自然界的异物。人既具有自然属性，又具有社会属性，人通过劳动既表现为自然关系，又表现为社会关系，从而构成了人和自然以及人和社会之间的双重关系。

马克思主义自然哲学的宇宙自然论，不仅要考察人类诞生前自

然界从存在到演化的辩证图景，而且要考察在人类作用下的自然界发展和变化的辩证过程，探讨人类出现后所产生的人和自然的关系。

自然界自从出现了人，便产生了人和自然的矛盾关系，一方面，人作为自然存在物，不能脱离自然界而生活，必须依赖自然界提供的各种资源和生存环境；另一方面，人又不同于其他存在物，是有意识的、能动的自然存在物，并不消极地依赖自然而生活，可以按照自己的愿望改变自然面貌，使之适应自己日益增长的需要。因此，人所生活的自然界，一开始就打上了人类烙印，同时人也在对自然的改造活动中不断完善自己。

人和自然的矛盾关系，一方面表明人的产生和发展不是自然界发展的消极产物，而是人自身活动的结果；另一方面表明自然界的发展不是纯客观的、无目的的过程，而是人作用的结果。这意味着，生活在自然界中，人是能够作用于自然界的主体，而在自然界提供的客观条件下，构成了"人类世界"与人类所组成的社会有机体。人通过社会，依靠生产劳动，有意识地创造自己的历史，于是人就最终在物种关系方面从其余动物中提升出来，从而引起人和自然关系的根本变化，使人从自然界的产物，逐渐转化为自然界的异物，成为支配自然、改造自然的主人。

二、人和自然之间的作用与反作用

自从人取得自然界的主人地位后，人和自然的关系便开始了新的一页。宇宙自然论在肯定自然作用于人的同时，还肯定自然的反作用。这种作用与反作用是通过实践实现的。一方面，人从自然界中异化出来，成为自然界的对象；另一方面，人又把自然当作自己的对象，与自然进行物质、能量和信息的交换，以满足人类日益增长的生存与发展的需要。

　　实践作为人和自然关系的纽结，是人的受动性与能动性的辩证统一。受动性指作为自然存在物的人，要受到自然界的制约和限制，不能违背客观的自然规律；能动性指作为社会系统化的人，可以通过有目的、有意识的活动来认识、利用、改变自然，能够驾驭客观的自然规律。因此，宇宙自然论强调"人和自然都受同样的规律支配"。人在处理自己和自然的关系时，既要遵循自然规律，又要驾驭自然规律，既要顺应自然，又要改造自然，但人必须首先顺应自然，然后才能改造自然，否则，就会遭到自然界的惩罚。

　　人在实践活动中表现出来的任何一种能动性，必须以某种受动性为依据，人类对自然界所取得的自由度，取决于对受动性的认识和控制的程度。事实上，人类对自然的认识与人类对自然的改造是同步深化的。但这种同步深化，必须确立三个前提条件：首先，人类必须确立对自然的整体观念，从自然界的整体出发，对它进行合理的开发和利用，用自己创造的人类世界去影响客观自然界。这是协调人和自然的关系的思想基础；其次，人类必须建立一种有计划地生产与分配的自觉的社会组织，在社会关系方面把人从其余动物中提升出来，才有可能使历史的结果符合预期的目的。这是协调人和自然关系的社会基础；最后，人类必须依靠科学技术的力量，根据科学所揭示的自然规律，使工业过程和自然过程相互适应，把对自然界的保护和再生产，纳入社会有机体，并作为其重要的组成部分。这是协调人和自然关系的科学基础。

三、人类认识和改造自然的特征

　　人类认识自然和改造自然的本质特征来自劳动的性质。马克思指出："劳动首先是人和自然之间的过程、是人以自身的活动来引起、调整和控制人和自然之间的物质变换的过程。"①就是说，劳动是人和自然相互作用的过程，是人类使用工具去认识和改造自然，使自然物适合于自己需要的有目的的活动。从劳动的性质看，人类认识和改造自然的本质特征表现为：

1. 目的性。人的活动具有人的自觉意识，这种自觉意识作为一朵精神之花，它产生于自然而与自然相对立，使自己作为不同于自然界的一个特殊部分，从事有意识有目的的活动，即马克思所说的进行"有意识的生命活动"，即把自己的生命活动变成自己意识的对象，因而能够意识到自己的生命活动。人具有这种自我意识，就能自觉地在自己的意识支配下进行活动，这就是人的活动的目的性。

恩格斯指出："在社会活动领域内进行活动的，全是具有意识的、经过思虑或凭激情行动的、追求某种目的的人；任何事情的发生都不是没有自觉的意图，没有预期的目的的。"②在这里，"自觉的意图"属于意识，"预期的目的"是以观念形态存在于人的意志之中的意识指向。

人的活动在每一步上都有意识的指导。即在每一步上都意识到自己的活动。人能够使自己的行动服从于自己所确立并为自己所意识的目的，这就是人的活动的本质特征之一。

无疑，造成人的活动的基础的东西，并不在于人具有意识和目的这一本身，而在于人能够从事生产劳动，在于人是"通过实践创造对象世界"。人创造对象世界的过程，就是人的意识对象化的过程。因此，人也能够在自己所创造的对象中思考自身，从而意识到自己的活动。人的自我意识依赖于实践，依赖于对外部世界的改

---

① 马克思：《资本论》第1卷，第201—202页。
② 《马克思恩格斯选集》第4卷，第243页。

造和认识而发展；反过来，人的自我意识的发展又促进对外部世界认识的发展，使自己的活动具有明确的目的性，更好地实现预期的目的。

2. 能动性。能动性是"自觉的人"所具有的本质特征。而所谓"自觉的人"，就是和自然界区分开来的人，能够意识到自己行动目的的人。列宁指出："本能的人，即野蛮的人没有把自己同自然界区分开来，自觉的人则区分开来了。"[①] 显然，"自觉"和"本能"是有本质区别的。人之所以为人，就在于人有自觉的能动性。但人的活动并不都是自觉的活动，也还包含着本能的成分，随着人的活动的自觉性的提高，本能的成分会越来越少。

人的自觉能动性是作为实践和认识主体的人，对客观外界施加反作用的能力，这种能力不限于精神活动，首先是感性物质活动——实践活动。自觉能动性是从事实践和认识活动的人的一种属性，它的集中表现和真正源泉在于人的社会实践。人类通过实践反作用于自然的过程也就是意识自身的"物化"过程。这种"物化"是双重的：把概念的东西化为物质的和感性的活动，即化为实践；通过实践，使主观的东西见之于客观，使客观自然发生合乎目的的改变。人的意识正是通过实践科学地认识世界，又通过实践能动地改造世界。

恩格斯指出：人"随着对自然规律的知识的迅速增加，人对自然施加反作用的手段也增加了"[②]。人在自觉意识指导之下，通过一定的手段，对自然界施加反作用，使之发生人所需要的改变，从而使人把自然作为客休所占有，使人作为支配自然力量的独立的主休而存在。

---

① 《列宁全集》第 38 卷，第 90 页。
② 恩格斯：《自然辩证法》，第 19 页。

人的自觉能动性存在于实践的开端，物化于实践过程之中。离开了实践，人在认识和改造自然的过程中，既无能力，又无动力。只有在自觉意识的指导下，通过实践，把自己作为一种物质力量，才能科学地认识自然，能动地改造自然。

3. 社会性。人的活动不仅是有意识的活动，而且是社会性的活动。人既是自然的产物，又是社会的产物，既具有自然属性，又具有社会属性，既可以作为"本能的人"，也可以作为"自觉的人"。但人之所以为人的根本基础，即人与动物的本质区别，不在于人的自然属性，而在于人的社会属性。马克思指出："人的本质并不是单个人所具有的抽象物。在其现实性上，它是一切社会关系的总和。"① 人的本质是在社会劳动的基础上发展起来的。人在劳动中形成自己的本质，人类劳动及其借以实现的社会关系，是人的本质的现实基础。

某些探索自然的科学活动，似乎是科学家单个人的活动，可以脱离人们的社会关系；事实上，任何科学活动都要在一定的社会联系和社会关系的范围内进行。科学研究所需要的物质手段。科学实践所依据的科学知识，都是社会的产物。马克思指出："甚至当我从事科学之类的活动，即从事一种我只是在很少情况下才能同别人直接交往的活动的时候，我也是社会的，因为我是作为人活动的。不仅我的活动所需的材料，甚至思想家用来进行活动的语言本身，都是作为社会的产品给予我们，而且我本身的存在就是社会的活动；因此，我从自身所做出的东西，是我从自身为社会做的，并且意识到我自己是社会的存在物。"② 科学研究活动，部分地以利用前人的劳

---

① 《马克思恩格斯选集》第 1 卷，第 18 页。
② 《马克思恩格斯全集》第 42 卷，第 122 页。

动成果为条件，一点也离不开社会，离不开社会实践，离不开社会联系和社会关系。

第二节　科学思维论

自然界在客观发展进程中，产生了否定其自身的因素即人类精神，人类精神的最高形态是"科学思维"亦即"辩证思维"，它是人对自然和社会的主观反映。科学思维的主体是有目的、有意识地进行认识活动的人。人在认识活动中，经历了感性直观—知性分析—理性综合的辩证过程，使科学思维的能力随着实践和科学的发展而不断提高。

一、人是科学思维的主体

在马克思主义认识论中，认识的主体不像在旧唯物主义那里只是消极直观的主体，也不像在唯心主义那里只是纯粹思维的主体，而是在社会历史中实践的主体，他首先必须成为社会主体的一员，而后才能成为科学认识的主体或科学思维的主体，才能有目的、有意识地进行认识活动。

从人类思维的整体看，科学思维既包括个体思维，也包括群体思维。个体思维的主要特点是它的个体性，它存在于个体的头脑中，活动于个体的头脑中，它通过个体的实践内化产生，并通过外化起着调节科学活动的功能。科学中每一个发现和发明，总是由某一个别的研究者首先构想，在这个个别人的头脑中来实现，离开一个个具体的头脑，离开他们的科学经验、科学知识以及他们的思维方式和研究方式，就谈不上科学成果的创造，更谈不上科学的发展。但科学思维不仅是一种认识活动，更重要的是一种社会劳动。任何个体思维都不能脱离群体思维。在现代科学条件下，只有接受科学共同体的规范，参与科学共同体活动的人，才能成为科学思维的主体。离开科学思维的群体思维，离开一定的社会历史文化环境，个人虽然也在进行思维，进行认识，但最多只是作为一种生物个体来行动，而不可能有科学的思维和科学的活动。

群体思维的主要特点是它的群体性，它存在于人们之间相互联系的无数个体头脑之中，活动于这些个体头脑的思维交流之中，它通过社会实践而产生，起着调节人们协同活动的功能。在科学活动中，这些群体思维表现为科学共同体中个体思维的集合。在社会中，由于人与人之间通过语言的中介作用，彼此交流，沟通思想，加之人与人之间的联合行动而形成社会实践，形成了共同的知识、意向、习惯、目的等。这就使个体的思维打上社会的烙印。个体的思维以语言、文字等形式存于人与人的联系之中，沟通着不同个体的思维，从而形成群体的社会思维，即群体思维。

社会思维或群体思维是人们社会活动的产物，具有明显的社会历史性。正如人们不能随意选择自己的生产方式一样，人们也不能随意选择自己的思维方式。所以，古代人的思维方式主要表现为朴素的感性直观；近代人的思维方式主要表现为实证的知性分析；现代人的思维方式则进入系统的理性思维。虽然系统思想早在黑格尔、马克思等人的著作中就已提出，但由于时代的限制，那时还不能为人们所理解，因而不可能成为 19 世纪占主导地位的思维方式。如今在生物学、物理学、社会科学、工程技术等领域从事研究的人，都不能不用系统科学方法来思考问题了。

科学是一种社会历史现象，科学思维不仅是一种认识活动，更重要的是一种社会劳动。科学思维的主体不是孤立的个人，而是社会的人，他在一定历史时代、一定社会环境中掌握科学工具、科学知识、科学范畴以及道德规范、价值观念等，因而要受社会历史的制约，作为整个社会认识主体中的一员去从事科学思维活动，在群体思维中，发挥个人的作用。

二、社会实践是科学思维的源泉

科学思维的主体不是抽象的精神实体，而是在一定社会历史条件下从事实践活动、能动地表现自己的人。如果没有社会实践，或者脱离社会实践，就不会出现作为主体同自然界的分化，也就不存在主体同客体的关系。

第一，认识是主体对客体的反映。任何认识，包括科学思维，从实质上说，都是主体通过感官和大脑对客体的反映，以观念的形态再现客体的特性、本质和规律。客体并不是泛泛的原始的自然界，而是自然界中与人类发生实践的和认识的相互作用的那部分客观对象。

自然科学及其所取得的成果证明，人脑也是自然界物质长期发展的产物。在人类出现前，自然界就已客观地存在着。那时无所谓认识主体，也无所谓认识客体，只有当客观自然界的演化产生了人类之后，作为客观自然界最高产物的人脑，才具有思维活动和认识能力，从而人以外的客观世界才作为自己的认识对象。所以，主体和客体是同一个客观自然界发展的结果。

第二，主体对客体的反映是一个能动的过程。主体对客体的反映，绝不是消极被动的感受，而是积极能动的反映。这种能动作用表现在：首先，主体能够通过对客体的感性直观—知性分析—理性综合，反映客体的本质和规律；其次，根据对客体的正确认识，绘制出改造客观世界的蓝图，拟订出切实可行的计划，通过实践去改造客体，实现人们预期的目的。这个过程也就是把观念的东西变成物质的东西。

自从人的意识这个"思维着的精神"产生以来，我们周围世界的面貌已发生了巨大变化，在地球上到处打上人类"意志的烙印"。今天人类活动的范围，主体的能动作用，已开始冲出人类的地球，飞向遥远的天体，从而显示出越来越大的威力。所有这一切，都凝结着"思维着的精神"的劳绩。

第三，主体对客体的反映必须以实践为基础。实践不但造成了认识主体，而且还规定了认识客体。首先，人之所以成为认识主体，首要的条件就是参加改造客观世界的实践活动。客观存在的事物，不可能无条件地成为认识的客体，只有当它们进入实践领域，并由实践提出需要的同时，才能转化为直接现实的客体；其次，实践不仅提供了反映客体的可能，使主体和客体之间相互接触，而且可以层层深入地暴露客体的本质，使主体对客体的反映由简单到复杂，由现象到本质，使主体和客体的矛盾不断在更高的基础上达到新的统一。

三、科学思维的辩证过程

马克思主义在把科学的实践引入认识论的同时，又把辩证法贯穿于认识论，揭示了认识的辩证过程。这个过程在科学思维中表现为：感性直观—知性分析—理性综合，阐明这一否定之否定的辩证过程，是科学思维论的主体内容。

1. 感性直观 —— 认识的起点。感性直观是指主体通过感官所直接感知到的客体现象，它是人类认识的起点。它的任务是摄取感觉材料，如眼之于色，耳之于声，舌之于味；它的特点是直接性，即由外界客体的直接作用而引起主体的认识活动；它的活动反映了客体的外部联系或表面特征，从而掌握的是客体的总的图景。所以，感性直观是人类认识的原始综合。

但在认识过程中，特别是在科学认识过程中，从来没有一种纯感性的认识，直接感觉并不摒弃理性分析，一个直觉形象只有通过理性分析，才能了解其色、声、香、味等构成因素。所谓"生动的直观"绝不能理解为一种纯感性的活动。那种认为感官先摄取感觉材料，然后综合为知觉形象的说法，是一种狭隘经验论的看法，普通心理学上的一种不够审慎的观点。

在人类认识发展和知识积累过程中，直观可以帮助人们从一种现象推导出另一种现象，从一种感受过渡到另一种感受，把握事物之间的某些联系及其转化；但直观并未对感觉材料进行严格的、科学的、逻辑的加工和整理，所以还不能达到对事物的本质及其规律的认识。比如摩擦生热和摩擦起火的现象，古人早已直接感知到摩擦现象与热现象和燃烧现象的联系，包含了一定物理性分析，但对于现象之间联系的本质原因，只是到了19世纪中叶发现能量守恒与转化定律后，才为人们真正认识，这表明在人们的直观中，既有感性的成分，又有理智的成分。

日常我们在科学研究中所运用的观察、实验、模拟等方法，基本上属于直观范围，是通过人的感官和实验工具对客体直接认识的活动，是主体有目的、有意识地直接认识自然现象的自觉活动。它们的作用不只是能够认识事物的外部特征，而且还能发现不同事物之间的外部联系。例如人们通过观察和实验，发现了电和磁之间的相互作用，由此开辟了电磁学时代。所以，这些方法不仅是感性的活动，而且是一种理智的活动。我们不仅要把它们当作感性直观来把握，更重要的还在于把它们当作理智活动来把握，使理智活动通过一定的手段，再现于感性的具体之中。

逻辑经验主义者认为，经验方法具有客观性，不受任何理论观点的影响而保持绝对的中立性。这种观点不符合科学思维的实际。如前所述，感性直观中包含着理智成分，经验事实的科学发现，不只是依赖于眼睛和仪器，还依赖于研究者的理论观点（包括世界观和方法论）、理论素养（包括科学知识、思维能力），在直观认识中，具有不同理论观点和理论素养的研究者，就会"看"到不同的东西。亚里士多德运动论的发现者没有发现摆，并非因他们尚未接触过摆或观察不认真，而是由于他们的"理论"看不到摆。一旦研究者的"理论"发生变化，随着新理论向观察过程的渗透，那么，研究者的整个"视野"就会发生深刻的变化，于是就能够看到以前所看不到的东西；同理，哥白尼宇宙论者所看到的世界不同于托勒密宇宙论者所看到的世界，相对论者所看到的宇宙又不同于经典力学家所看到的宇宙。

人类的科学思维史表明，感性直观渗透着理智成分，科学发现依赖于背景理论。直观到的事物我们不能立刻理解它，只有理解了的东西才能深刻地认识它。所以，逻辑经验主义者的观点是不能成立的。

当然，我们不能因此就认为感性直观就是理智分析。感性直观与理智分析是两种不同性质的思维形式。感性直观毕竟是认识过程中的低级阶段，它的直接性特点决定了它不能实现科学思维的任务，人们的认识只有扬弃感性直观上升到知性分析，才能使事物进入直接性与间接性、个别性与普遍性的对立统一。

2. 知性分析——认识的中介。知性，德文为 Verstand，亦可译为"悟性"，它是认识的中介。康德认为，"我们的一切知识从感官开始，从感官而知性，最后以理性结束"，这是人类认识过程的三个环节。康德所说的知性是一种对感性对象进行思维，使之成为有规律的自然科学知识的先天认识能力。他认为，感性管直观，知性管思维，二者结合起来，就形成揭示规律性的自然科学知识。那么，"知性"是一个什么东西呢？康德认为，知性的能力是"纯统觉"，它的表现形式就是范畴，它把范畴看作是"纯概念"，同时间、空间等形式一样，也是人脑先天地所具有的。

不难看出，康德的观点是唯心论的先验论，但他把先天性的范畴和后天性的经验联结起来，指出范畴必须依靠经验，经验必须依靠范畴，没有范畴的直观是盲目的，没有直观的范畴是空洞的。范畴仅仅是一种思维形式，如果离开感性对象就会变成空架子，形不成任何知识。康德的这种思想有它的合理因素，包含了一定的唯物论成分。按照康德的思想，那些无视实践经验，整天在概念中兜圈子的人，绝不可能获得真正的知识。

黑格尔把知性看作是人类一般的理智活动，指出知性的特点是坚持固定的特性和各种特性间的区别，凭借理智的区别作用对具体的对象持分离观点，把不同的环节作为不同的环节而统摄起来的概念，事物的内在核心对于意识来说就是概念。虽然黑格尔此处所说的"概念"有别于一般形式逻辑的概念，不过仍未脱离知性范围，仍属于"知性概念"。他由此所阐述的知性规律，其本质在于"它所发现的事实上只是规律概念本身"，它扬弃了经验的杂多性，达到了抽象的普遍性。这种普遍性之空泛而不确定，是人所共知的。比如形式逻辑的概念与规律的抽象，当其无所不包、外延等于无限大时，则其内含等于零。这就是说，空洞无物，没有确定内容。因此，知性的"规律概念"，由于其纯粹性和抽象性，实际上取消了规律自身存在的差别性。这种差别性本身显示为特殊性，这种特殊性避免了规律的空洞，导致了规律的具体同一性或统一性。

从康德到黑格尔对知性的论述来看，知性是人类特有的抽象与概括能力的表现，是实证科学方法的灵魂，是人类跃升到理性思维的中介。人类如不能超出感官思考问题，则与禽兽没有根本区别，虽然知性相对于理性而言，仍有种种局限，但它却使沉睡的宇宙第一次发射出照亮自己的曙光，是人之所以成其为人的一种骄傲。然而以往人们把它当作"形而上学方法"而与辩证法相对立起来，甚至有人为了"捍卫"辩证法的纯洁性，对知性思维痛加指责。但可悲的是，在论述辩证法时却充满了形式逻辑的公式，那些"既是这样又是那样"、"或者这样或者那样"的所谓"辩证法"的"绝招"，曾作为"时髦货"而招摇过市，导致人们把科学的辩证法误认为是荒唐的"变戏法"。

其实，知性是不可弃绝的，在日常语言的交流中固然绝对必要，即使在人类高级思维——辩证思维中也不可缺少。至于在实证科学中，它几乎处于绝对重要的地位，是实证科学形成科学体系的决定性环节。科学的目的在于反映自然的本质、属性、联系以及运动过程及其规律，而要达到这种境界，就一刻也离不开知性分析。它是人类知识过程的中介，是实证科学的传统方法。这种方法在于对自然整体性的否定，对客体联系性的否定，对物质运动性的否定，对事物偶然性的否定。这些否定并不是人们所指责的"形而上学"，恰恰是认识功能深化的一个环节。认识发展的必由之路，是由"生动的直观"过渡到"抽象的分析"的中介，它是人类认识发展和科学思维发展到一定阶段的产物。整体性的描绘必须得到局部性的分解，联系性的确立必须得到真理性的阐明，运动性的状态必须得到客观性的了解，偶然性的发现必须得到必然性的论证，否则一切将是模糊的、空洞的、肤浅的、常识性的见解，而无法升华到科学的高度。

知性分析的方法由来已久，逻辑方法、数学方法以及为科学家们所欣赏的理想化方法，都是知性分析或抽象分析的运用。理想化方法并不是新颖的东西，而是科学研究中必须遵循的一种原则，是人们在感性直观基础上，把自然过程的某些因素加以简化、纯化，使研究对象表现为理想化形态以便从事知性分析的一种形式；但它做出的任何结论只是对研究对象的近似反映，还必须求助于逻辑和数学，才能形成科学概念，规定科学命题，揭示科学规律。

逻辑方法是构成知性分析的中心环节，把知性分析的成果用逻辑的"格"固定下来；数学是对知性分析做出量的规定性，与逻辑方法有相似之处，本质上也是知性分析。

以上三种方法有其内在联系，理想化方法是知性分析的起步，逻辑方法是知性分析的中心环节，数学方法是知性分析的发展，从而形成一个否定之否定的圆圈运动。但知性分析一般属于实证科学范围，它还不可能达到从分到合，从有限到无限，从对立到统一，从一端到全体，缺乏使对立观念真正结合起来的本领。黑格尔指出：知性分析对人们知觉中多样性的内容进行分解，使它们变成简单的概念、片面的规定、稀薄的抽象。所以，知性达到的只是抽象概念或抽象的普遍性，它不能反映事物的整体性、事物的本质和内在联系。这种抽象的普遍性不是把个别性和特殊性统摄于自身之内。它拆散了事物多样性的统一，使本来具有内在联系而结合在一起的特性变成了只有松散的外在关系。

知性分析瓦解了感性直观的原始综合，揭示了客观事物固有的差别与矛盾。它必须扬弃自身，继续前进，复归于综合。这是一个更高层次的综合，即理性的综合。理性综合才是科学思维的真理性阶段。

3. 理性综合——认识的升华。理性是人类认识能力发展的高峰，它是对客观规律性的自觉运用，是认识过程中的质的飞跃。它较之感性来说，似乎远离了客观对象的实际；较之知性来说，仿佛重复了某些抽象的形式，但它实际上距离客观对象更加逼近，比之知性更加抽象。它从事物的外表进入了事物的内层，从抽象的分析进入了辩证的综合，因而较之感性和知性，能够更深刻、更全面、更系统地把握事物的本质和规律性，也能够更有效、更普遍、更客观地指导人们的实践活动。

在康德看来，人们通过"感性"与"知性"所获得的知识虽然具有普遍性，但总是相对的、有条件的。比如，当"知性"运用因果性范畴于经验对象时就会发现，经验对象之间的关系是一个无穷的系列，甲是乙的原因，乙是丙的原因，丙又是丁的原因，如此类推下去，没有尽头；反过来，甲有自己的原因，而它的原因又有原因，如此追溯下去，同样没有尽头。这就是说，在"现象世界"中，一切都是相对的、有条件的，没有什么绝对的"第一原因"（没有原因的原因），也没有什么绝对的"最终结果"（没有结果的结果）。可是，人们心中都存在一种要求把相对的、有条件的知识综合成为绝对的、无条件的知识的自然倾向，这就是所谓"理性"。但"理性"所追求的绝对的、无条件的对象，在"现象世界"中是根本不存在的。康德根据他提出的"二律背反"原则，表明人的认识能力是有限的，只能认识"现象"，不能认识"自在之物"。

康德的这些思想，虽然为思维辩证法的发展开辟了道路，但他在否定形而上学的同时，也陷入形而上学不可知论的困境；他发现了思维辩证法的某些规律，但他并不懂得思维辩证法的真实意义。

黑格尔在《精神现象学》、《小逻辑》、《法哲学原理》等著作中，提出并论述了一个重要命题："理性即实在"，要求人们把认识从"知性"阶段过渡到"理性"阶段，把抽象的同一性提升为具体的同一性，才能真正全面地把握事物的本质。与康德不同的是，他把理性分为"否定的理性"与"肯定的理性"两个阶段。在"否定的理性"阶段，知性抽象、有限规定扬弃它们自己，并过渡到它们的反面，出现了对立、矛盾，即康德所说的"二律背反"。黑格尔指出，康德看到了"知性"的缺陷，但只是把认识保留在"理性的否定"，把矛盾双方绝对地对立起来，从而导致怀疑主义。因此，黑格尔认为，认识必须从"否定的理性"过渡到"肯定的理性"，在对立的规定中认识它们的统一，或在对立双方的分解和过渡中，认识它们所包含的肯定，即对立的统一或具体的同一。"真理只有在同一与差异的统一中，才是完全的，所以真理唯在于这种统一。"①

在黑格尔看来，理性并非纯粹的抽象，并不排斥现实的东西，相反，它正好通过外部实在的东西，从而克服自己的抽象性而达到现实性，理性正是以它的现实性而与知性的抽象性相区别，寓差别于同一性之中，寓个性于共性之中，寓存在于理性之中。他在《法哲学原理》中提出了一个著名的命题："凡是合乎理性的东西都是现实的，凡是现实的东西都是合乎理性的。"这意思表明，"理性"的东西和"现实"的东西是统一的，理性的东西不是脱离现实的空洞的抽象，而是显现出无限丰富的形态和具体现实的内容。黑格尔曾嘲笑将现实与理性对立起来的人，既不了解理性的性质，也不了解现实的性质。他们误认为理性只是一种主观的幻想、计划、目的、意向，殊不知根据客观情况制定的计划，根据客观规律确定的目的，根据客观发展提出的意向，绝不是什么主观幻想，恰恰是现实的必然性反映。恩格斯指出："凡在人们头脑中是合理的，都注定要成为现实的，不管它和现存的、表面的现实多么矛盾。"②现实并不是一般的存在、偶然的存在，而是合乎规律的存在、必然的存在，理性的

① 黑格尔：《逻辑学》下卷，第 33 页。
② 恩格斯：《路德维希·费尔巴哈和德国古典哲学的终结》，第 7 页。

东西存在于现实中，因而表现出无限丰富的形态。

综上康德和黑格尔关于理性的论述来看，理性就是抽象和具体的统一，必然和现实的统一，理性和存在的统一。它们是思维辩证运动的最终结果。正如马克思所说："因为它是许多规定的综合，因而是多样性的统一。因此，它在思维中表现为综合的过程，表现为结果。"① 理性综合是对客体的整体、本质和规律的普遍认识，是真理的显现阶段，是人类思维高度的辩证综合。

四、科学思维的本质

科学思维在本质上是与客观规律同一的，只有承认世界是个有规律的整体，才有可能产生反映这种有规律的整体的科学思维或科学认识。马克思主义的科学思维论实质上也就是辩证唯物主义的认识论，它遵循科学的世界观和方法论的原则，揭示科学思维的辩证本性和辩证过程，因而要求科学思维必须建立在辩证唯物主义认识论的基础上，对科学活动和科学研究中的问题做出哲学的概括，从世界观和方法论的高度上，阐明研究对象的本质及其规律。

现代自然科学中发生的急剧变革，提出了许多亟待解决的有关科学思维过程和科学认识方法的问题。诸如科学思维和科学知识到底是如何形成的？如何判定自然科学理论的真理性？科学发展的总趋势如何做出哲学的概括？等等。对这些问题做出何种解释，必将影响自然科学实际研究工作的发展。这一点早已为某些伟大的自然科学家在总结他们的科研成果和科研经验时所认识。如爱因斯坦曾深刻地指出："如果把哲学理解为在最普遍和最广泛的形式中对知识的追求，那么，显然，哲学就可以被认为是全部科学研究之母。可

---

① 《马克思恩格斯选集》第 2 卷，第 103 页。

是，科学的各个领域对那些研究哲学的学者们也发生强烈的影响。"①
他还明确地认识到："认识论同科学的相互关系是值得注意的。它们
互为依存。认识论要是不同科学接触，就会成为一个空架子。科学
要是没有认识论——只要这真是可以设想的——就是原始的混乱的
东西。"② 于此，爱因斯坦深刻地阐明了认识论与科学的相互关系，阐
明了辩证思维在科学研究中的重要意义。

　　辩证唯物主义认识论本来就是关于人类一切科学活动，包括科
学思维在内的总结和概括，它是科学发展的必然产物。它以足够的
事实表明，在科学活动中，离开理性思维或辩证思维的帮助，即使
科学真理出现在某些科学家的鼻尖上，他也会"视而不见"。历史
上有些自然科学家认为，经验的方法是唯一正确的方法。这种思想
在实证科学中起过积极作用。但当自然科学进一步发展，一旦需要
对感性材料进行理论概括时，经验的方法就不中用了，使得不少科
学家对自己的发现无法做出理论上的贡献。例如在行星运动三定律
发现以前，丹麦天文学家第谷花了三十年时间，长期不懈地观察行
星运动，积累了大量的感性材料，具有丰富的感性经验。但他止于
感性观察而短于理性思维，并受到地心说的束缚，因而未能概括出
行星运动的规律。他的学生开普勒则没有停留在感性材料上，而是
对第谷的感性材料通过知性分析，做出理性综合，揭示了行星运动
的内在联系和客观规律，从而发现了行星运动三定律。

　　这一事实说明这样一条真理，知识不能单从经验中获得，只有
依靠理性思维的帮助，才能揭示自然的本质。虽然观察和实验是科
学发现的重要条件，但科学家的成果绝非与他取得感性材料的多少

---

① 《爱因斯坦文集》第 1 卷，第 519 页。
② 《爱因斯坦文集》第 1 卷，第 408 页。

成正比。有一些科学工作者，可以从极简单的事实中发现重大问题，做出重大贡献；而另一些科学工作者，虽然积累了许多材料，但在他们那里却成了一堆死的东西，不能从理智的发明同观察到的事实中，通过理性思维揭示对象的本质和规律。实证科学在认识论上的重要特征之一，就是夸大知性，贬抑理性，仅仅致力于分解出感性经验中所提供的某种特性，从而导致对客体理解的片面性。现代西方的某些科学哲学家，提出什么"实证主义"、"证伪主义"等理论，虽就局部的或个别的成分而言，包含某些合理的有价值的见解，但从总体上看是同辩证唯物主义认识论相对立的。他们否认事物多样性的统一，使本来具有内在联系而结合在一起的事物变成了松散的外在关系。

现代科学飞跃发展，理性思维的意义尤为明显，要建立各个知识领域相互之间的正确关系，几乎一刻也不能离开理性思维。例如，现代天文学不仅要揭示各种天体运动的规律，而且还要综合各种天体以及整个宇宙的起源和发展的规律，在这里，如果只有各种高倍的光学望远镜或射电望远镜，而没有"高倍"的理性思维，无论如何也不能揭示它们的规律。现代的观察实验，无论是从观察实施的手段、方法和过程看，还是从参加观察实验的科技人员来看，往往本身就是一个庞大的工程。在这个工程中，从观察实验题目的选择到观察实验的设计，从观察实验方法和技术的确定到观察实验数据的处理，从整理分析观察实验中所获取的大量材料到由观察实验结果而做出的科学结论，理性思维像一根红线，贯穿于观察实验的始终。

随着自然科学的深入发展，科学思维对自然界的抽象化程度越来越强，直观性程度越来越少，从而使理性思维在自然科学研究中的地位越来越显著。从形式上看，这种理性思维是一种纯粹的思维活动，似乎是"从理论到理论"；实际上恰恰相反，它以理论的形式，更深刻、更正确、更完全地反映了客观实际。

第三节 科学技术论

人类在为自己的生存与发展的奋斗中，体力与智力获得了改造与增进，它们的结晶就是科学技术。它是客观辩证法与主观辩证法的统一，是实践唯物主义的客观基础，其核心是发展社会生产力，推动人类文明的进步，具有明显的社会目的性和社会价值。从实质上看，科学技术论也就是科学技术的哲学理论，是马克思主义自然哲学研究的重要内容，也是马克思主义自然哲学研究的最终目标。

一、科学技术论的实质是科学技术的哲学理论

科学与技术是两个既相联系又相区别的概念，各有不同的特点、目的和职能。科学是作为一种意识形态，主要任务是认识世界；技术是实现目的的手段，主要任务是改造世界。但在科研活动中，尤其是在当代科学整体化的趋势下，二者已融合为一个辩证统一体。作为生产和实践经验的总结，它从属于生产力；作为认识和改造自然的理性活动，它从属于意识形态。马克思主义自然哲学的科学技术论，主要是研究和揭示科学技术发展的规律，因而实质上是科学技术的哲学理论。

现在所流行的"哲学"这一范畴是由希腊文"φιλο-σοφία"二词组成。而"φιλο"一词最初的含义指工艺技术，"智慧"的含义是从人类从事工艺技术时所表现的智力引申而来的，由此也可以引申，最初的哲学是人类智慧的结晶、科学知识的萌芽。因此，在既包含哲学理论又包含自然科学的自然哲学中，不仅是关于自然的哲学学说，也是关于科学的哲学学说。由此推导，自然科学既然作为关于

自然的本质及其规律的知识体系，从主观方面看，它体现了人类的智慧，是人类对客观世界的思维结晶；从客观方面讲，它概括了劳动的成果，是人类改造世界的经验总结。随着生产的发展，社会的进步，自然科学经历了原始综合—分析研究—辩证综合的过程，在今天，自然科学越来越需要进行哲学的概括和总结，用哲学观点把自然界的客观辩证法和思维中的主观辩证法统一起来。

科学技术论作为科学技术的哲学理论，它的研究必须遵循以下原则：

第一，科学理论必须以真理性作为自己存在的前提。亚里士多德曾就科学的真理性问题给出过这样的定义：真理就是正确的认识；事物对象客观地存在于意识之外，当认识同事物对象相符合时，认识就是正确的。他举了一个有趣的例子说："并不因为我们说你脸是白，所以你脸才白；只因为你脸是白，所以我们这样说才算说得对。"[①]这个定义得到历代哲学家的认可，就连实用主义者的鼻祖詹姆士（W. James）也说："任何辞典都会告诉你们，真理是我们某些观念的一种性质；它意味着观念和实在的'符合'，而虚假则意味着与'实在'不符合。"[②]詹姆士抓住了真理问题的两个要点，一是"实在"，二是"符合"，但他对前者做了经验主义的回答，对后者则做了工具主义的回答。这当然是我们不能苟同的。这种真理观的缺陷在于它的不确定性和模糊性。"符合"和"实在"可以作不同的解释，不同的哲学派别都可以从自己的哲学基本前提出发赋予其不同的内容。

真理是标志主观和客观相符合的哲学范畴，是人们对客观事物

---

① 亚里士多德：《形而上学》，第 186 页。
② 詹姆士：《实用主义》，第 101 页。

及其规律的正确反映。自然科学是人们对自然界的本质及其规律的正确反映，因而它本身是一种科学真理，它同它所反映的对象同样地不以人的意志为转移。尽管它的形式是主观的，但它的内容是客观的，它经受过实践的检验，所以它具有客观真理性。现代科学广泛地用符号形式来表达科学成果，这种符号系统似乎同客观事物没有直接关系，但符号所代表的科学内容也是客观实在的反映，用形式化的语言更准确地、定性而又定量地反映客观实在，如爱因斯坦的"$E=mc^2$"公式之所以是真理，并不在于这些符号本身，而是因它正确地反映了质量与能量的客观规律性。所以，科学之所以是科学，就因它具有客观真理性，并以客观真理性作为自己存在的前提。离开了客观存在的物质实体，自然科学就失去了它的对象，离开了客观真理性，自然科学就不可能存在。

第二，科学理论必须以全面性作为自己发展的要求。科学在探索和揭示客观对象的本质及其规律的过程中，既从横的方面反映事物复杂现象之间的内在联系性，又从纵的方面反映事物发展全过程和各阶段之间的辩证统一性。因此，反映事物本质和规律的科学理论必然具有全面性的特点。列宁指出："要真正地认识事物，就必须把握、研究它的一切方面、一切联系和'中介'。我们决不会完全地做到这一点，但是，全面性的要求可以使我们防止错误和防止僵化。"[①] 科学理论的全面性，要求科学理论在反映某一事物的本质时，必须从这个确定范围内的普遍现象出发，从该事物的全部总和出发，对大量现象进行抽象概括，上升为理性认识，才能形成全面性的理论。在科学理论的发展过程中，后一个理论代替前一个理论，总是把前一个理论的科学真理成分保存下来，并使之不断地发展和扩大。

---

① 《列宁选集》第 4 卷，第 453 页。

科学理论正是在这种前后交替的过程中，不断接近全面性的。

但是，和世界上任何事物一样，科学理论是一个永恒发展的过程，它的客观真理性也不是一成不变的。由于理论和实践的矛盾、主观和客观的矛盾，它的任何真理性的知识，都只是对客观世界的某些方面、过程和层次的正确反映，总是具有近似的、不完备的性质。列宁指出："人不能完全把握＝反映＝描绘全部自然界、它的'直接的整体'，人在创立抽象、概念、规律、科学的世界图画等等时，只能永远地接近于这一点。"[1] 实践是永恒发展的，所以任何科学理论，不论怎样成熟，也只能是相对完成的体系。所谓全面性也只是相对而言，对于任何具体的科学理论，没有完全的确认，只有不断的确认，没有永恒的真理，只有包含绝对于其中的相对真理。

第三，科学理论必须以逻辑性作为综合体系的准则。科学理论作为描绘客观对象某一特定领域整体的图画，它是由许许多多概念和判断构成的综合体系。个别的概念与个别的判断只能反映某种事物的本质和规律，而不能对某个领域的整体做出系统的描述。

科学理论之所以能够描述研究对象领域的整体，这是因为它不是简单地由许多概念和判断机械堆积而成的，而是依据一定的逻辑联系建立起来的判断体系。它的核心部分是基本原理或基本定律的陈述，如牛顿力学中的万有引力定律。以此作为出发点而推导出许多具体结论用于解释和预测经验结论，如牛顿力学中关于行星轨道的描述，关于哈雷彗星近日点日期的预测，等等。所以，科学理论必须是具有逻辑性的概念、判断体系，才能对特定的研究领域做出统一的解释和卓有成效的预测。

概念是科学思维的细胞，每门科学中的原理、定理、定律都

_____

① 列宁：《哲学笔记》，第194页。

是用有关的科学概念总结出来的。科学理论的完整体系就是由概念、与这些概念相应的判断以及用逻辑推理得到的结论组成的科学整体。

反映理论成分（即概念和相应的判断、推理）之间的关系、联系的总和是理论的结构。理论结构的特点在于，理论所由构成的那些概念和论断是在逻辑上严整的、连贯的系统，换言之，理论的概念和论断相互存在逻辑联系，借助于逻辑的规则可以从一些判断中获得另一些判断，即从一些被看作原始的真实判断中，逻辑地推出其他的真实判断。例如，爱因斯坦的狭义相对论，它的基本理论只有两条：相对性原理与光速不变原理。这两条原理决定了不同运动系统之间的变换要运用洛仑兹公式，在洛仑兹变换下，电磁定律和力学定律都是协变的，因而都可以逻辑地推演出来。

科学理论具有两个最基本的特点，一是与实践检验相联系的客观真理性，二是与形式结构相联系的严密逻辑性。这两个特点相互作用，相互补充，意味着科学理论系统地反映了客观事物的本质。所以，科学理论必须在实践基础上按着逻辑的"格"建立严密的逻辑体系，这个体系中的概念、命题、原理等都必须是确定的、巩固的，具有"公理的性质"。不管事物如何变化，而这个确定性是相对稳定的。这种确定性是和科学理论的真理性等同的。科学理论的概念、命题、原理等如果没有确定性，科学知识就无法使人理解和占有，也就无法传播和交流，人类的思想也就无法继承和发展。辩证法强调事物的不确定性，但不否认确定性的存在。根本没有确定性，就谈不上不确定性。确定是不确定的根据，不确定是确定的运动。具有严密逻辑性的科学理论，它所追求的不是静止的确定性，而是处于动态过程的确定性，这种确定性才是现实的、具有真理性的。

上述三点表明，科学理论体现了哲学原则。真理性是认识论的体现，全面性是辩证法的要求，逻辑性是逻辑学的准则。如果说科学理论运用数学使其达到更加完善化的程度，那么，科学理论运用哲学观点来阐述它的研究成果，就会使它上升到哲学的高层次意识形态，并逐渐与哲学结合在一起。事实上，从科学与哲学发展的三种历史形态看，科学和哲学的汇合或融合是不可避免的趋势，这种汇合或融合，在当代已经不是一种理想，而逐渐成为一种现实。当代科学技术综合理论的成就，不仅从科学理论和科学实践上确证了辩证法的客观性和正确性，而且使科学和哲学日趋结合为一个有机整体，更深刻地影响和改变人类思维和人类行为，使全部社会生活都在科学技术的哲学理论的指导下得到改造，真正成为推动社会历史的革命力量，达到社会目的性的实现。

二、科学技术的社会目的性

任何科学技术从诞生起就具有社会目的性。这种社会目的性是社会的人所具有的，它从社会中来，为社会服务，并随着社会的发展而发展。

目的性在人类社会中是不言而喻的，具有社会的客观性。但生物界是否具有目的性，一直是唯物主义者和唯心主义者争论的重要问题。目的论者利用生物有机体各种奇妙的结构和特性，利用生命现象的奥秘，来证明上帝或某种力量有计划、有目的地创造智慧和创造行为。但是，目的论和科学是不相容的，达尔文的生物进化论给目的论以有力驳斥，同时阐明了生物"合目的性"的合理的意义。生物有机体的形态结构、生理功能的"合目的性"，实质上是生物有机体对生物环境的适应性，是生物生存与发展的需要，但不是出于自觉的目的，不是理智行动的结果，而是自然选择自发地长期起作用的结果，是生物进化的因果性的表现。近年关于生命现象的自组织、自适应的研究，表明了某种目的性的趋向，因此，"自然目的性"的提法是可以考虑的。但是自然目的性仍然不能同人类活动中所抱定的自觉目的性相提并论。

人是世界上真正具有自觉抱定的目的性，并根据一定目的从事活动的实体。人，而且只有人才真正通过自己有目的的创造性活动，在地球这个舞台上，建立起丰富多彩的社会生活，把自己作为社会的主体，同自然界区分开来，对立起来，在对自然界能动地认识和改造的过程中，创造了地球上光辉灿烂的人类文明。

科学的根本目的在于解决人和自然的矛盾，在于改造自然的同时改造社会，推动社会历史的前进。目的是人的目的，而提出实现目的的人是社会的人，是生活于一定历史条件下的社会关系之中的人。因此，人的目的的提出和实现，不仅要受自然历史条件的制约，受自然发展规律的支配，而且还严格地受社会历史条件的制约，受社会发展规律的支配。

人总是结成一定的社会关系而面向自然，并通过有目的的活动来改造自然，从自然界获得生存资料，以便生产和再生产自己的物质生产，因而也生产和再生产社会的物质存在。生产的发展和进步，意味着人在处理自己同自然的关系上的发展和进步，也意味着人类社会历史的发展和进步。生产的发展和进步，不仅引起人和自然关系的改变，也相应地引起人们之间社会关系的改变。

科学技术能否得到社会的承认或公认，关键在于它是否具有明确的社会目的性。这是科学活动的起点，它的后果必须是满足人的需要。只有这样，科学才会得到社会的支持，达到目的的实现。这是我们考察科学技术社会目的性的一个根本出发点。

三、科学技术目的性的展开过程

从科学技术的发展看，科学技术目的性的展开过程，可以区分为三个不可分割的环节：

1. 目的性的潜在阶段——自然科学。从严格意义上讲，科学和科学理论是两个既有联系又有区别的概念。科学本身有经验科学和理论科学之分，不仅包含理论知识，也包含经验知识。科学理论不等于科学，它是科学中升华和结晶的部分，是经过实践检验过的客观真理性的理论形态，或者说，是科学体系中的理论部分，是知性的扬弃，理性的复归。它通过一系列概念、范畴、命题等之间合乎逻辑的联系与转化，在思维中再现事物的本质和规律。自然科学是关于自然界物质形态及其运动的本质和规律的知识体系，以观念形态表现其精神产品，因而属于人的认识范畴，也是一种意识形态，参与人们的精神生活，成为人们解放思想的精神武器；作为一种社会现象，它属于一般社会生产力的范畴，当它未渗入生产过程前，它是一种"生产的精神潜力"或"知识形态的生产力"，一经加入生产过程后，就会转化为直接生产力，成为推动社会历史的革命力量。

从上述自然科学的性质看，它的目的是潜在的，是一种精神性的东西。用黑格尔的话说："科学是精神的实现，是精神在自己的因素里为自己所建造的王国。"[①] 在黑格尔看来，科学不是对客观进程的概括，而是精神的自我认识，是精神在其自身中营造的"王国"。这种看法显然抹杀了科学的客观性；然而，科学作为概念系统、逻辑体系，确实表现为精神形态或观念形态，一种发展着的知识系统。科学活动的成果是一种精神产品或知识产品，它以认识世界为直接目的，以追求真理为最高价值。

---

① 黑格尔：《精神现象学》上卷，第 15 页。

精神是物质的异在，是自然界自身的否定因素，物质派生的非物质现象。自然科学就是这种否定因素的结晶，非物质现象的成果。它在未渗入生产过程前，只能是潜在的，没有明确的社会现实目的，它同哲学一样以抽象知识作为自己的成果，致力于建立知识体系。但是，现实的自然科学总是客体和主体对立的统一、自然和人类对立的统一、物质和精神对立的统一。因此，自然科学的目的性虽然处于潜在状态，并无切近的应用价值，可是一旦冲破潜在状态，就会转化为强大的物质力量，给人类文明带来质的飞跃，甚至出现划时代的变革。这种力量主要体现在技术科学的应用上，从而导致自然科学的潜在状态转化为技术科学的物质状态，使科学技术的目的性进入主导阶段。

2. 目的性的主导阶段——技术科学。技术科学是自然科学体系中的技术理论部分，根据自然科学的原理和人类社会的目的，凭借一定的手段和方法，对自然界实行改造和控制，创造人类所需要的自然物。它的目的是很明确的，具有明显的社会功利性。目的性是技术活动的起点，技术的后果是目的性的实现，它是科学技术目的性的主导阶段。

技术实际上是社会生产体系中发展起来的劳动手段，可以理解为人类活动手段的总和。虽然随着现代科学技术的发展，技术的概念包含了许多新的特点，但技术的目的性使它日益成为实现社会目的性的必要手段。技术的结果不仅仅是改造自然的手段，而且成为改造社会的手段。所谓手段，广义地说，就是置于有目的的活动的主体和客体之间一切中介的总和，包括实现目的的工具和使用工具的方式，其中有决定意义的是工具，黑格尔称之为"理性的机巧"。人们利用一定手段，依照自己的目的，作用于客体，引起客体的改变，而人就在这种被改变了的客体中实现自己的目的。技术就是依照人的目的而使自然界得到改造以适应人类的生存的过程。当然，手段相对于目的而言，绝不仅仅指物质手段，也不是仅指技术能力，而是二者的结合。

在技术科学的研究中，人的目的性占据主导地位。人的目的总是反映人的需要，既有物质生活的需要，也有精神生活的需要。在具备了一定技术手段的基础上，人们根据需要提出目的，为实现目的而奋斗；目的又推动人们创造新的手段；在创造了新的手段的基础上，又引起新的需要，人们又提出新的目的。手段与目的互相促进，互相制约，同步发展，构成了人类有目的的创造活动史，这也是技术科学发展的历史。

推动技术科学发展的根本动力是社会的需要。近代以来的三次技术革命就是在这种需要下掀起的。人类之所以需要技术，从根本上说，无非是两种目的：一种是实现人的体力和智力的解放，即通过技术的应用，不断减少人在劳动过程中直接参与的程度；二是寻求提高劳动效率的手段，即通过技术的应用，以较少的投入获得尽可能多的产出。人类在劳动过程中，通过运用自己所创造的各种技术手段，不断实现上述两个目的。与此同时，人类又不断提出新的要求，产生更高一级的技术目的，由此推动人类文明的发展与进步。因此，从趋向看，技术科学更加接近于人文科学。

3. 目的性自身显现的阶段——人文科学。人文科学按拉丁文 humanitas 的原意是人性与教养的意思，它是在文艺复兴运动中与"神学"学科相对立的一门"人学"学科，是以人和自然作为研究对象的学问；现今一般指对社会现象和文学艺术的研究，通常认为包括语言、文学、绘画、音乐、雕塑、建筑、哲学等学科，实际上，社会科学、思维科学、语言科学等都属于它的研究对象。现代不少新兴科学技术，如电子计算机程序、软件的研制以及工程技术中的一些门类，也与人文科学的发展密不可分。

按中国文字的象形符号，可以把"人文"看作是人的文化，《易·贲卦·象》曰："观乎人文，以化成天下"，亦即所谓"以文教化"的意思。当然，人文不等于文化，但从某种意义上说，它们的对象都是以人为中心，人是文化或人文的创造主体。凡是人类，必有文化，也必有人文，人类活动作用于自然，便产生了物质文化；作用于社会，便产生了制度文化；作用于人自身，便产生了精神文化。这种种文化，统统都可以作为人文科学的研究对象。

从实质上看，人文科学就是人学，是人的目的性自身的显现，探讨人的目的性、主观性即人的"自我意识"及种种表现形态，揭示人的自我意识的社会客观性。按照马克思主义的历史唯物主义观点，人的历史是人类自身进化的历史，即人类社会发展的历史。这是一部同动物单纯以生物的自然进化方式表现出来的历史根本不同的历史，是人类有意识有目的地从事创造活动的历史。目的是以观念形态存在于人的意识之中的活动结果，既具有主观性，又具有客观性，是主观性与客观性的统一。目的的客观性主要是它的对象化、具体化，使人的目的参与到人的活动中，形成人的自觉的目的性活动；目的的主观性主要是它可以在观念中存在，它形成于人的活动前，起到对活动的调控性作用。

人依照自觉的目的从事活动，努力使自然规律和社会规律处于人的自我意识的控制之下，并成为人们的自由行动，自觉地创造自己的历史。人文科学正是人的目的性的自身显现。但人类在过去的历史中，活动的自觉性还不高，因而活动的结果往往不能实现预期的目的。人文科学的任务在于使人的目的性建立在社会客观性的基础上，引导人们的活动适合国情，通晓世情，符合人情。从某种意义上说，人文就是人情、世情、国情的体现。马克思主义自然哲学的根本目的就是促进社会目的性的实现，推动人类从必然王国跃入自由王国，使目的的主观性与客观性得到高度的统一。因而，马克思主义自然哲学也就必然地要以科学社会主义作为自己的理论归宿，在发展社会生产力的实践中，显示出它的巨大生命力。

第三章　马克思主义自然哲学必须以科学社会主义为其理论归宿，才能成为变革现实的强大力量

马克思主义自然哲学作为宇宙自然论、科学思维论和科学技术论三者辩证统一的理论体系，它本身就集中地体现了马克思主义哲学作为实践唯物主义的根本特征，体现了科学理论和革命实践、认识世界和改造世界的统一。这种以辩证思维反映自然界的本质和规律为理论基础，以科学技术为中介手段，以改造客观世界为最终目的的马克思主义自然哲学，是马克思主义世界观和方法论理论体系的重要组成部分，它与科学社会主义理论之间具有内在的、不可分割的联系。我们学习和研究马克思主义自然哲学，同样必须以科学社会主义作为必然归宿，把它和实现先进阶级的历史使命，和共产主义的伟大实践联系起来，从而使马克思主义自然哲学成为先进阶级实现自身及全人类解放的精神武器，在变革现实中转化为巨大的物质力量。这是马克思主义自然哲学的最终目的，是社会目的性最高表现。

第一节　马克思主义自然哲学是科学社会主义的基础理论之一

长期以来，在人们的思想中存在着这样一种倾向，似乎自然辩

证法仅仅是研究自然界的发展规律以及自然科学中的哲学问题，而与科学社会主义理论之间没有什么内在联系。其实，把自然辩证法 —— 马克思主义自然哲学 —— 提高到科学社会主义理论基础之一的高度来认识，本来就是马克思、恩格斯的意向。

恩格斯写作《自然辩证法》这部著作的科学目的，正如本篇开篇所说，企图建立科学的马克思主义自然哲学，旨在创立辩证唯物主义自然观和辩证唯物主义历史观相统一的世界观和方法论的理论体系，为科学社会主义奠定理论基础。众所周知，马克思主义的哲学、政治经济学、科学社会主义是一个有机整体。它的全部理论学说，是马克思和恩格斯共同研究、共同创造的产物。但在学术研究方面，他们的重点不尽相同，并有所分工。马克思把他毕生的主要精力，致力于研究政治经济学，探索资本主义经济运动的规律；恩格斯开始侧重研究军事科学，尔后又广泛深入地研究自然史和自然科学，探索自然界和自然科学的辩证规律。他们的研究成果，凝结在《自然辩证法》和《资本论》两部著作中。前者从自然界物质系统的辩证演化，阐述了人类史前辩证发展及其如何过渡到人类历史的辩证法，揭示了自然界和自然科学发展的必然性；后者从生产力和生产关系的矛盾运动，阐述了人类历史的辩证发展，揭示了社会发展的必然性。这是两部紧密衔接的著作，深刻揭示了从自然到社会，从人类史前到人类历史的辩证运动的过程性和规律性，提供了关于马克思主义学说统一和完整的世界观和方法论理论体系，使自然观和历史观在唯物辩证法基础上实现了真正的统一，从而为科学社会主义奠定了坚实的理论基础。

马克思、恩格斯世界观的转变，是从黑格尔辩证法出发，经过费尔巴哈唯物主义的中介环节而完成的。费尔巴哈的最大功绩在于他恢复了唯物主义的权威，在自然观上强调"新哲学将人连同作为人的自然当作唯一的，普遍的，最高的对象"①，用"人"否定和取代了黑格尔的"绝对观念"和基督教的"上帝"，并以"人"为中心阐发了他的自然观思想，指出自然只能来自它本身，人是自然界最高级的生物，也是自然的产物。但是，正如恩格斯所指出的，在费尔巴哈那里无论人和自然都只是空话。他离开人的社会性、历史性和实践性去考察人，考察人和自然的关系，考察人的认识活动。在费尔巴哈眼里的人，虽然不是机械力学上的人，但也不是在社会历史发展中实践着的人，只不过是生物学上的人，一种抽象的人。他所说的自然，也不是人们从事活动的实践对象，因而人和自然的关系，只是反映和被反映的关系，而不存在改造和被改造的关系，把人看作是自然界的消极直观者，而不是把人看作是改造自然的实践主体。他不懂得人不仅是一个认识主体，而且首先是一个实践主体。

费尔巴哈把他的人本主义贯彻到历史领域时，只能得出以"抽象的人性爱"为基础的唯心主义的世界观。这种历史观大大落后于黑格尔。黑格尔的历史观本质上是唯心主义的，但他把历史观从形而上学中解放了出来，第一次把人类的历史描写为一个过程，并试图揭示这一过程的内在规律，给历史观赋予了某些科学的性质，"向我们暗中指出了唯物主义的历史观"②。可是费尔巴哈没有能理会这种"暗示"，他在批判唯心主义的同时，也使自己陷入唯心主义世界观的泥坑，成为"半截子"的唯物主义者。正如马克思和恩格斯的评论："当费尔巴哈是一个唯物主义者的时候，历史在他的视野之外；当他去探讨历史的时候，他决不是一个唯物主义者。在他那里，唯物主义和历史是彼此完全脱离的。"③这样，费尔巴哈的自然观和历史

---

① 《费尔巴哈哲学著作选集》上卷，第184页。

② 《普列汉诺夫哲学著作选集》第1卷，第482页。

③ 《马克思恩格斯选集》第1卷，第50页。

观截然相悖，背道而驰，非但不能统一，而且完全对立起来。

马克思和恩格斯掌握了揭开人类历史秘密的钥匙，澄清了各种关于历史唯心主义的迷雾，从而克服了费尔巴哈唯物主义的"半截子"，将唯物主义的光辉射入黑暗的历史王国，实现了由辩证唯物主义自然观到辩证唯物主义历史观的飞跃，使自然观和历史观在唯物辩证法基础上有机地统一起来。

马克思、恩格斯揭示了从自然界到人再到人类社会的过渡，揭示了在自然界、人类社会和人类思维中客观存在的发展规律。在社会历史领域也完全像在自然领域一样，存在着不以人们意志为转移的客观联系，辩证法的规律对于自然界、人类社会和人类思维的运动，都是同样适应的。但是，自然界和人类社会毕竟是两个不同的领域，将二者统一起来的结合点何在呢？恩格斯认为：它们之间的结合点是人类劳动。自然界经历了长期辩证演化的过程，当它发展到一定阶段时，便分化出了人。人本身是自然界发展的产物，又是与自然界相对立的异物。有了人，才有社会，人是社会的人，社会是人的社会。有了人，人们才能有意识地、有目的地自己创造自己的历史，形成了社会历史的运动。

在人与自然的相互作用中，随着人们对自然规律知识的迅速增加，人对自然界施加反作用的手段也增加了。人们在改造自然界的过程中，不断提高了自己改造自然的能力，使自然界成为人化的或人的对象化的世界，从而改变了人类赖以生存的条件，同时，也改造了人自身。人们改造自然界的目的是为了人类社会的需要。离开了改造自然界的结果，人类社会就不能生存和发展。因此，自然界是社会存在和发展的前提和基础。恩格斯在《自然辩证法》导言、《劳动在从猿到人的转变中的作用》以及《家庭、私有制和国家的起源》等著作中，具体分析了自然界如何辩证地演化出人，以及人类如何从原始社会演变到阶级社会的过程，说明人类社会同自然界一样，也是一个自然的历史过程。

马克思科学地分析了资本主义社会产生、发展和灭亡的历史必然性。他在分析资本主义社会经济形态时，是从构成资本主义社会的细胞"商品"开始的。资本主义社会的全部固有的矛盾是从商品这个细胞中孕育、发展起来的。在马克思看来，商品的基础也正是人类的劳动。商品的两重性是由劳动的两重性决定的，他具体分析了具体劳动和抽象劳动、私人劳动和社会劳动、必要劳动和剩余劳动的概念，为创立劳动价值论和剩余价值论奠定了坚实的理论基础，从而最终揭开了资本主义剥削的秘密和实质。因此，人的劳动，一方面是人类社会运动的起点，另一方面又是资本主义商品生产运动的起点。

以上表明了恩格斯和马克思分析问题的出发点和科学思路的一致性；同时说明辩证唯物主义的自然观和历史观二者理论的结合点是劳动。劳动是整个社会存在和发展的基础。人们进行生产劳动，一方面要与自然界发生关系，社会生产力就反映了人与自然的改造与被改造的关系；另一方面，人们又必须结成一定的社会关系进行生产，生产关系就反映了人们在生产劳动中人与人之间的关系。社会发展史就是生产力与生产关系矛盾运动的辩证发展史。正是这种矛盾运动，成为推动社会发展的根本动因。社会的发展同自然界的发展一样，具有不依人们意志为转移的客观规律，这种规律的客观必然性决定了人类社会由低级社会形态向高级社会形态的转化。这就是历史发展的唯物论和辩证法。

综上可见，恩格斯创立自然辩证法，把劳动作为社会因素，说明劳动创造了人类本身和人类社会，由此实现了由自然界到人类的飞跃，从而结束了自然界发展的辩证过程，最终又超出了自然界本身的范围，使人类社会与自然界对立；同时，马克思在《资本论》中，又把劳动作为经济因素，把劳动作为创造商品价值的基础，由此开始政治经济学所研究的资本主义社会经济基础辩证发展的过程。这样，通过《自然辩证法》和《资本论》的有机衔接，阐明了从自然辩证法到社会辩证法的过渡。这一过渡，促进了历史唯物主义的出现；历史唯物主义指明了先进阶级及全人类彻底解放的真实道路，从而使社会主义由空想变成科学；科学社会主义以马克思主义的哲学和政治经济学作为理论基础，来论证先进阶级及全人类解放运动的规律，也就是从理论和实践上来说明先进阶级及全人类运用什么方法，通过什么道路来实现共产主义的伟大理想。马克思主义自然哲学是马克思主义哲学的基石，因而必然成为科学社会主义的理论基础之一。

第二节　马克思主义自然哲学只有落脚到科学社会主义，才能成为变革现实的强大力量

马克思主义主要是由哲学、政治经济学和科学社会主义三个部分组成的，它们在马克思主义中是统一的、完整的、密不可分的，从而构成了马克思主义的严整的科学体系。其中，哲学是马克思主义学说的理论基础；政治经济学是马克思主义学说的主要内容；科学社会主义是马克思主义的核心问题。没有马克思主义的哲学和政治经济学，也就没有科学社会主义；而马克思主义的哲学和政治经济学又是以科学社会主义作为其理论归宿的，如果没有科学社会主义，也就不能显示马克思主义哲学和政治经济学的社会价值与历史作用。

马克思主义自然哲学作为宇宙自然论、科学思维论、科学技术

论的统一体，是马克思主义哲学的基石，属于科学的自然哲学即自然辩证法，它同科学的历史哲学即历史唯物主义和思维自身的辩证法即辩证法、逻辑学、认识论一起，共同组成马克思主义哲学的科学体系。既然马克思主义的哲学和政治经济学以科学社会主义为其理论归宿，那么，马克思主义自然哲学作为马克思主义哲学体系中的基石，理所当然地也应以科学社会主义为其理论归宿，否则就不能显示马克思主义自然哲学前所未有的巨大作用。所以，马克思主义自然哲学只有落脚到科学社会主义，才能成为变革现实的强大力量。这是马克思主义哲学合乎逻辑的必然结论，是其理论上的归宿。恩格斯说：“现代的唯物主义，它和过去相比，是以科学社会主义为其理论终结的。”[①]实践唯物主义的灵魂在于以实践为基础又反过来为实践服务。当代中国最大的革命实践是建设有中国特色的社会主义，它需要有实践唯物主义的指导，而实践唯物主义只有落脚到建设中国特色的社会主义，才能显示它的生命力。所以，马克思主义哲学及其所包括的科学的自然哲学，只有以科学社会主义为其理论归宿，才能成为变革现实的强大力量，推动社会生产力的发展。这种理论归宿的意义，主要体现在下述三个方面：

第一，科学社会主义理论之所以是科学，就在于它是建筑在自然规律和社会规律基础上的。离开了自然规律和社会规律搞社会主义建设，绝不是真正的科学社会主义，马克思主义的真理，必须随着时空条件的变化而变化，它的个别结论势必过时，但它的基本原理、革命精神以及马克思主义的世界观和方法论是永远不会过时的。它是社会主义中国的精神支柱，是我们伟大祖国的国魂。应当承认，由马克思、恩格斯创立并由其他马克思主义者所坚持和发展了的马

---

① 《马克思恩格斯选集》第 20 卷，第 673 页。

克思主义，由于历史所提出的任务，它所解决的主要问题是实现先进阶级政治上解放的问题。至于如何建设社会主义，其理论是不完全成熟的。各国社会主义建设的实践经验证明了这一点。在这种情况下，作为马克思主义自然哲学对社会主义建设的指导作用就具有直接性和突出性。这并不是否定马克思主义哲学基本原理的普遍真理性和指导性，而是指明马克思主义自然哲学作为宇宙自然论、科学思维论和科学技术论三者的辩证统一，更能直接地概括和总结自然科学发展的成就和社会主义建设实践的经验，更好地揭示出自然界和自然科学的发展规律，为科学社会主义提供基础理论和指导思想，更直接、具体地为社会主义现代化建设服务。

在社会主义现代化建设中，尊重自然界和自然科学发展的规律，和尊重唯物史观揭示的社会历史规律，并不是绝对对立的，而是辩证统一的。违背自然界和自然科学发展的规律，必然给人类造成严重社会后果，延缓社会历史发展的进程；而违背社会发展规律，必然引起社会动乱，就不可能造成一种协调、和谐的社会环境，使人们更好地掌握自然界的规律，发展科学、改造社会。在这两种情况下，都会给社会主义事业造成危害，带来灾难。在这里，重温一下恩格斯的一段精辟的论述是至关重要、发人深省的。他说："人们周围的、至今统治着人们的生活条件，现在却受到人们的支配和控制，人们第一次成为自然界自觉的和真正的主人，因为他们已经成为自己的社会结合的主人了。人们自己社会行动的规律，这些直到现在都同异己的、统治着人们的自然规律一样而与人们相对立的规律，那时就被人们熟练地运用起来，因而将服从他们的统治。人们自己的社会结合一直是作为自然界和历史强加于他们的东西而同他们相对立的，现在则变成他们自己的自由行动了。一直统治着历史的客观的异己的力量，现在处于人们自己的控制之下了。只是从这时起，人们才完全自觉地自己创造自己的历史；只有从这时起，由人们使之起作用的社会原因才在主要方面和日益增长的程度上达到他们所预期的结果。这是人类从必然王国进入自由王国的飞跃。完成这一解放世界的事业，是现代无产阶级的历史使命。考察这一事业的历史条件以及这一事业的性质本身，从而使负有使命完成这一事业今天受压迫的阶级认识到自己行动的条件和性质，这就是无产阶级运动的理论表现即科学社会主义的任务。"① 这一段论述告诉我们，先进阶级实现自身和全人类解放的历史，就是不断从必然王国向自由王国实现飞跃的历史。只有人们到了能自觉运用和掌握自然规律和社会规律而自由行动时，才是科学社会主义理论所科学预见的理想而现实的社会。

第二，马克思主义自然哲学是指导社会主义现代化建设事业的思想武器，它直接为发展社会生产力服务，为先进阶级自身和全人类解放奠定强大的物质基础。按照科学社会主义的理论，要建设社会主义，必须以经济建设为中心，大力发展社会主义商品经济，不断改善和提高人民的物质文化生活水平，才能显示社会主义的优越性。社会主义经济是由各个国民经济部门组成的有机统一体。它们之间的关系本身具有客观的辩证性和必然性。违背了它们之间的客观的必然的辩证关系，整个国民经济就会失去平衡而不能协同发展。

因此，一方面，我们必须以马克思主义自然哲学为指导，对整个国民经济建设做出科学决策，使人们自觉地按照自然界的规律认识和改造自然界，为人类社会服务。如果我们不尊重自然界的生态平衡规律，忽视白然环境对人类社会的影响作用，就会给人类社会赖以生存的物质生活条件带来威胁。所谓人与自然的矛盾，实质上

---

① 恩格斯：《反杜林论》第280页。

是自然和社会的矛盾。我们只有正确认识和处理自然和社会的矛盾及其辩证统一关系，才能使自然和社会协同发展。同时，马克思主义自然哲学深刻地揭示了经济、科学、哲学和社会的辩证统一关系。在建设社会主义过程中，我们要始终坚持经济是基础，科技是关键，哲学是指导，社会发展是目的的根本指导思想；要始终把发展科学技术放在首要的战略地位来抓。

科学技术也是一种生产力，是民族振兴、经济繁荣、社会进步的强大推动力。马克思主义自然哲学具体揭示了自然科学如何转化为生产力直接改造自然和社会的途径和方法。离开了马克思主义自然哲学在宏观上的指导，要迅速发展社会生产力是不可能的。而离开发展社会生产力来谈社会主义，绝不是科学社会主义。

另一方面，马克思主义自然哲学研究和发展的特点，就在于它能与国民经济各个物质生产部门和科技领域的实际相结合，从微观上具体揭示各个部门内部诸因素内在的辩证性，通过对实际经验的哲学概括，上升到世界观、方法论的理论高度，直接指导人们认识和改造自然的实践活动，为提高和发展社会生产力服务。马克思主义自然哲学之所以具有巨大的生命力，原因就在于此。

第三，马克思主义自然哲学是培养和提高科技人才与管理人才辩证思维能力的重要途径。我们要加速社会主义现代化建设，必须造就出大批既具有社会主义觉悟，又具有科学技术知识和技能的人才。生产力是社会发展的最终决定力量。在生产力三要素中，劳动者是首要的革命的因素。而人才则是劳动者中的中坚、骨干力量，是知识形态生产力的活的物质载体。在知识形态生产力转化为直接生产力的过程中，人才起着决定性的作用。社会和时代的需要，对社会主义建设人才提出了更高的要求。他们应当具有坚定的共产主义信念，强烈的振兴中华的民族意识，较高层次的人生价值目标和愿为科学勤奋献身的精神，而不是拜金主义和利己主义者。同时，还必须具备辩证思维能力，否则就不是一个符合社会主义要求的合格人才。恩格斯指出："一个民族要站在科学的最高峰，就一刻也不能离开理论思维。"马克思主义自然哲学作为宇宙自然论、科学思维论和科学技术论辩证统一的科学理论体系，它对科技工作者从事自然科学研究和技术实践活动以及从事管理、组织、协调工作具有十分重要的指导作用。其主要表现是：

1. 它为科技工作者提供辩证唯物主义的自然观，从总体上把握自然界及自然科学发展的辩证性质及发展的总趋势。自然科学发展的历史表明，自然科学如果离开哲学原则和哲学世界观的指导，甚至对辩证法采取蔑视态度，其后果将是十分可悲的。从事科学研究，不能不进行理论思维，而任何思维规定，都要涉及哲学原则，总要受到一种哲学观点的支配。那种对哲学采取虚无主义态度的观点，实质上是资产阶级实证论的表现。为了更有效地开展科学研究，自然科学工作者绝不能停留在自发的自然科学唯物主义的水平上，应该认真学习和研究马克思主义哲学，特别是马克思主义自然哲学，做一个自觉的辩证唯物主义者。

2. 它为科技工作者指明了科学思维活动的思维规律、思维形式和思维方法。科技工作者在从事科学研究时，必须借助于概念、范畴和规律等思维形式，也必须借助于归纳与演绎、分析与综合、抽象与具体、知性与理性、逻辑与历史等思维方法。如果他们离开了科学思维的形式和方法，便无法进行抽象概括和综合分析，达到对事物本质和规律性的认识。恩格斯说："如果有了对辩证思维规律的领会，进而去了解那些事物的辩证性质，就可以比较容易地达到这种认识。无论如何，自然科学现在已发展到如此程度，以致它再也不能逃避辩证的综合了。"

3. 它为科技工作者掌握马克思主义的科学技术理论指明了方向，使他们明确科学技术的本质、特征及其发展规律，牢固树立当今科学技术是社会生产力的核心的观点，正确理解和掌握党的科技政策，充分发挥科学技术的功能，在中国共产党的领导下，积极投入科学研究和生产实践中去，自觉为社会主义现代化建设事业服务。

第三节　马克思主义自然哲学必须以现代科学技术综合理论为基础，促进哲学与科学的同步发展

哲学发展的真正推动力"主要是自然科学和工业的迅速进步"，"随着自然科学领域内的每一划时代的发现，唯物主义也必然要改变自己的形式"。全部自然科学发展的历史证明，这是一条颠扑不破的真理。

马克思主义自然哲学创立的自然科学的理论基础，是 19 世纪近代自然科学发展的综合理论，即能量守恒及转化规律、细胞学说和生物进化论。19 世纪下半叶电磁理论的建立及电力的运用，工业生产由蒸汽机时代进入电气时代，导致了第二次技术革命。20 世纪的科学技术在 19 世纪科学技术的基础上，又产生了质的飞跃，出现了以电子计算机技术为核心的一系列高技术的第三次技术革命，导致人类社会逐步由工业文明进入科学文明的新时代。其主要特点是：

1. 科学技术革命的全面化。20 世纪初，以所谓"物理学危机"为先导，出现并持续了 30 年的物理学革命，建立以相对论和量子力学为支柱的现代物理学理论体系。它深刻地揭示了物质、运动、时间、空间的统一性，为现代物理学及整个自然科学的发展奠定了基础。与此同时，化学、天文学、地学都产生了革命性的理论。尤其是分子生物学的建立，揭示了遗传的奥秘，使生物学研究由细胞水

平提高到分子水平，掀起了一场预示在 21 世纪出现巨大飞跃的生物学革命，为整个科学技术的进步开拓了无限宽广的前景。

2. 科学技术发展的综合化。由于科学技术革命的成果为科学研究提供了现代化的实验手段和精密的观察工具。在宏观上，人们观察到 10 万光年的银河系到 200 亿光年的总星系；在微观上，人们观测到小于 10^{-23} 厘米的基本粒子运动的轨迹。同时，由于各门科学本身的深入发展，涌现了大量的交叉学科与边缘学科，使人们对自然界各个不同层次的物质结构及其运动规律以及各个层次之间的过渡环节都有了更加具体、深刻的认识。整个自然科学正形成一个不断扩大的、多层次的、综合性的统一整体，使现代科学技术朝着科学技术化、技术科学化的综合性方向发展。

3. 科学、技术、生产一体化。19 世纪中叶以前，科学技术的发展主要依赖于生产实践，形成生产—技术—科学的发展路线；从 19 世纪下半叶以后，科学的发展成为技术发展的先导，通过技术的中介，转化为直接的生产力，形成了科学—技术—生产的发展路线。两条发展路线形成了一个以生产为基础的"技术—科学—技术"的辩证的圆圈运动。当代由于新技术革命的推动，边缘、交叉、综合性学科和技术学科的地位与作用十分显著，从而形成了科学⇌技术⇌生产这种双向的促进和转化，标志着科学技术的发展进入了更新、更高的阶段。

4. 科学社会化和社会科学化。20 世纪科学的发展，已成为现代国家的重要事业，日益依赖于社会经济的发展和支持，使科学技术社会化的趋势更加突出，对人类社会的发展产生了更加广泛和深刻的影响。它正在改变着社会生产和劳动者的结构，提高了劳动者的科学技术水平，部分地解放了脑力劳动，逐步缩小了三大差别，整个社会的物质文明和精神文明有了新的发展，使人类不仅改造了自然，也改造了人类自身。社会的科学化已成为当今世纪的时代特征，它标志着新的科学文明的时代必将到来。

在 20 世纪科学技术的发展中，特别应引起我们注意的是现代科学技术的综合理论，即控制论、信息论、系统论以及耗散结构论、超循环和协同论的发展，为当代马克思主义自然哲学的发展提供了现代新兴自然科学的理论基础。

控制论是科学技术相互渗透的产物。它把人的行为、目的及其生理基础即大脑和神经活动与电子和机械运动联系起来，突破了无机界与有机界，特别是生命现象和思维现象之间的鸿沟，从系统整体、相互联系、运动变化的角度观察问题。这种整体性和综合性的动态研究，是科学思维论与科学方法论的一个飞跃。

从整体上把握物质世界，有赖于信息的传输。按照维纳的看法，所谓信息，是人们在适应外部世界并使这种适应为外部世界所感到的过程中，同外部世界进行交换的内容。他把人作用于外部世界的行为过程归结为信息反馈过程。通过信息流将物质运动过程各部分之间粘合成为一个有机整体。因此，信息是实行控制的依据，它的发展趋势是整体化的"系统"的形成。

系统是过程的复合体。它是由相互作用和相互依赖的若干组成要素结合成的具有特定功能的有机整体，具有整体性、变易性、层次性、有序性、动态性、目的性、能动性、选择性等特征。

系统论是控制论和信息论的归宿，控制论与信息论统一于系统论。普里戈金的耗散结构论是系统论的进一步发展。他首先从平衡态热力学出发，研究了偏离平衡态的热力学，从而得到处理一般不均匀物质中各种传递过程的理论，创立了非平衡态的热力学，并由此继续推进，发现系统通过涨落远离平衡态就会产生一种有序的物质结构，这就是他称为的"耗散结构理论"。它所处理的是一个开放系统，通过与外界交换物质和能量，在一定条件下形成新的稳定有序结构，实现由无序向有序转化，所谓"非平衡是有序之源"。这种理论不仅与系统论的基本思想吻合，符合系统论强调的整体性、联系性、有序性、动态性等原则，而且使贝塔朗菲首创的一般系统论的有序稳定性有了严密的理论依据。耗散结构论由于论证了系统如何由无序走向有序而形成一个稳定结构，因此，这个理论也可称为系统的自组织理论。

近几年来，一些科学家们从探讨比较简单系统的控制论，发展到所谓巨系统理论。它着重分析了层次结构。在这种思想指导下，艾根提出了"超循环"概念，把巨系统理论具体化到生物现象，建立了生命现象的数学结构模型，并通过生物遗传信息传递过程，验证了模型可以复现生命现象的特征。这一理论发现，构成生命现象的酶的催化作用所推动的各种循环，是分层次相类属的，下一级循环组成高层次循环，高层次循环又组成更高层次的循环，如此递进不已，这便叫作"超循环"。这就使达尔文进化论立足于更可靠的科学理论基础上。耗散结构论的出发点主要是热力学，而超循环论则从有机生命现象出发，取得了基本相同的结果。这证明从无序到有序，层层推进的观点具有普遍性的意义。

系统论的最新发展是哈肯的"协同学"，这是一门"关于系统中各子系统之间相互协同的科学"，发现一个非平衡的开放系统，不仅可以通过突变从无序变为有序，而且也可以通过突变从有序再进入混沌状态。在这一过程中，混沌状态和耗散结构交织在一起，既有从无序到有序的发展，又有从有序向无序的演变。哈肯认为，在一个复杂系统中，系统的稳定状态既可以是一个点，也可以是一个振荡圈，形成这个稳定的点和圈（环），是该系统的目的。系统只有在"目的点"或"目的圈"上才是稳定的。哈肯的贡献就在于具体解释了相空间的"目的点"或"目的圈"是怎样出现的问题。他所揭示的"目的点"和"目的圈"有点类似哲学上讲的从量变到质变的"关节点",因而从无序如何到有序,就不是不可捉摸的,完全可以精确地计算出来。不仅如此,"协同学"还把从远离平衡态的开放系统推广到平衡态的封闭系统,证明某些系统在热平衡的状态下也可以达到有序状态,如超导现象、磁铁现象等也是一种有序结构,甚至连液体、固体结构在一定程度上也是有序的。因此,协同学比耗散结构论更进一步,将无序和有序辩证统一起来。协同学不仅在自然科学、技术科学中得到了广泛应用,而且在经济学、社会学方面的应用也获得了成功,具有更大的普遍适用性。

综观上述现代科学技术综合理论,我们不难看出:控制论、信息论是系统论的基础,耗散结构论、超循环论从不同侧面发展了系统论的基本思想,而协同学则从整体上将系统论推向了一个新的高度。这就是它们之间的辩证统一关系,显现了黑格尔所揭示的圆圈运动。

现代科学技术综合理论的成就,不得不引起我们进行哲学上的思考,它对丰富和发展马克思主义自然哲学的哲学意义及它们之间的相互关系如何?我们认为,目前我们至少可以得出以下三点结论:

第一,现代科学技术综合理论证明了绝对真理与相对真理辩证统一原理的正确性。从科学技术综合理论发展的全过程看,任何一个科学学派或科学成果,只能是构成客观真理发展链条上的一个中介环节。这个中介环节,既是前一环节的终点,又是后一环节的起点,永恒不变的所谓终极真理是不存在的。同时,这些综合性的科学理论,也只是从某些现象、某些过程揭示自然界的共同规律,从而具体发展和丰富了唯物辩证法;但这些共同规律还不能代替哲学所揭示的事物发展最一般的规律。因此,我们不能把科学技术的综合理论等同于哲学，更不能以它们的理论来取代马克思主义自然哲学的世界观和方法论理论体系。

第二，现代科学技术综合理论为推动马克思主义自然哲学的发展，提供了科学基础。现代科学综合理论揭示了较普遍适用的某些领域的共同规律，提出了一些诸如系统、结构、功能、层次、协同等科学范畴，但它们与哲学的范畴和规律相比，完全属于两个不同的层次、不同的领域。前者是知性、机巧的表现，后者是理性、智慧的结晶；前者沉于物，剖物而思齐，明性而致用，后者源于物，离物而游弋于方寸之间。因此，以系统论为核心的现代科学技术综合理论，它的近切目标是把一些过去不属于工程技术范围的领域变成工程技术。20 世纪以来，"工程技术"的概念所向披靡，其魔力有点类似 17、18 世纪的"力"的概念。如何对现代科学技术综合理论成果进行哲学概括和总结，这个问题尖锐地摆在我们的面前。一种思路是：把自然科学的范畴和规律机械地进行移植、照搬。这种做法不仅不能增加哲学理论的深度，反而会造成哲学自身的混乱。18 世纪哲学家把"力"的概念直接搬入哲学，从而陷入机械唯物主义并最终陷入唯心主义哲学泥坑的历史教训值得借鉴，决不能重蹈机械论自然哲学的覆辙。另一种思路是：认真学习和研究现代科学技术综合理论，唯物辩证地吸收消化其科学成果，使它变成自己的血肉，从哲学上加以概括和总结，并转化为哲学的原则。关键在于如何解决科学的定量化与哲学的辩证化相统一的问题。要做到这一点是不容易的。这就要求我们必须与自然科学家、科技工作者长期真诚合作，互相学习，共同探索。

第三，马克思主义自然哲学是现代科学技术综合理论的灵魂，作为宇宙自然论、科学思维论、科学技术论相统一的马克思主义自然哲学，归根到底是实践唯物主义哲学的特殊形式，是马克思主义哲学指导自然科学技术的直接中介，其最终目的是为了改造世界。从这个角度看，"工程技术"这个概念中就蕴涵着"实践唯物主义"的哲学灵魂，这就是革命实践。因为工程技术是实现人的目的的合乎规律的手段和行为。它旨在变革世界，使之服从于人的既定目的。它不是纯客观的，而是使主观见之于客观的一种合理而有效的手段。它不但有科学的理论意义，而且有行动的实践意义。工程技术的内在实质是人类的理智与意志在认识和改造世界目的之上的统一。如果说马克思、恩格斯关于实践范畴的提出，其理论渊源于黑格尔的"善的理念"、"目的及目的的实现"以及被唯心主义者充分发挥了的"主观能动性"的话，那么，这一范畴的现实根据，就是恩格斯天才地提出的"工业"。"工业"能使我们将自在之物变为自为之物，从而确证了客观真理。而"工程技术"范畴则进一步揭示了工业的内在结构与科学内容，从而更接近实践范畴。我们以工程技术作为进路（approach），也就更能窥探出实践的丰富的理论内容。这就说明，以实践为特征的唯物主义，不但没有过时，而且在当代得到了强有力的工程技术力量的支持，从而焕发出青春的活力。这种科学地认识世界，革命地改造世界的冷静而刚毅的合理意志一旦渗透到科学家身心中，他们的思想"灵魂"、他们的科学事业，定将大放异彩。当然，我们不能用"工程技术"的概念来代替"实践"这个哲学范畴，但革命实践在工程技术蓬勃发展的基础上，获得了新的活力，它的抽象思辨的灵魂有了更加壮硕、更加精力充沛的物质躯体。体现实践唯物主义精神的马克思主义自然哲学，将与各个领域从应用上导向工程技术的现代科学技术的综合理论相互砥砺，并肩前进。这股从理论到实践、从哲学到科学汇合而成的洪流，一定能促进哲学与科学的协同发展，并将加快我国社会主义现代化建设沿着共产主义的航向前进。

第一篇 宇宙自然论

宇宙自然，是从整体上概括我们生存于其中的这个世界的实质及其演化过程。

这个世界首先是一个自在地存在着的物质实体，它在其亿万斯年的演化过程中，产生了一个太阳系，太阳系中有一个行星，便是地球。地球可谓得天独厚，具备了物质分化的各种条件以及综合形成各种层次的特殊物质结构。在分析、综合反复进行过程中，产生了无机物、有机物、生命、人类以及人类的精神世界。

人类及其精神世界的出现，是客观物质世界的异化。从此，形成客体与主体的对立、物质与精神的对立。自在的宇宙便跃进到自为的宇宙。

因此，宇宙自然论不单论述客观自然界的发展，而且必须论述人类及其精神世界的发展，才是完整的。

第四章　作为物质世界的自然界

我们生存于其中的这个世界，包括客观自然界和人类社会以及它们的异在——精神世界。我们所描述的这个宇宙世界，只能是有人的以及人类认识所触及的宇宙自然。这个宇宙自然才是现实的，而不是潜在的。

但是，这不等于说客观自然界及其规律离开人以及人的主观意识就不存在了。相反，客观自然界是不依赖于人而独立存在着的物质世界，它是由无数物质系统构成的多层次的复杂大系统，有其自身的演化发展过程。

第一节　物质世界的客观存在性

客观存在是针对主体意识而言的。所谓客观存在，是指不依赖于我们的主观意识或外在的神而独立存在的客体。它是马克思主义自然哲学探讨宇宙本原的出发点。

一、物质的客观存在

宇宙自然广袤深远，万事万物，丰富多彩。它们究竟以何物为其统一要素？历史上的各派哲学以及各种科学在追求对自然界的统一理解中，总是将世界的统一性归结为某种具体的客观对象，或者某种精神性的观念形态。从近代自然科学产生到 19 世纪下半叶，自然科学中普遍应用着分析—还原方法，将研究对象解析为简单要素的复合。从古希腊提出的直观思辨的原子论到 19 世纪科学中原子理论的确立，人们坚定不移地确信世界的本原正是原子这一"精灵"。

但是，原子内部结构的发现扫荡了人们的这种机械自然观，也宣告了那种把世界本原归结为某种实物的努力的彻底破产。在这个历史关头，唯心主义乘机抬头。列宁总结了哲学史上的经验教训，根据 19 世纪末 20 世纪初自然科学的成就，强调指出：不能将世界的本原归结为某种具体的对象，自然界是作为物质世界而存在和发展的，作为世界的统一要素，只能是一切实物或具体物质形态的共同的本质属性。列宁将此称为物质，他指出："物质是标志客观实在的哲学范畴，这种客观实在是人通过感觉感知的，它不依赖于我们的感觉而存在，为我们的感觉所复写、摄影、反映。"[1] 列宁的这个定义直到现在仍然有其理论价值，并不像有些人所说的已经失去了意义或已为现代自然科学所淘汰。因为列宁所规定的作为万物之统一要素的物质，其根本特征就是它的客观实在性，这正是对世界万物共同本质属性的概括。当然，"客观实在性"的内涵还有待科学的丰富与哲学的深化。

自然界中一切现实存在和发展着的客体都有其特殊的形态，彼此存在着千差万别的质的差异，但是，作为物质的具体形态，它们又都有统一的特性，那就是客观实在性。所以，物质概念是从一切实在地存在着的事物中抽取出来的，它既非思辨的产物，又非某种

---

[1] 列宁：《唯物主义和经验批判主义》，第 120—121 页。

具体的实物。旧唯物主义的根本缺陷是把物质与具体的物质形态混同起来，把世界的物质性归结为它的实物性、有形性，如古希腊泰勒斯的"水"和近代原子论者的"原子"等。而"物质"概念则是对一切具体物质形态共同的本质属性的抽象概括，万事万物的共性就是"客观实在性"。

自然界中的万事万物都是客观实在的具体存在物，也都是物质的具体形态。现代自然科学揭示了自然界物质形态的多样性，但是无论是什么样的物质形态，它都是客观存在的。比如现代自然科学将所有的物质形态归并为实物与场两种类型。实物是指具有非零的静止质量的客体和系统，场是指不具有静止质量的客体的系统，如电磁场、引力场等，它们都是客观存在的。场与实物不同之处在于它是弥漫于整个空间的一种存在，虽不能直观感觉到，却服从于客观世界固有的规律，如质量守恒、能量守恒、动量守恒等。而且场与实物有着不可分割的联系：实物之间的相互作用即是场，任何实物不可能离开相应的场而独立存在。在一定的条件下，实物粒子可以转化为场，场亦可以转化为粒子。例如，实物均具有静止质量，其周围必然产生引力场；又如，正负电子对可湮灭为光子，即转变为电磁场，反之，在核场中光子又可转化为正负电子对。由此可见，实物和场都是物质，是客观存在的特殊形态。

二、物质的实体与属性

关于实体的意义，亚里士多德有极为明确而全面的论述。他说："科学所研究的主要对象，乃是最基本的东西，为其他东西所凭依的东西，乃是其他事物借以取得名称的东西。"[1] 这个东西是什么

---

[1] Aristotle, *Metaphysica*, 1003^{b}15-20.

呢？就是实体（substance）。他又说："'实体'一词之使用，如果不是把它置于多种含义之中，则它至少仍然有四个主要的对象。本质、共相以及种属，常被设想为每一事物的实体。此外，还有第四个，那就是'托载体'。这个托载体称谓一切其他事物，而它自己却不被称谓。"① 本质、共相、种属，这是好理解的。问题是这个"托载体"（substratum）究为何物？它有点类似佛家所说的"自性"，形象地说，它又有点像一个托盘承受它物，而本身不被承受。它为事物所依托，使他物因此而得名。例如，砖瓦木石等独立均不成其为"屋"，必须以"屋"统率之才成其为"屋"。因此，这个"substratum"，乃诸物之所依，诸性之所归，乃物之所以为物的"自性"。亚里士多德还指出：这个实体，首先应该是"这个"（this），也就是"个体"；其次应该是"物质"，也就是一个完全的实在（the complete）；最后它也应该是原因与原则。亚里士多德关于实体的分析是相当卓越的。他把实体看成个体，而不是凌驾于个体之上的空洞名称；他把实体看成是作为一个完全实在的物质，而不是抽象的概念；他也根据某些人的看法，考虑实体作为事物的原因与原则问题。亚里士多德关于实体问题的探索，意味着一个哲学上的难题的突破，即共相与殊相、普遍与个别如何统一的问题行将突破。他已认识到：共相寓于殊相之中，殊相也不能脱离共相，变成彼此不相干的要素。他曾举动物为例："'动物'不能脱离特殊的动物而存在，而构成动物的诸要素也不能独立。"② 无疑地，这一分析包含了辩证法思想。

后来的哲学家虽然对实体有多种阐述，但大体上不出亚里士多

---

① Aristotle, *Metaphysica*, 1029ᵃ.

② Aristotle, *Metaphysica*, 1038ᵇ 30-35.

德所论述的范围。例如斯宾诺莎说："实体（Substantia），我理解为在自身内并通过自身而被认识的东西。"[1]这一观点与亚里士多德的思想基本上是相通的。物质实体是物质属性的基础和托载体，而物质属性则是物质实体的构成要素。在认识宇宙的多种物质客体时，我们首先要抓住什么是物质实体，然后再去分析物质实体所具有的性质，这样才能真正把握对象本身。

20 世纪以来出现的一些自然科学新事实，使许多人在实体与属性问题上产生了混乱。例如实物与场之间的转化，就使一些科学家把物质的实体与属性搞颠倒了。海森堡曾说："$E=mc^2$，可见质量转化为能量，所以物质转化为能了。……因此，这里实际上有了对物质统一性的最终证明，所有的基本粒子都由同一种实体制成，我们可以称这种实体为能量。"[2]这种说法貌似有理，实则是一种错误的推论。因为质量与能量都是物质实体的属性，属性的相互转化不能证明物质实体转变成能量或能量转变成了实体。

从发展的角度来看"物质实体"，它是一个"统一体"的辩证发展过程。物质实体首先表现为"质量统一体"，它与感性直观相适应；其次表现为"时空统一体"，它与知性分析相适应；最终表现为"对立统一体"，它与理性综合相适应。

任何物质客体，呈现于我们眼前的是一个特定的存在物。"特定"意味着该物有别于他物，这就是说，它有它自己的质的规定性。质的规定性，区分事物、厘定差别、设置界限。因此，虽说万物纷呈，但各有所归，感触所及，一目了然。

但是，质的规定性为量的增减所制约。量的增减度决定质的变

① 斯宾诺莎：《伦理学》，第 3 页。
② 海森堡：《物理学与哲学——现代科学中的革命》，第 104 页。

迁。因此，所谓"质"总是具有特定的量的质，而"量"总是一定的质所能容纳的量。因此，质与量是统一不可分割的。在感性直观范围内，物质客体首先呈现为一个质量统一体。

现代自然科学的研究已经深入到物质客体的内部，越来越穷究物质客体的内部结构。通过对物质的知性分析，我们首先得到的是客体的体积或广延的印象，即获知了事物本身的空间结构。但是，孤立的空间结构的静态特征，只刻画事物所经历的流逝变迁，因此，空间结构必须与时间之流相结合，才能全面地把握客观实体。这个时空的结合乃是广延性与绵延性的统一，三维空间与一维时间的统一，物质客体在空间中的存在与时间中的演化的统一。因此，在知性分析范围内，物质客体又是一个时空统一体。

既然万物均处于时间中，一成不变的物质客体既不可能产生，也不可能存在，任何物质客体均为一现实的"当下"，"当下"瞬息即逝，为另一个"当下"所代替。那么，这种物之流逝变迁如何形成？亚里士多德首先提出：自然是本原，本原为对立，即对立正是事物变动的内在根源。这样一种天才的猜测，到黑格尔那里则发展成：任何物质对象的统一整体中包含着差别与对立，由对立产生否定其自身的因素，导致事物的自我运动。马克思和恩格斯丰富发展了这一思想，非常明确地认为：宇宙中的物质客体自身产生否定其自身的因素，形成内在的对立或矛盾，对立矛盾的双方通过斗争，达到对立的扬弃、矛盾的转化，出现新旧递嬗，旧事物消亡、新事物产生。例如宇宙的发展，是演化与稳恒的对立统一，而单个物质客体的前进运动，则是个体生长的有限性与整体发展的无限性之间的对立统一——每一个个体都有一定的存在界限，都是有限的，但其内部存在着突破这种界限的可能性与力量，整体发展的无限性就是在不断地突破有限性的过程中实现的。因此，在理性综合范围内，物质客体却是一个对立统一体。

三、客观存在的辩证性

物质作为客观存在，既具有客观实体性，也具有存在的辩证性。客观存在是活生生的具有内在运动根源的客体，它自身表现为全与分的统一、一与多的统一、同与异的统一，这就是客观存在的辩证性。

首先，任何客观存在着的物质对象，都是作为一个整体而为部分所构成。因而任何物质客体都是全与分的统一。但是，不可机械理解这个全与分的统一，全由分组成，但不是分的机械相加，而是充分扬弃了自身的独立性，成为整全的一个有机组成因素。由全过渡到分，也不是外在分割，而是游离分化，产生多种不同性质的实体。现代系统论中关于整体与部分关系的描述，对任何客观存在都是全与分的统一做出了科学的说明，它认为：（1）整体由部分组成，整体不能脱离部分，部分也不能脱离整体。对于整体的某些属性和量度而言，整体等于部分之和仍然成立，因此，部分的性质和行为影响整体。（2）由于各个部分的相互作用，使得整体中的各个部分的性质和行为不同于在孤立状态下的性质与行为。（3）由于各部分形成整体结构，所以整体中出现了各组成部分没有的新质、新功能与新规律。客观自然界到处显示这种全与分的统一。水为氢与氧构成，但氢与氧在水中的性质和行为与整体结构有关，完全不同于独立时的特征。在有机自然界中全与分的辩证性更加突出。如人体为一有机整体，任何器官必须于这个整体中方可发挥功效。把手从身体上剖下来，则手丧失了手的功能，不再是手，变成死物了。所以，我们不能简单地从部分与整体的机械离合来分析对象。正如恩格斯所言："部分与整体已经是在有机界中愈来愈不够的范畴。"[1] 必须从

---

[1]　恩格斯：《自然辩证法》，第 191 页。

部分与整体的辩证相关来正确地把握客观存在。

客观存在，从无机物到生命，必须作为一个整体方能成为确定的某物。但是，如果这个整体全是由清一色的部分组成，则失去了该物的内在和谐性，变成了一个单一的抽象的东西。所以，物质客体作为整体，必须由不同质的起不同作用的部分组成，它有一定的结构方式、数量比例，并且各个部分有机相关。这样，就形成了扬弃各组成部分特性的整体性，亦即成为全与分的辩证统一。于此，客观存在成为"这一个"确定的某物，即单纯一致性。

其次，从事物的单纯一致性必须过渡到事物的数量关系的揭示，这就进入到简单与复杂，即一与多的问题。

如果只是纯粹研究事物的数量特征，则"一"不过是量的起点，而"多"只是"一"的叠加。如果赋予其可感的性质，则"一"就是一个单位，"多"就是杂多。

"一"是指事物的单纯一致性，即单纯的质，这个单纯的质的自身分化，便是多，多是一的量的变化。当量的变化超过一定界限，便导致原来单纯的质的瓦解而形成新的东西，即变成新的"一"。所以，一与多的关系实际上是"质的量"的关系。作为质的量来说，纯一是没有的，一与多是相对的，多中有一、一中有多。

在客观存在的发展过程中，一即为多，多即为一，一可变成多，多也可变成一，纯一与纯多都是不存在的。但是，一与多的统一，不是一种抽象的一致性，而是具体的同一。这样，客观存在的辩证性就过渡到同与异的辩证统一。

第三，关于同一和差异的划分，是日常生活的准则之一，在直观范围内这是不言而喻的。强调自身相同且与他物相异，造成一种抽象的外观上的对立，如指出人与兽之区别，这就是抽象的同一性，这在一般科学领域有相当的适用性，如用之进行比较、分类等。不过，正是自然科学对客观存在的物质对象的探索，突破了这种抽象外观的异同，深入到事物内部本质的异同了。如分子生物学在对染色体进行研究的基础上，重新确定了某些生物的亲缘关系，对生物分类学来说是一个重大的改进，纠正了过去林耐分类法只是从生物体的外部形态之异同来划分的片面做法。

具体的同一性，即辩证的同一性，不但不排斥差异，相反必然包含差异于其中，作为自身的构成条件，这就是同与异的辩证统一。任何物质对象内部都不是"同同一色"的，它包含着各个差异的部分，甚至包含着对立与矛盾。各个本质相异的部分相辅相成，互以对方为存在的条件，共同存在于同一事物之中。现代系统理论指出：一个整体要发挥功能最优，内部各个部分必须具有质的差异的要素，这些差异或对立的要素，在有机的联系中表现出协调一致性、结构合理性和功能最优性。黑格尔明确地认为："和谐一方面见出本质的差异面的整体，另一方面也消除了这些差异面的纯然对立，因此，它们的相互依存和内在联系就呈现为它们的统一。"[1] 这就是在差异基础上的同一的实质，它深刻地表明了自然界的客观存在不仅是全与分、一与多的统一，而且是同与异的辩证统一。三者相互关联，相互过渡，构成了客观存在的辩证性。

第二节　物质形态的层次结构性

宇宙自然的客观存在，从纵向看，是不断地演化发展的；从横断面上分析，则是一个可以划分为多层次的大系统。每一个具体的物质对象，都是自然界特定阶段的存在物，都处在物质系统的特定

---

[1] 黑格尔：《美学》第 1 卷，第 180—181 页。

位置上，即相应地落在某个层次结构上。

一、物质层次结构的划分

　　人类认识发端之初，人们总是比较易于认识那些落在自己视界范围内的物质对象，如地球上的各种有形物体和距离较近、肉眼可见的星体等。随着科学技术的不断发展，人们的认识能力与手段增强，认识的触角不断向极大和极小两极延伸，逐渐及于不可为肉眼直接观察的领域，从而更加深刻地认识到自然界物质层次结构的复杂性与多样性。

　　从自然界本身的面貌看，整个宇宙自然表现为一个多层次的复杂大系统，其中存在着等级层次、组织层次、结构层次等。而每一个物质客体内部也存在着层次结构，可以划分为相应的子系统，如分子—原子—原子核—基本粒子—夸克。这样的层次序列表明了分子内部的结构，更不用说比分子更复杂的物质客体和物质形态，其层次结构就更为复杂多样了。

　　宇宙自然物质层次结构是客观存在的，但是由于其复杂性与不可穷尽性，人们对自然物质层次结构的划分既不是一个纯客观的复写，也不是一个纯主观的排列，而是主体根据一定的认识目的，从某一个角度来截取自然系统的特定层次。如根据时空度规，根据运动形态等，都可以得到不同的划分结果。所以，认识目的一旦确定，主体就会自觉地制订划分原则，然后就得到相应的分层结果。当然，自然界远不像一块千层糕那样层层相迭、层次分明、一目了然，而是千姿百态、变化无穷的。根据各个划分原则得到的不同层次，必然是相互交叉、相互有机联系着的。

　　一般地说，对自然界物质层次结构的划分可采用四种基本的分层方法。

　　第一种方法是存在型的。这就是按时空度规将整个宇宙自然划分为几个层次。从历史上的认识成果到今天科学技术的发展水平，基本上比较一致地将整个自然划分为宇观、宏观和微观三大领域①，关于这三大层次的描述是深入人心的，我们在后面将专门予以分析。

　　第二种方法是演化型的。即按物质系统的运动形态来进行划分。由于哲学上将运动归结为物质存在的方式和最基本的特征，物质是运动的主体，故只要弄清物质形态处于何种运动形式中，即可大致确定它在宇宙系统中的位置。一般讲，可以将所有的物质形态归入下列运动形式：机械运动（一切位置移动的运动），物理运动（服从所有物理规律的运动形态），化学运动（主要是原子—分子系统中相邻原子之间的电磁作用），生命运动（自组织性、自适应性和自生长性），社会运动（人类群体运动）。近年来人们对运动形态的种类有许多新的提法，但基本上仍是这个框架。这个划分实际上展现了自然界运动形态的进化过渡。

　　第三种划分方法是种属型的。即按自然对象的等级次序进行。根据对象在物质层次中所处的位置高低与种属关系进行排列。比如生物系统的分类就大致如此。每一个生命种类的位置取决于它在进化树上所达到的高度，进化树之底部是原始生物，从动物这条线上依次划出原生动物→腔肠动物→两侧对称动物→后口动物→棘皮动

↘原口动物

物→原始脊索动物→原始有头类→有颚类→鱼类→两栖类→爬行类

↘无颚类

→哺乳类→人类。生命系统越是高级，层次的分化就越复杂，结构

↘鸟类

也就越复杂。

---

① 近年来有人提出宇观之上有一个"胀观"，微观之下有一个"渺观"，但因讨论不够，故不予论述。

第四种方法是结构型的。即按物质系统的组织结构来划分对象，这主要是根据系统各组分在系统中的位置来确定它的层次。一般说，下一级组分构成上一级层次，如前面提到的分子包括原子，原子包括原子核，原子核包括基本粒子，基本粒子内部还有夸克等。这种划分方法也是自然科学常用的空间结构分析法。但有一点必须指出：自然界中各种物质系统是异常复杂的，每个系统的层次结构都是复杂的立体网络，因此在分析其组织结构时，常因方向的变化而导致不同的结构层次，例如人作为生命个体可以组成群体、种群、群落、生态等上级系统，人作为社会个体又可形成家庭、集体、社会等上一级系统。因此，在研究过程中应当注意方向。

各种划分方法所得到的层次结构各不相同，各有其特点。在对宇宙自然做整体性研究时，人们最常用的划分方法是第一种，即从时空度规出发，将整个宇宙自然依次划分为微观、宏观与宇观三大领域。

宏观与微观是人们最早用于描述宇宙客体特性的基本观念。在原初自然哲学意义上，"宏"（macro）仅指肉眼可以观察到的那些可见物，"微"（micro）则相反，指肉眼难以觉察之物。在显微镜发明之后，人类观察世界的"微小"这一端的本领增强，于是宏观的范围进一步扩展，成为凭肉眼和普通显微镜可以观察到的客体范围的总称。

仅仅依据观察力所及来划分宏观与微观两个领域，难免会出现许多困难。量子力学的出现较好地解决了彼此的界域问题。量子力学以处理具有波粒二象性的客体为主要任务，这与经典力学的对象完全不同，这样，宏观与微观的划分就引入了主观认识的成果。

宇观是当人们的观察能力，凭借大功率的光学和电子观测仪器而及于太阳系之外，人们对宇宙现象的认识更加深远而提出的又一个描述宇宙客体特征的基本观念。20 世纪初，在先进的观测仪器帮助下，人类陆续发现了许多大尺度的宇宙现象。到 20 世纪 60 年代，现代宇宙学的研究目标和基本内容均已确定，它所揭示的大尺度宇宙具有与一般宏观现象迥然相异的高密、高温、高能和高电量、大质量、大尺度和大时标等特有性状。为了进一步区分地面的宏观物质运动和大尺度宇宙的物质运动，更加深入地研究宇宙奥秘，我国天文学家戴文赛等人于 20 世纪 60 年代引入了宇观（cosmoscopic）概念，用以概括属于大尺度时空范围内的宇宙物质系统。

哈勃红移实际上已揭示了大尺度宇宙的系统性特征。20 世纪 60 年代脉冲星、宇宙背景辐射等四大发现，七八十年代关于 X 射线、γ 射线以及对黑洞的证认，还有空间飞行器带回的宇宙信息，都证明了宇观客体与宏观客体的差异。这样，宇观便成为与宏观、微观相并列的宇宙三大领域之一。

微观、宏观、宇观是人们划分宇宙自然层次的最基本的范畴，这三个范畴主要是从宇宙客体本身的时空特性出发，以宇宙客体在尺度、时标和质量方面的差异来确定界域。一般地说，分子以下的客体划分为微观，其尺度在 10^{-6}cm 以内，主要物质形态有分子、原子、原子核、基本粒子和夸克等，一般服从量子力学的规律，其相互作用形式有引力，电磁力、强相互作用和弱相互作用。人们对微观世界的认识总是由大及小、由浅入深，逐渐模糊。在这个领域中，人的主观性介入认识过程，主客体处于密不可分的相互作用状态。

从多分子化合物到太阳系之内的天体系统为宏观，其时空度规为 10^{-5}cm—4 光年左右。在这个领域中，物质形态极为丰富，有各种各样的无机物与有机生命，它们主要服从经典物理学的规律。这个领域的主要作用力为引力和电磁力，人们对这一层次的物质系统各形态有较为深入的了解，但进一步把握其根本则需依赖于对另外两极研究的深入。在这个领域中，人类处处显示出自己的主观能动性，留下了改造世界的烙印，人与自然逐步走向和谐一体化。

在 200 亿光年内人类观测所及的范围处为宇观，其物质形态主要是各类星体。有恒星及恒星组成的星系、星系团，也有一些不知其详的天体系统。这个领域内的物质系统主要服从牛顿力学、广义相对论和星际动力学，人类对它的认识由近及远，逐渐模糊，许多结论建筑在有限观察的基础上，因而假说特别多。人对此领域暂时鞭长莫及、无法干预，只能用"人择原理"来说明宇宙中人的位置。

从以上三个领域的特点我们可以看出，宇宙自然层次结构的划分具有特定的意义：一是从本义看，人们对各个层次结构的认知是逐步延伸的；二是这样的划分其依据的尺度主要是时空和质量。相应划出的三个层次间的差异是明显的，在对宇宙自然做总体描述时意义很大。但需注意，这样的划分也是相对的，因为在每一个层次中，物质客体在量的方面变化幅度很大，如微观领域中，质子与中微子的质量比率是一个无穷大的数目。另外，在相邻的区域，各层次间的界限也不那么截然分明。所以，这三个范畴只是人们对宇宙客体所处层次的描述和分析，它基本上符合自然系统的本性，又与人类的认识目的相吻合，因而总是有助于我们深化对宇宙自然的认识。

二、物质层次结构的特点

客观存在着的自然界处处都展现出它的层次结构性，而且这些复杂而又多样的层次结构具有一些普遍的特点。

层次结构的第一个显著特点是：各层次内部结合的紧密程度随

着层次由高到低的解析而逐渐加强。用自然科学的术语讲就是层次越深、尺度越小，则结合越大，键力越大，越不容易分解。

这个特点首先是由美国物理学家 V. F. 韦斯科夫发现的，它具有相当的普适性。我们可以具体地解析一下物质系统：供给能量使该系统解体，则随着能量的增大，物质系统的层次一层层地瓦解。随着物质系统层次的逐渐深入，尺度越来越小，分解所需的能量也就越来越大。例如我们先分离水，将之分解为氢与氧，然后再分解氢原子，使之分离为电子与原子核，这就像剥茧抽芯一样层层向里推进，越往里就越困难。破坏高分子层次需 1ev 左右的能量，而若要把基态氢原子中的电子电离出来就需供给 13.55ev 能量，而破坏原子核就需 10^6ev 能量。这充分说明层次越深，层次结构的结合能越大。

其实，这个特点是非常显然的，因为如若不是这样，就不会有层次结构了。如若破坏外围高层次的能量也能破坏里面低层次的结构，岂不是所有的层次结构都土崩瓦解了吗？例如我们破坏原子中电子与核结构的能量也将破坏核本身的结构，那就不会再有独立的核结构了。

由这个特点可知，高层次的解体不一定导致低层次的瓦解，高层次的构型变化可以不影响低层次的稳定性。这样，自然界实际上已暗示：层次结构在所有的结构形式中，是最为稳定的结构形式，也是最易于实现在连续性中进化的形式。所以，自然界为何普遍表现出层次结构，原因不言自明。

层次结构的另一个显著特点是，它具有高层与低层相互限制的双程因果链。这有两层意义：第一，低层子系统的递进相干，决定着高层系统的特有规律，这可称为层次结构中的上向因果链。具体地说，高层次系统的结构、属性和运动形式是从低层次系统及其运动形式递进突变而来的。现代自然科学对此有非常充分的说明。例如，没有生命特性的化学元素，特别是碳元素，如何在合适条件下与其他原子结合为有机分子，有机分子又如何形成细胞，细胞又怎样构成生命机体，等等。在生命系统中，碳原子不是消失了，也不是不起作用，而是起着关键的作用。所以，在高级系统中，低级层次作为它的一个组成部分存在于该系统的结构中，并且对高级层次起决定作用或关键作用。

对上向因果链的揭示是科学研究的主要任务，这就是从基本结构或组分的研究入手，揭示系统整体的规律性。如对人体的研究就必须借助于对人体各器官的研究，而对器官系统的把握，又必须从器官的各个组织开始，如此等等。只有弄清了低层次的结构规律和作用方式，才能解释高层次的运动规律。这在科学研究中一般称为还原性分析方法。

但是，这里必须强调指出，高层次虽然从低层次中产生，并且仍然以低层次为载体，但它不等于低层次之机械堆积，而是在质上异于低层次的新的系统整体，它的自己特定的结构、属性、功能和规律，这些东西不能简单地还原到低层次来解释。例如生命机体中均含有碳元素，但是生命机体的新的属性却是无法用碳元素的特点来解释的。高层次不同于低层次，它是一个全新的个体。

第二个特点是，高层系统的递阶分解，制约着低层子系统的特有表现，这构成了层次结构中的下向因果链。从前述可知，由于低层子系统组成了新的系统整体，故高层系统具有独特的性状，低层子系统必然受到它所在的高层次系统及其规律的影响。例如化学运动变化的幅度很大，在自然界中，化学反应的条件和种类多种多样、不可胜数，其温度变化也很大。但是，在生命机体中，化学运动必然受制于生命机体本身的规律，其反应温度也总是在体温条件下。

所以，它有与一般化学反应不同的特点。又如阳光通过太阳能吸收器转化为热能或电能，一般效率总不太高，而光能为植物吸收，转化为植物生长所需的能量，其效率就相当高。

下向因果链的主要机制是高层次系统对低层子系统的随机运动进行选择，低层子系统有各种随机运动，当某一运动适应高层次的结构时，就被接受下来，否则就会被排除。如基因突变、DNA 重组是分子水平上的遗传变异，而生存竞争、个体的自然选择是机体水平上的规律，后者决定前者的选择。分子水平上发生的变异必须经个体水平的选择才能固定下来。

由于下向因果链的存在，我们就可以从高层次规律出发对加入高层次的低层现象做解释和预言。这就是用高层次规律或高层次规律与低层次规律一起，再根据低层次的初始条件去解释或推出低层次的现象，如用自然选择再加基因突变的条件去解释某种生物目前的基因构成。

三、物质层次结构的辩证法

客观辩证法体现在物质客体的存在状态中，亦即贯穿于各个物质系统的层次结构中。物质层次结构自身表现为间断与连续的统一、一与多的统一，有限与无限的统一。

首先，物质层次结构表现为间断与连续的统一。每一个物质层次的物质对象都是一个具体的实在的对象，与别的对象均有质的与量的差异。作为自成系统的一级层次，它是间断的、相对独立的、占有自然之链中的一个特定位置。但是，任一层次的物质系统既有向上的层次和系统，也有向下的层次和系统，它只不过是整个自然界大系统中层层相关联的各层次中的一个"关节点"，起着承上启下、连接左右的作用，使整个自然界处于不可分割的普遍联系之中，因此，层次结构又是连续的。任何物质层次结构都是间断与连续的统一。例如，物体由分子构成，各个分子自成一体，为一独立层次，既不同于物质，也不同于分子以下的层次——原子。从这个意义上讲，它是间断的。但是，分子是物质层次与原子层次的中介与过渡，是完整地构成某物不可缺的链条，所以，整个物质主体又是一连续的整体。

第二，物质层次结构表现为一与多的辩证统一。从整个自然界看，物质层次结构是异常多样与复杂的，区分的原则及由之得到的结果也很多，每个划出来的特定层次均有特殊的规律性，这充分展现了大自然的丰富多彩。如根据时空度规，星系属宇观领域，而根据作用力标准，星系又属于引力相互作用范围，等等。但是，宇宙自然的物质层次不管多么繁杂多样，却总是宇宙整体中的一个"关节点"，是宇宙整体这个"一"中的"多"。无论怎样划分，无论怎样归类，特定的物质层次结构或者处于宇宙自然的演化时序中，或者处于宇宙自然的空间结构中，是特定的时空、特定的运动形态的统一。另外，从某个具体的物质层次结构看，它本身是一个独立的整体，是谓"一"，但它内部也存在着向下的层次结构，可以一层层地向下推延，得到无数的低层子系统，这又谓之"多"。但这个"多"不是杂多，根据双程因果链，上下层次存在着特定的制约关系，下一级层次统一和归并到上一级层次，因而也是"多"成为"一"的辩证法。

第三，物质层次结构表现为有限与无限的辩证统一。每一个具体的物质客体都处于特定的系统层次的位置上，它是完整独立的单元，具有有限的外部界域和内在元素（下一级子系统），所以，它是有限的。不过，它的子系统又可再分为下一级子系统，依次类推，形成一个有限层次不断被否定的无限进程，这就是物质层次结构的不可穷尽性。这种层次结构的无限特征，就具体表现在每一有限的层次结构及其进程中，它不等同于具体物质的无穷可分性。"一尺之棰，日取其半，万世不绝"，实际上到一定时候，棰就不存在了。另外，层次结构的无限进程也不总是"日取其半"，有时下一层次的某些属性（如质量）说不定高于上一层次。从自然界的面貌看，层次的解析是必然的，但每一层次的解体总又形成新的层次。因此，层次结构的无限性寓于具体层次结构的有限性之中，是有限与无限的辩证统一。我们不赞成二一添作五的恶无限进程，也不同意否定物质内部层次结构的结论。比如现在有的哲学家和科学家根据夸克禁闭理论认为：由于我们目前尚无能力释放出自由夸克，并进而认为夸克有一种自由的无限凝聚力，便断定夸克是物质系统的最后一种结论为时尚早。如果假定夸克是物质系统最终的层次，那么夸克就成为世界的最后基元，成为"纯一"。无内部结构的纯一，只能是理想的抽象的数学上的"点"。这样的"点"就很难认为它是物质性的了。任何企图设定最后基元的想法，差不多都被后来的科学研究所推翻，古希腊提出的"原子"（atom）就是不可再分的粒子的意思。事实证明，原子是可分的，分出来的各种基本粒子，仍然是可以再分并湮灭转化的。我们这个宇宙自然，外推是无穷的，这就是天外有天，永无止境；内析是无尽的，这就是核内有核，结构永在。这种层次结构的无限性就落实在每一个有限的具体层次的推移过渡、离合解体之中。

第三节　物质系统的过程性

现代自然科学已经充分证明了恩格斯在一百年前提出的"一个伟大的基本思想，即认为世界不是一成不变的事物复合体，而是过程的复合体"①，即不再把物质系统看成是各种要素的简单组合，而是看成相互作用着的诸要素所构成的有机的整体发展过程。只有从整体过程的角度入手，才能把握宇宙自然实体与过程相统一的客观物质的整体过程。

一、实体与过程的统一

实体即客观存在着的物质系统的基质，从相对静止的角度看，它是一个确定不移的、实在的客体，有其固定界域的存在。所谓事物的过程性，即是事物产生、发展和灭亡的辩证运动，亦即事物从起始、中介到终结的推移过渡。现代自然科学所揭示的物质系统恰恰是实体与过程的统一。

黑格尔在《逻辑学》中论述了"绝对精神"从"纯存在"直到"绝对理念"的进程，其中的每一个概念既是实体又是过程，既是终端又是开端，始终处于活动和燃烧之中。这实际上是黑格尔对客观辩证法的唯心表述。仔细地探索宇宙自然的奥秘，就可领悟到实体与过程是如何有机地统一起来的。

首先，自然界的每一实体均以过程的形式存在。在自然领域中，"整个自然界被证明是在永恒的流动和循环中运动着"②。关于宇宙形成的假说有不少，目前有一种为不少科学家所赞颂，这种学说认为：宇宙自然从 150 亿年前的一次热大爆炸开始，逐渐演化、生成了我们这个世界。其中的每一种天体系统的每一个具体的物质对象，并非亘古如斯，而是处于生成、发展和灭亡的过程中。太阳高悬于天，似乎永远东升西落不会改变，实际已运转 50 亿年了，业已步入中

---

① 恩格斯:《路德维希·费尔巴哈与德国古典哲学的终结》，第 34 页。
② 恩格斯:《自然辩证法》，第 16 页。

年。我们的地球也在太阳系中经历了它的漫长岁月。过去认为元素似乎天上地下一个样，没有什么变化，实际上热大爆炸宇宙系已经揭示了元素是在早期宇宙演化过程中逐渐生成的，既不是从来如此，也不会一成不变。现代粒子物理学已经找到了许多种基本粒子，大部分处于不稳定的共振态，其寿命在 10^{-10} 秒左右，从生成到消逝真可谓方生方死。但是，它是一个确定不移的客观存在，又是一个旋起旋灭的运动过程。因此，体现了实体与过程的统一。

其次，任何实体只有在过程中才得以展开自己。由有限趋于无限。人们观察所及的对象，不是混沌一体、无始无终、不可捉摸的东西，而是具体的、有限的客观存在。作为某一个特定的"当下"，如果失去了过程性，则无疑就不再存在了，而这是不可设想的。任何实体只有在过程中才能充分展开自己的生长能力，积蓄起终将否定自身的力量，向另一个具体的"当下"过渡。特定的实体总是有起有讫的，在一定的时间序列中生成、发展，并且最终消逝在宇宙中。不过，它的消逝不是转化为无，而是为继续的另一"当下"所代替。如此不断进展，每一具体有限物就在过程中自己消灭了自己，同时也自己发展了自己，使有限的实体获得了无限的生命。如父母的生命在孩子的身上获得了展开，老一辈人的逝去为新一辈人的继起创造了条件，人类世世代代繁衍与发展，永无尽头。

从另一个角度看，我们也可证明任何物质系统都是实体与过程的统一。所谓实体，它的存在方式主要是以它的空间特征表现出来，因为任何物质系统都有层次结构，都有它的构成要素，这些要素主要是以空间的广延性的特征展开。我们观察一个实体，侧重于从空间角度去把握它。而作为一个过程，它的存在方式主要是以它的历史顺序，亦即时间特征表现出来，因为过程的根本规定性就是前后相继的持续展开。我们常讲过程的有限、无限，过程的流逝变迁、过程的中断与连续等，这些无不与时间因素有关。作为客观存在的物质系统，它是时空统一的四维整体，时间与空间是其不可分割的统一属性。只有单独消逝的历史过程或只有完全停滞的空间实体是不可想象的。最典型地说明实体与过程统一的自然例证就是微观粒子的波粒二象性：粒子为独立的空间存在的实体，有质量与尺度，而波则是连续展开的过程，只有波长与频率。任何微观粒子均具有波粒二象性，定点则粒，定时则波，是时空的统一、波粒的统一、实体与过程的统一。

二、层次结构在过程中展开

自然界是一个多层次、多方面的相互联系的大系统，客观存在的物质对象可以按不同的尺度、不同的作用方式、不同的阶序划分为不同的层次。但是，一方面客观物质系统的层次不是静态的间架结构，另一方面也不是只凭主观的认识框架即可随意进行划分。物质层次结构有其本身的形成过程，它不是一种呆板静止的间架，而是在不断的展开过程中形成的。

从宇宙中各种层次结构的形成看，无一不是与过程联结在一起。150亿年前的热大爆炸，开始了各层次的形成过程。在爆炸后的百分之一秒，宇宙最初由正反轻子和正反夸克组成，随着膨胀过程的展开，逐步演化出基本粒子、原子核和原子。这个过程称为宇宙演化的物理进化过程。在这个过程中，形成了夸克—基本粒子—原子核—原子的等级层次序列。原子形成后，宇宙中逐渐形成气体状弥漫物。随着宇宙膨胀的进一步展开，宇宙冷却下来，气体状弥漫物被拉开，形成星系胚，并进一步形成星系团，从中又分裂出星系，并在星系中进一步凝聚成恒星。在恒星的演化中又逐渐生成行星（系统）等天体。这个过程称为宇宙的天体演化和地质演化过程，由此形成的物质层次结构由大到小依次为总星系—星系团—星系—恒星—行星（系统）。

大家最熟悉的生命系统各层次也是在演化过程中逐渐形成的。首先是化学元素，由之合成无机分子如 CH_4、NH_3、H_2O 和 CO_2 等，在原始地球的能量条件下，这些无机分子相互结合并形成有机小分子，如丙氨酸、甘氨酸等，再从有机小分子发展为生物大分子 DNA 和蛋白质，再依次进化出核蛋白大分子、原始细胞、原核细胞、真核细胞、多细胞机体，然后再发展出高级的植物生命和动物生命。

可见，我们这个宇宙自然的层次结构是逐层产生、逐层形成的。有两个方向的形成过程，一是从大到小的产生过程，即先形成外围的层次，再往里发展，逐步形成内层；另一是由小到大的突现过程，即先形成低层组元，到某一时刻即突现而产生高层次系统。但不管怎么说，不仅整个世界有其层次演化史，而且每一层次均有自己从单一到多样、由简单到复杂的演化过程，后一层次结构的形成正是前一层次结构演化过程的结果或终点。在演化过程中，演化序列越高，对应的层次结构也就越复杂，所居的位置也越高。如原生生物非常简单，无器官分化，而人类则异常复杂，内部包含无数的层次结构，人在自然界中的位置比原生生物不知要高多少级。

由于层次结构正是在过程的展开中逐渐获得并完备起来的，所以，相对静止的世界层次结构图正是变动以后的自然历史演化图。我们划分物质系统的层次结构就不再是一种简单的静观，而是一种动态的追踪，是物质系统历史进化过程的逻辑再现。这正是现代自然科学的主要研究方法之一，即从现存事物的空间序列中去寻找它们的历史发展进程。

三、宇宙自然的整体过程

黑格尔曾经在其引起后人许多非议的《自然哲学》中，天才地指出："自然必须看作是一种由各个阶段组成的体系，其中一个阶段是由另一个阶段必然产生的。"[①] "自然界自在地是一个活生生的整体。"[②] 这与当代自然科学所揭示的宇宙自然作为一个四维整体的运动过程的特征是完全吻合的。

宇宙的质的规定性就是它的存在性和演化性，即实体与过程的统一。宇宙中的万事万物，大至星系或星团，小至微观粒子，无论存在时间的久暂、无论演化过程的短长，它们都是一特定存在。作为宇宙自然而言，则是一包容万事万物的总体存在。宇宙总体存在由每一特定存在的演化过程汇流而成为无限发展的整体过程。宇宙无限发展的整体过程包含着深刻的统一性。现代宇宙学中的哈勃红移定律，揭示了绝大多数河外星系的谱线红移与距离之间的系统性关系，这表明了宇宙作为一整体演化过程所具备的统一特性，宇宙背景辐射则从过程演进方面再次表明了宇宙整体过程的统一性。因此，宇宙自然的整体过程乃是存在与演化的统一。

对于宇宙自然层次结构的探讨，使我们得以精确地描述宇宙自然的结构特性，并用时空框架来规范这种结构。微观、宏观、宇观就是从动态进程与静态结构的结合上产生的宇宙自然的时空度规。宇宙自然在空间配量方面表现的系统性特征展现了它的历史进化面貌，如恒星的不同形态的证认恰好表明了恒星的演化史。而宇宙自然在时间流程中的演变过程，恰好证明了宇宙整体不是一个静止的空盒，而是动态地发展着的四维整体。如关于宇宙年龄的测定及宇

---

① 黑格尔：《自然哲学》，第28页。
② 黑格尔：《自然哲学》，第34页。

宙演进方式的描述，再次揭示了宇宙从生成至今所经历的演进过程，证明了它是动态地发展着的四维整体。因此，宇宙自然的整体过程又是时空统一的过程。

宇宙整体过程的终极与肇始何在？推动宇宙演化的根本动力又是什么？要回答这些问题是困难的，但我们从宇宙自然自身运动去进行探讨，则会获得有益的结论。

作为星系和宇宙起源的原始状态，大爆炸宇宙学提出的"奇点"是一种"无"（并非虚空），它没有任何时空尺度，但却具有无限高温与无限密度，因而这种"无"到头来还是"有"。"有"与"无"结合在一个至今难以用现有理论刻画的状态中，在一定时刻爆发出来，构成宇宙自然整体过程的起点。这里实际上是"有"与"无"的对立统一。奇点的爆发，既是我们这个宇宙自然整体过程的开始，必然也是另一个什么世界过程的终点。所以它既是"无"，又是"有"，有无相生，变易始成，于是就开始了"变"的过程。

宇宙的演化发展的整体过程，也是演化与稳恒的统一。宇宙膨胀理论的建立，使演化的宇宙观日益深入人心，现实生活中每一具体存在的生灭变化也使人们对此深信不疑。但是爱因斯坦提出的宇宙学原理认为：宇宙空间中物质分布是均匀的和各向同性的。这一原理是构筑宇宙模型的基础。由此，稳恒态宇宙学认为物质分布不仅在空间上是均匀的和各向同性的，而且在时间上也是不变的。这如何与直观中宇宙的膨胀和万物的流变相吻合呢？稳恒态宇宙学承认宇宙中物质的不断创造，也不否认膨胀过程，而是认为物质的不断创造与运动在宇宙总体水平上保持稳恒。实际上我们可以指出：宇宙自然整体中，演化与稳恒是对立统一的两极。宇宙整体的演化过程是当然的，方向是确定的，这本身就是一种稳恒；而稳恒不是静止不动，它恰是整体过程中的一种特定状态，即平稳流逝，符合规律的环节。在宇宙自然的整体过程中，演化与稳恒互为条件、互相转化，形成了这个世界丰富多彩的辩证图景。

描述宇宙自然整体过程最重要的特性莫过于整体过程的无限性与具体过程的有限性之间的辩证关系。在现代宇宙学中，每一个宇宙学模型都是有限宇宙的描述，这似乎给有限宇宙论提供了证据。但既然是采用构筑模型的方法来研究宇宙，则模型的有限性就是不言而喻的。因为人类所面对的直观到的世界是一个有限的世界，所能认识到的宇宙过程也总是有限的部分。每个具体过程都是有限的，有起有讫的，但有限本身的过程性就表明了无限的转化能力和生长能力。每一个有限过程为后续的有限过程突破，不断的突破就形成了现实的真正的无限进程。当然，在经验直观的范围内不易解决整体过程的无限性与具体过程的有限性之间的矛盾，因为整体过程不可直观。不过我们可以从宇宙自然中物质存在形式的质的无限多样性、宇宙演进中不断突破有限的过程以及世界发展的普遍规律中发现：过程的真实无限性恰好存在于有限过程被突破的那一瞬间。

由此可见，宇宙自然的整体发展过程实质上是一个对立的统一过程。目前为止科学研究的成果证明了，至少是在理论上阐明了：它是特定存在与总体存在的对立统一、时间与空间的对立统一、有与无的对立统一、演化与稳恒的对立统一、有限与无限的对立统一。

第五章　自然界的演化发展

在总结 19 世纪自然科学成就的基础上，恩格斯指出，自然界不仅是统一的和运动的，而且是演化发展的。但是，由于 19 世纪自然科学知识的局限，当运用这种观点来描述自然界的总的演化发展图景时，不可避免地遇到了不少难以回答的问题。20 世纪，在相对论和量子力学诞生之后，又有一些新学科相继建立，揭示自然奥秘的许多科学成就接踵而来。它们为辩证自然观关于自然界演化发展的思想提供了更加全面和牢固的自然科学的基础。

第一节　自然界的历史性

自然界不仅存在着，而且生成着和消逝着。自然界不仅在空间上展开其多样性，而且在时间上展示其历史性。现代自然科学的成就表明，宇宙天体、地球、生命和意识都有其起源和演化的历史过程。

一、从存在到演化

展现在人类眼前的，无论是自然现象还是社会现象，如冬去春来、花开花落、生老病死、时代更替，无不表现出一种历史的进程。

然而，作为自然科学的第一个成熟理论的牛顿力学，"以特别清楚和显著的方式表达了静止的自然观。这里，时间显然被约化为一个参数，未来和过去是等价的"[①]。在牛顿力学中，物理规律是建立在时间可逆性的基础上的。在动力学方程中，当把时间 t 改为−t 时，物理规律不变，根据一个物体的现在的运动状态，既可以预言它将来的运动状态，也可以推知它过去的运动状态。在这种情况下，未来与过去没有区别，时间完全是对称的。因此，牛顿力学不能反映自然界的演化发展，在牛顿力学中原来活生生的自然界就成为一个静止的和没有历史演化的自然界。

1755 年，康德（I. Kant，1724—1804）提出了关于太阳系起源的星云假说，以鲜明的历史观和宇宙发展论思想描绘了太阳系的发展历史，"认为自然界在时间上没有任何历史的那种观念，第一次被动摇了"[②]。然而，自然科学家们并没有"立即沿着康德的这个方向坚决地继续研究下去"[③]。

"十九世纪真是进化的世纪"[④]，赖尔的地质渐变理论、达尔文的生物进化论、马克思和恩格斯的实践唯物论等，从不同的角度说明了客观世界的进化。"热力学第二定律是十九世纪进化论思想在物理学中的反映。"[⑤] 这条定律在物理学中最先真正地揭示了时间的不可逆性，它借助于熵的概念在物理学中第一次引入了时间箭头，熵增加的方向就是时间箭头的方向。这条定律第一次把演化发展的观念引进了物理学，应当说，这是一个很大的进步。然而，由于这

---

① 普里戈金等:《从混沌到有序》，第 45 页。
② 《马克思恩格斯选集》第 3 卷，第 96 页。
③ 恩格斯:《自然辩证法》，第 12 页。
④ 普里戈金等:《从混沌到有序》，第 45 页。
⑤ 普里戈金等:《自然杂志》第 3 卷 1980 年第 1 期，第 12 页。

种思想同占统治地位的时、空对称性观念相悖，以及克劳修斯（R. Clausius，1822—1888）由此定律得出"宇宙热寂"这一令人难以置信的结论，因此对于大多数物理学家而言，不可逆性似乎是一种幻象，是由于对初始条件了解得不够完备时产生的幻象。

现代物理学的两个基础理论，即相对论和量子力学，"尽管它们自身相当革命，却仍因袭了牛顿物理学的思想：一个静止的宇宙，即一个存在着的，没有演化的宇宙"[①]。例如，广义相对论的场方程的解本是动态的，即宇宙的尺度因子是时间的函数，但是，为了得到一个静态的、没有时间的宇宙，爱因斯坦（A. Einstein，1879—1955）特地加进了一个常数项；伽莫夫（G. Gamow，1904—1968）在前人工作的基础上，于1948年提出了宇宙大爆炸学说，这个学说表明宇宙是演化的，它的两个重要预言——氦丰度和3k背景辐射——同天文观测符合得很好。正因为大爆炸宇宙学是以广义相对论为基础的，所以，"整个故事好象是对历史的又一次嘲弄。在某种意义上爱因斯坦违背他自己的意愿，变成了物理学的达尔文。达尔文教导我们，人类是镶嵌在生物进化中；爱因斯坦教导我们，我们被镶嵌在一个进化着的宇宙之中"[②]。

类似的"嘲弄"在物理学的其他领域，如量子力学、基本粒子物理学中也存在着。1964年，美国物理学家菲奇（V. Fitch，1923—2015）和克罗宁（J. Cronin，1931—2016）在K介子衰变的实验中发现，在弱相互作用中，宇称（P）和电荷（C）的联合变换并不守恒，因为根据相对论和量子力学的基本观点，CPT联合反演是必须守恒的，所以，CP不守恒的发现就意味着时间T也不守恒，

---

① 普里戈金等：《从存在到演化》，第14页。

② 普里戈金等：《从混沌到有序》，第264页。

这就是说，从现在看过去与从现在看将来这两个方向是不对称的，或者说，基元物理过程是不可逆的。CP 不守恒在现代宇宙学上具有重大意义，因为它可以为物质和反物质存在不对称性这一难题提供一个合理的解释。这样，CP 不守恒，从而是 T 不守恒，就同大爆炸宇宙学关于宇宙的演化思想紧密地联系在一起。

普里戈金（I. Prigogine，1917—2003）的耗散结构理论是建立在时间不可逆性的基础上的，它着重研究的是远离平衡态的不可逆过程。并指出，一个系统能否形成耗散结构，必须考查它的演化历史，时间在这里已不再是系统运动的外界参数，而是非平衡世界的内部进化的度量。他还深刻地指出，物理学可以分为存在的物理学和演化的物理学。前者包括对时间可逆的牛顿力学和量子力学；后者则研究热力学第二定律所描述的不可逆现象（从简单的热传导直至复杂的生物自组织过程）。他通过对熵以及不可逆过程微观理论的研究，试图实现由存在到演化的过渡，从而把物理学的各部分统一起来。

把历史的观点引入对自然界的研究，是人类自然观发展中的一次重大变革。如果说，康德在这方面的研究中做出过最初的贡献，恩格斯从哲学的高度上把自然界的历史观确立为辩证自然观的核心，而相对论和量子力学经过一段曲折才否定了自己的出发点，揭示了大宇宙和小宇宙的历史性，那么，应当说，普里戈金在当代科学的水平上自觉地深化了自然界的历史性这种思想。有人认为，普里戈金的学术思想代表着下一次科学革命，这种说法是可信的。

普里戈金之所以可信，在于他善于将科学中的重大问题提到哲学的高度来思考，这样就能纵览全局、深入核心。自然界历史性的提出，是客观自然辩证法的必然的逻辑结论。宇宙自然不是既成的、不变的；而是生成的、进化的。这个"自然界历史性"的哲学论断的自然科学根据就是"时间之矢"。它的提出是普里戈金的杰出贡献，这是一个划时代的成就，无疑地将对今后科学与哲学的发展产生深远影响。

二、宇宙、天体、地球和生命的起源与演化

根据自然科学至今取得的成就，我们今天能够较好地描绘一幅自然界演化发展的图景。

以广义相对论为基础，并结合粒子物理学的一些成就而形成和发展起来的大爆炸宇宙学，是现代宇宙学中为不少科学家所赏识的一种学说。它认为宇宙起源于一个高密度的"原始火球"的爆炸。"原始火球"爆炸后的 10^{-44} 秒，绝对温度 $T=10^{32}K$，这个时期称为普朗克时代，大量粒子从真空中产生出来。至 10^{-6} 秒，$T=10^{13}K$，这是强子时代，有大量强子存在，并且出现重子数和反重子数不对称，每 10^9 个重子伴随有（10^9-1）个反重子。这种微小的不对称性，使得残余的重子能演化出我们今天这个世界。至 10^{-4} 秒，$T=10^{12}K$，宇宙中包含光子、介子、正负电子和中微子、反中微子，此外还有少量核子。所有这些粒子都处于热平衡之中。至 10^{-2} 秒，$T=10^{11}K$，此即轻子时代，几乎所有的 μ 介子都消失，υ_μ 和 $\bar{\upsilon}_\mu$ 从其他粒子脱耦，留下 $e^\pm$、γ 和少量核子处于热平衡中。至 1 秒，$T=10^{10}K$，υ_μ 和 $\bar{\upsilon}_\mu$ 也从其他粒子脱耦，至此，中微子已全部脱耦。由于中子和质子之间的互变量是通过有中微子参与的弱相互作用过程进行的，因此，到此时，中子和质子不再互变，比值 η/P 便固定下来。至 3 分钟，$T=10^9K$，进入核合成时代。此时，中子和质子被合成重氢（氘）、氦。按质量比，核合成时代结束时，氦的丰度约占 25%。由于氦十分稳定，所以这些氦能一直保留到今天。在 $T=10^9K$ 以下，电子和正电子开始湮灭，宇宙内只有由湮灭残存重子形成的质子和 ^4He（以及少量的氘、^3He 等）和湮灭残存的电子

所组成的等离子体，并与大量光子（辐射场）相耦合而处于热平衡态。这种等离子体光子平衡态一直维持到 $T=4\times10^3K$，此时为 10^{12} 秒。此后，便进入所谓氢复合时代。此时，中性氢生成，辐射场即光子脱耦，宇宙变得透明了，从此结束了宇宙的辐射时代，进入了物质为主的时代。在氢复合以后，物质气体与辐射场各自独立地演化，物质气体将通过引力收缩成团，形成星系团、星系、恒星、地球，以及人类，而辐射场则自由膨胀。至 10^{17} 秒，$T=3K$，这就是我们今天的宇宙。

大爆炸宇宙学的重要思想在于坚持自然界的历史性观念，敢于追溯宇宙的起源和演化过程，这是以前的宇宙学理论所没有的。大爆炸宇宙学的重要成就并不在于它解释了宇宙的膨胀现象，而在于它做出了氦的丰度和 3K 微波背景辐射这两个定量的、可供观测实验检验的重要预言，它们与后来的观测实验符合得很好。当然，大爆炸宇宙学仍然存在着一些困难，尤其是对于甚早期（1 秒之前）宇宙的研究的困难。研究甚早期宇宙的困难在于那时介质的温度太高（即介质中粒子的能量太高），以至人们还不知道那种状态下的物理规律。从时间上讲，甚早期只有不到一秒的历史，但这阶段温度的变化高达十几个数量级。可以预料，这阶段宇宙演化的物理进程会是非常丰富的。对此，20 世纪 80 年代才发展起来的暴胀宇宙学试图做出自己的回答。

宇宙间的各种星体，包括恒星、行星、卫星、彗星、流星等，统称天体。它们也有自己的起源和演化。下面，我们概述一下恒星和地球的起源和演化。

宇宙空间中的原始弥漫星云，在自引力的作用下收缩，位能转化为动能，使温度上升。由于内部的温度不够高，表面只有几百度，故只能发出不可见的红外线和可见的红光。这个阶段称为引力收缩阶段。随着引力的进一步收缩，引力势能不断转化为动能和热能，使温度不断升高，当恒星中心的温度升高到八百万度时，便开始了氢聚变为氦的热核反应。当中心温度达一千几百万度时，这种聚变释放的核能就变成恒星的主要能源。这时恒星从里向外传播能量的方式是辐射，这种辐射所造成的压力顶住了恒星的自吸引，使恒星停止了收缩，成为较稳定的主序星。主序星阶段的长短与其质量有关，质量越大，寿命越短。当恒星中心处的氢核基本聚变完，因而能量的释放已大为减少，恒星中心就失去了同引力相抗衡的内部压力，恒星便开始了新的收缩，从而迅速释放能量。其中一部分能量使星体发生急剧的膨胀，体积很大、密度很小，其表面温度很低。另一部分能量使星体中心温度迅速升高，当达 1 亿度时，便开始了氦核聚变为碳核的反应，新的反应使恒星的收缩再度停止。当氦核耗光后，又会依次发生碳核、氧核等热核反应，生成更重的元素。上述反应历时都很短。这是恒星演化的红巨星阶段，一般为几千万到 10 多亿年。红巨星的结局是，或者经爆炸而使星体全部瓦解，或者经爆炸抛射外壳而核心部分演化成高密星。恒星在核能耗尽后，若其质量小于钱德拉塞卡（Chandrasekhar）极限，约 1.4 个太阳质量，就可能演化成白矮星。如果其质量大于钱德拉塞卡极限而小于奥本海默—伏尔柯夫（Oppenheimer-Volkoff）极限，约 3 个太阳质量，则可能演化成中子星。如果其质量超过后一个极限，则可能演化成黑洞。

以太阳为核心的整个太阳系是一个有序结构的整体，它是从银河系中的一块混沌无序的原始星云演化而来的。太阳是颗恒星，现在处于主序星阶段。

地球作为太阳系的一颗行星，是伴随着整个太阳系的形成而诞生的。地球最后诞生以来已有 46 亿年的历史了，它经历着同太阳系其他行星不同的自身演化过程。此过程大致可分为"天文时代"和"地质时代"。"天文时代"的显著变化是地球内部物质的分化和圈层的形成，即形成地核、地幔和地壳；而地球外部则有原始大气圈和水圈的形成。在"地质时代"，除地球上物质的进一步变化和各圈层的不断改造外，主要是地壳的变化、海陆的分化及气候的冷暖交替。

地球表面大气圈和水圈的形成，为生命的产生创造了条件。

生命的起源和演化经历了化学进化、分子自组织进化和生物学进化三个阶段。

化学进化阶段经历了三次质变过程。首先是从无机物分子演变为有机物分子。由于原始大气中不仅含有大量的二氧化碳、甲烷、氨气和水蒸气等无机物分子，而且含有丰富的太阳能、火山能、陨石动能和宇宙射线能等能源，因此各种无机物分子在能源的激励下互相结合，从而产生了氨基酸、核苷酸、糖等有机物小分子。这些有机物小分子是合成蛋白质和核酸的基本原料。其次是从有机物小分子演变为生物大分子。有机物小分子被合成出来以后，它们就随着雨水汇集到原始海洋中去。经过长期的积累，原始海洋就变成了富含有机物小分子的"营养汤"。当"营养汤"的浓度达到一定的程度时，氨基酸之间、核苷酸之间的相互结合，就产生了蛋白质和核酸分子。最后是从生物大分子演变为生命体。在海洋中，蛋白质和核酸分子互相结合，于是就形成了由它们二者构成的多分子体系。初形成的多分子体系结构简单，只具有新陈代谢功能，以后从这种多分子体中逐渐产生了结构比较完善、具有繁殖功能，而且在蛋白质和核酸之间建立了密码关系的多分子体系，这就是原始生命体，它是最简单的生命形式，它的产生是生命形成的标志。

生物学进化阶段指的是从生命的非细胞形态到细胞形态、从原核细胞到真核细胞、从单细胞生物到多细胞生物以及从低等生物到高等生物的发展过程。原始生命是非细胞形态。原始生命体经长期演化才形成原始细胞，原始细胞结构十分简单，外面是细胞膜，内部含有核酸、蛋白质和一些简单的酶，没有细胞核，但细胞质中的核酸起着核的作用，故称原核细胞。后来，从原核细胞分化出一类真核细胞。在真核细胞中，核质和胞质间有核膜隔开而成为细胞核和细胞质。前者具有由核酸和蛋白组成的复杂的染色体装置，相对地成为遗传中心；后者具有各种细胞器，相对地成为代谢中心。真核细胞出现后，生物界便逐渐分化出植物和动物两大支。动植物的共同祖先是原始的有鞭毛的单细胞生物。它生活于水中，能游动，故能摄取有机物而进行异养生活；因它体内含有光合色素，故能进行光合作用而进行自养生活。原始鞭毛细胞因自养功能的加强和运动功能的退化而演化为植物；因异养功能和运动功能的加强、自养功能的退化而演化为动物。当然，这两个过程都是通过单细胞向多细胞的过渡而同步发展的。植物沿着菌类植物→苔藓类植物→蕨类植物→裸子植物→被子植物的进化方向发展；动物则从无脊椎动物向脊椎动物发展，脊椎动物又从鱼类、两栖类、爬行类，再向鸟类和哺乳类的进化方向发展。哺乳动物的进一步发展分化出最高级的哺乳动物——猿类。而具有意识和思维活动能力的人类就是从猿类进化而来的。人类的出现是自然界物质运动发展的一次最大的飞跃，从此便开始有了人类的历史。

从天体、地球到生命的发展，这一自然行程，揭示了客观自然界自身所固有的辩证性质。一切都不是现成地摆在那里，而是一个生灭交替的过程。我们生存于其中的这个宇宙，它所包含的诸天体，包括地球，都有确定的产生的起点，也有行将消逝的确切论证。至于生命，相对于宇宙天体而言，真可以说是"旋起旋灭"，只是一瞬间的存在，其辩证推移转化的性质就更加明显。

自然科学家再也不能回避辩证法了。

三、物质生命的异化

恩格斯指出："究竟什么是思维和意识，它们是从哪里来的，那末就会发现，它们都是人脑的产物，而人本身是自然界的产物，是在他们的环境中并且和这个环境一起发展起来的；不言而喻，人脑的产物，归根到底亦即自然界的产物，并不同自然界的其它联系相矛盾，而是相适应的。"[1] 这是马克思主义哲学对意识起源问题的一个最根本的看法，它说明，意识是自然界物质发展到一定阶段的必然产物，是物质本身的固有属性或功能的长期分化、发展的结果。

在无机自然界中，一切物质都能对周围环境的影响做出一定形式的反应。这种反应是以机械的、物理的和化学的形式出现的，如水中涟漪、岩石风化、金属锈蚀等。生命物质的本质特征在于与其周围的外部自然界不断地进行新陈代谢。随着生命物质的诞生，物质的反应特性也发生了一个质的飞跃，即出现了一切生物所共有的刺激感应性，它是有机体维持个体生存和种系发展不可缺少的条件。随着生物从低等到高等的发展，它对外界刺激的反应能力也逐渐从简单、低级向复杂、高级发展。在客观物质刺激的作用下，从最初的腔肠动物的散漫无中枢的网状神经系统，逐步发展到脊椎动物的具有一定专门化程度的中枢神经系统；动物的反映形式也从最低级的刺激感应阶段，进化到心理反映阶段。随着脊椎动物的进化，其中枢神经系统也不断从低级形态发展到高级形态，而心理反映形式也从感觉阶段发展到知觉阶段，并进一步发展到高等脊椎动物（猿

---

[1] 恩格斯：《反杜林论》，第32—33页。

猴）的萌芽意识形式的智力阶段。这一切，都为人类的意识的产生做了必要准备。

生命进化过程中派生出一种非物质现象——意识现象，叫物质生命的异化。现代分子生物学、生理学、心理学揭示了意识现象产生的机制及其本质。意识现象是随着人的神经系统的发展和大脑的形成而显现的，是随着受人类社会活动影响的不断深化而趋于完善的。意识现象的物质承担者是大脑。

人的大脑是由约一千亿个神经元（神经细胞）组成的极为复杂的神经网络系统，不同部位的子系统各司其职又高度协调统一。大脑活动的单位机制是神经元。它包括胞体和突起两个有机部分。胞体是神经元的营养库房，营养通过突起的转运，补充神经活动过程中的能量耗损，从而维持神经元形态上的整体性和功能上的稳定性。神经元对任何一个信息的传递和处理，在时间上和空间上都与能量耗损具有高度的相伴性。能量耗损的物理化学过程是神经元传递信息过程的前提。在大脑中，信息传递是通过电运动方式实现的。神经元膜的主要成分为蛋白质和磷酸，这种膜具有半通透性，"钠泵"的机制能调节内外两侧各种离子，如钠和钾离子的通过和流动。膜两侧离子浓度的差异性规定着膜的电位。当神经元受刺激，并且刺激量达到一定阈值时，静息电位升高为动作电位，或称神经冲动。神经冲动是大脑将感觉信息换成神经语言的编码过程。这种冲动沿着神经传导下去，便是神经元进行信息传递的过程。其中，信息不同，脑电波形则不同。信息以生物电的形式传导至神经末梢，在神经元之间的中介物——突触的作用下，过渡到下一个神经元。

神经元对信息的传递和处理，不是单独发生作用，而是以神经元集团的方式发生作用。具有一定意义的有效刺激可以引起很多神经元放电。其中虽然有些神经元的放电活动是不规则的，但从统计上看，总体是成模式的规律性活动，神经元间的结合具有时空结构。每个神经元借助突触联系，可以参与多种刺激反应活动。因此神经元之间可结合为多样的有序的时空模式。时空模式也许就是存在于一定时空中的现实事物的主观模本，即特定的意识状态。而时空模式的演变就是意识活动。在具体的主体反映客体的活动中，神经模式活动的时间和空间的特异性和有序性保证了主体反映与客观刺激的相应性。这就是说，大脑神经元之空间、时间、质量、能量的多元综合体形成了其突现属性——意识现象。

然而一个人的意识的形成和完善，必须以社会影响为客观条件。一个人若一生下来就离群索居，是不可能形成个体意识的。狼孩离开了人群，加入了狼群，只能形成狼的心理，而没有人的意识。一个人在不同的社会影响下，可以形成不同的意识水平。人们实践活动的多样性，规定着人们的心理意识运动和发展的特点的多样性。人们由于实践活动的性质、方式不同，他们的心理意识便得到不同方面的优先发展。社会影响对于挖掘大脑的潜力、促进个人意识功能的完善和发展，具有决定性意义。社会影响造成脑功能结构的内在变化，如蛋白质、核糖核酸、神经元联系的增多和复杂化等，从而导致主体反映客体的能力即意识功能的变化。个体受到的社会影响不同，意识水平就不同。有经验的纺织工人能分辨出四十多种浓淡不同的黑色，而一般人只能分辨三四种。科学巨匠有突出的科学思维能力，哲学大师则有超群的理论思维能力。大脑的潜力是巨大的，一般人所开发利用的脑细胞只有整个大脑细胞总数的十分之一许。因此如何在社会活动中开发大脑的潜力是十分值得深入探索的课题。

综上所述，人类的意识是自然界物质长期进化的结果，也是社会的产物；人类的意识是人脑这种特殊物质的属性，是物质派生出的非物质现象，是物质生命的异化。正因为有了这种异化，即意识的产生，人类才能不断地认识和改造自然，认识和改造社会。

生命的出现是自然界发展的最高成就，是客观自然界向其对立面转化的中介环节。生命的发展产生意识精神，从此，客观自然界有了一个与它相对立的主观精神世界。于是，形成主体与客体的对立。这个亘古迄今沉睡着的宇宙，才得以反观自照，认识自己，开发自己。人类精神的出现，意味着宇宙之花的盛开。

第二节　客观演化过程

包括各种天体、各种生命体在内的所有物质形态，在其演化中都要经历产生、成长、衰亡的历史过程。这种历史过程的循环交替，表现为物质形态的由生到灭和由灭到生，表现为物质形态相对应的运动形式的相互转化。运动形式转化中的质和量的对应关系是由物理学中的能量守恒与转化定律、哲学上的运动不灭原理揭示的。运动形式的转化存在着退化与进化两个方向问题。

一、运动不灭原理

运动不灭，最早是作为哲学原理提出来的。法国哲学家、数学家和力学家笛卡儿（R. Descartes，1596—1650），第一个明确地提出运动不灭原理。他在 1644 年出版的《哲学原理》一书中指出："运动只不过是运动着的物质的一种方式，然而物质的运动有一个固定量，这个量是从来不增加也从来不减少的；虽然在物质的某些部分中有时候有所增减。"笛卡儿的表述有缺陷，一方面，他所讲的守恒指的是机械运动的动量守恒，他不了解运动形式的多样性及其转化；另一方面，他认为这个一定量的运动是上帝给的。然而，笛卡儿关于运动不灭这一结论是正确的，而且，这一结论的得出比自然科学家早了二百年。因此，恩格斯指出，笛卡儿从"哲学借以作出这个结论来的形式，也比今天的自然科学的表述要高明些"[1]。

能量守恒与转化定律的提出为运动不灭原理提供了坚实的科学基础。

19 世纪 40 年代，迈尔（R. Mayer，1814—1878）、焦耳（J. P. Joule，1818—1889）、赫尔姆霍茨（H. Helmholtz，1821—1894）、格罗夫（W. R. Grove，1811—1896）、柯尔丁（L. A. Colding，1815—1888）等人，从不同方面和不同途径达到了对能量守恒定律的证明。他们只着重从量上去表述能量守恒，而没有从质上去强调运动的不灭性。恩格斯首先指出了这种表述的不完善性。从量和质这两方面着眼，恩格斯准确地完整地把这一定律称为"能量守恒与转化定律"。这条定律把各种自然现象用定量的规律联系了起来，用能量作为各种现象的共同量度，指出不同的运动形式在相互转化中有量的共同性，即，机械运动、热运动、电磁运动和化学运动等，都不过是同一的运动在不同条件下的各种特殊形式，它们在一定条件下都可以相互转化而不发生量上的任何损失。这条定律还从质上表明了一种运动形式转化为别种运动形式的无限可能性，说明运动形式相互转化的能力也是不灭的，是物质本身固有的特性。

在继承以往哲学的合理成分和总结当时自然科学新成就的基础上，恩格斯科学地阐明了运动不灭原理。他指出："既然我们面前的物质是某种既有的东西，是某种既不能创造也不能消灭的东西，那么，运动也就是既不能创造也不能消灭的。"[2] 这里所说的运动，是就

---

① 恩格斯：《自然辩证法》，第 54 页。
② 恩格斯：《自然辩证法》，第 54 页。

最一般意义上说的，是对各种具体物质运动形式的共同本质的抽象和概括。运动不灭，是从整个自然界，就物质存在的方式和固有属性的一般运动来说的。恩格斯还深刻地指出："运动的不灭不能仅仅从数量上去把握，而且还必须从质量上去理解。"[①]这说明，运动不灭原理具有量和质两方面的不可分割的含义。所谓运动在量上的不灭性，从一般的意义上说是运动的量既不能创生也不能消灭，当运动形式发生转化时严格地遵守着量的守恒关系，也就是当一种运动形式转化为另一种运动形式时，转化前后运动的量在数值上具有某种相当性。例如，在机械运动转化为热运动的过程中，当失去427千克米的机械能，必然产生与之相当的一千卡的热能。所谓运动在质上的不灭性，指的是物质具有无限多样的运动形式，它们之间在一定条件下相互转化的能力也是无限的，而且这种转化的能力是它自身所固有的，是不灭的，其转化的条件也必然被它自身产生出来。运动在量上的不灭和质上的不灭这两方面是不可分割地联系在一起的。质上的不灭表征着各种物质运动本来具有相互转化的内在本质；量上的不灭说明了相互转化的各种物质运动的数量总和是不变的，而且量上的不灭性是在转化过程中实现的，离开运动的转化过程也就没有运动在量上的不灭性。否认量上的不灭性，必然要导致物质运动既可创生又可消灭的结论；而否认质上的不灭性，也必然要导致自然界某种运动形式或能量形式在转化过程中可以消灭的结论。

二、热力学的演化观

德国物理学家克劳修斯于 1850 年，英国物理学家开耳文勋爵（Lord Kelvin，1824—1907）于 1851 年分别提出了热力学第二定律，

---

① 恩格斯:《自然辩证法》，第 22 页。

该定律可以表述如下：

> 热量由低温物体传给高温物体而不产生其它影响是不可能的。（克劳修斯）
>
> 从单一热源吸取热量使之完全变为有用的功而不产生其他影响是不可能的。（开耳文）

克劳修斯的表述相当于说：热量由高温向低温的流动是可以自动地进行的；而反向的过程，仅在另一个功转化为热的过程的伴随下才能发生。这表明，热量的流动是不可逆的。开耳文的表述相当于说：功转化热的过程是可以自动地进行的，而热转化为功的过程，必须有另一个过程即热量由高温热源向低温热源的流动相伴随才能进行。这表明，热功转化是不可逆的。克劳修斯的表述和开耳文的表述是等价的。

热力学第二定律的经验事实指明：当一个体系通过有热参与的自然过程由初态到达终态回到初态时，我们就不可能找到任何办法，使它由终态回到初态，而不引起其他的变化。克劳修斯于 1865 年引进了"熵"（entropy）这个新概念，用以指示或判断两个态之间过程进行的方向。他还严格地证明：任何孤立系统，它的熵永远不会减少；或者说，自然界里的一切自发过程，总是沿着熵不减少的方向进行的。这就是"熵增加原理"。它是热力学第二定律的另一种表述形式。在希腊文中，"熵"原是"发展"、"转化"的意思。"能"这个概念是从正面量度着运动转化的能力，能越大则运动转化的能力越大；"熵"这个概念则从反面，即运动不能转化的一面量度转化的能力，表示转化已经完成的程度，亦即运动丧失转化能力的程度。在没有外界作用的情况下，一个系统的熵越大，就愈接近于平衡状态，系统的能量就有越来越多的部分不再可供利用了；所以，熵表示着系统内部能量的"退化"、"耗散"。

总之，热力学第二定律表明：一个孤立系统会自发地从非平衡态发展到平衡态，从有序走向无序；反过来，即自发地从平衡态发展到非平衡态，从无序走向有序是绝对不可能的。在平衡态下，体系的熵最大，混乱度最大，无序性最高，组织性最差，信息量最少。所以，第二定律说明一个孤立系统要朝着均匀、简单、消除差别的方向发展，这实际上是一种趋向低级运动形式的退化。

克劳修斯在 1865 年把热力学的第一定律和第二定律概括为：宇宙的能量恒定不变；宇宙的熵趋于一个极大值。1867 年，他在《关于热力学第二定律》的通俗演讲中又进一步说：我们应当导出这样的结论，即，在所有一切自然现象中，熵的总值永远只能增加，不能减少，因此，对于任何时间、任何地点所进行的变化过程，我们得到如下的简单规律："宇宙的熵力图达到某一最大的值。"那时宇宙"将处于某种惰性的死寂状态"。在克劳修斯看来，宇宙现在处于不平衡状态，但任何不平衡状态总是要在有限时间内达到平衡状态的。随着熵的无限增加，一切其他的运动形式，如机械的、光的、电磁的、化学的和生命的等，都将最终转化为热运动，热量又不断地从高温处向低温处流散，最终达到处处温度均衡，一切宏观变化随即停止，于是宇宙进入一个一切运动过程都终止的"热寂"状态，这就为宇宙描绘了一幅逐步趋向于寒冷、黑暗、死亡的热力学图景。这就是所谓的"宇宙热寂说"。

"宇宙热寂说"一提出，立即引起一些哲学家和自然科学家的关注。恩格斯从辩证唯物主义出发，依据能量守恒与转化定律，对"热寂说"做过如下评述：

第一，恩格斯指出，"热寂说"既违反了能量在质上守恒的定律，也违反了能量在量上守恒的定律。

第二，"热寂说"虽然是错误的，但是克劳修斯提出了一个直至今天尚未解决的科学上的问题：散失到太空中去的热变成了什么？恩格斯根据能量转化原理提出了自己的猜测："放射到太空中去的热一定有可能通过某种途径（指明这一途径，将是以后自然科学的课题）转变为另一种运动形式，在这种运动形式中，它能够重新集结和活动起来。"① 这个猜测认为，在宇宙中，不但一切运动形式可以转化为热运动，而且热运动也有可能在适当的时候和一定的条件下转化为其他各种运动形式。 从而论证了在全宇宙中，运动会因自身具有无限转化的能力而处于永不停息的变化发展之中。

热力学第二定律在物理学中首次揭示出自然过程的不可逆性：运动的转化对于时间的增加方面和减少方面具有质的不守恒性，运动定律对时间是不对称的。 它还揭示了各种运动形态的质的差异性，如机械运动可以完全转化为热，而热却不能完全转化为机械运动，表明不同运动形式的转化在一个方向上存在着限制。 熵这个新概念也同物理学上的其他许多概念不同，它描述的物理系统的状态不是固定的、僵死的状态，而是表现出某些发展的倾向。 所以，热力学第二定律否定了形而上学机械论的宇宙不动论的观点，体现出发展的观点。

三、进化论的演化观

英国生物学家达尔文（C. R. Darwin，1809—1882）于 1859 年出版了《物种起源》一书，提出了生物进化论的学说。 达尔文进化论告诉我们，地球上的生物并不是原来就有和从来不变的，而是有

---

① 恩格斯:《自然辩证法》，第 23 页。

着漫长的演化历史。从荒漠的地球上产生出单细胞生物，通过长期的自然淘汰，适者生存而发展出今天各种高级的生物，以至产生了人类。进化的结果不仅使得生物的结构和功能愈来愈复杂，而且也使得生物体更加组织化和有序化。很显然，生物进化的方向是从简单到复杂，从低级到高级，从单一性到多样性，从无序到有序。

可见，与热力学的退化的时间箭头形成鲜明的对比，生物发展的历史给出了一种进化的时间箭头。这样，就产生了物理学同生物学的矛盾，克劳修斯同达尔文的矛盾，即退化同进化的矛盾。是克劳修斯错还是达尔文错呢？我们知道，物理学是整个自然科学中最早成熟的一门学科，同时也是整个自然科学的基础；热力学理论具有普遍性，它对于任何物质系统都适用，如果某种结论是从热力学定律推出的，且在推论中不引入其他假设，那么这个结论必有高度的可靠性。许多生物系统的确也属热力学系统，按理也应遵循热力学第二定律。然而，达尔文进化论同样也是正确的科学理论，有着大量事实的支持。事实上，在当时，展现在人们眼前的并不仅仅是生物学同热力学的矛盾。在社会现象中，人类社会已经历了从原始社会、奴隶社会、封建社会到资本主义社会的进化过程。一座大城市也经历了其长期的历史发展过程，在自然科学中，康德—拉普拉斯的星云假说也阐明，我们的太阳系是从原始星云演化而来的，行星绕着太阳转，卫星绕着行星转，太阳系是个相当有序的结构，这个有序结构是从混沌无序的原始星云演化而来的。因此，19 世纪的自然科学家无法解决、调和克劳修斯同达尔文的矛盾，"十九世纪是带着一种矛盾的情景——作为自然的世界和作为历史的世界——离开我们的"①。

---

① 湛垦华等编著：《普利高津与耗散结构理论》，V。

当代自然科学的成就进一步强化了进化论的观点。

以广义相对论为基础的大爆炸宇宙学告诉我们：宇宙也是进化的，即从温度均匀状态到非均匀状态，从物质分布均匀状态到非均匀的有结构的状态，从混沌到复杂。3K 微波背景辐射的发现直接表明，在宇宙早期物质分布是相当均匀的，但在肉眼可见的天空中，物质分布是不均匀的，在星球上物质密度很高，在星际空间里却只有少量物质。另外，从微波背景辐射的存在还可以断言，宇宙早期的物质成分也是简单的。今天的自然界中存在许多种元素，各种天体都是由它们构成的。但是，在早期宇宙中，这些元素都是不存在的，它们都是在宇宙演化过程中逐一生成的。这表明，我们的宇宙也存在着从无序到有序、从简单到复杂、从低级到高级的进化历史。因此，克劳修斯同达尔文的矛盾甚至在物理学中也尖锐地存在着。

由联邦德国生物物理化学家艾根（M. Eigen，1927—），于1971年正式提出的超循环论，从另一方面加强了进化论的思想。前面我们已经谈了生命起源的化学进化阶段和生物学进化阶段。但是，从化学进化到生物学进化的飞跃，人们很不清楚。超循环论指出，在这两个阶段之间尚存在一个生物大分子自组织进化阶段，它表现为一组功能上耦合的自复制单元的整合与连贯的进化。超循环这个新的一类非线性网络具有独特的性质，它可以把许多随机效应反馈到起点，使它们本身成为一种起放大作用的原因。正是通过因果的多重循环，建立起一个自我复制和自然选择而进化到高度有序稳定的宏观功能性组织，超循环论已成为当代科学探索生命起源的一个流行理论。

可见，在自然界的演化过程中，既有退化方向，又有进化方向。前者的主要特征是有序度在演化中减小，从高序到低序、从有序到无序；后者的主要特征是有序度在演化中增加，从无序到有序、从低序到高序。它们都有充分的事实根据,我们不应当简单地承认一类事实而否认另一类事实。但是,自然界演化的这两个方向是否绝对地、永恒地对立呢?黑格尔关于有序与无序辩证统一的观点仅停留在思辨阶段。20世纪70年代发展起来的非平衡态自组织理论(包括耗散结构论、协同学和超循环论)较好地回答了这个问题。

第三节 进化与自组织

自然界中物质形态的进化,主要是以自组织形式实现的。自组织过程的实现需要一定的条件,自组织过程的实现也同自组织的目的性即自然目的性紧密相关。因此,自然界中物质形态的进化是同自然目的性紧密相关的。由非自觉的自然目的性过渡到自觉的社会目的性,是人类社会进化的动因。

一、自组织及其形成条件

什么是自组织呢?我们先从几个实验的结果来加以说明。

1. 贝纳德对流。这个实验是由法国科学家贝纳德(Benard)于1900年在博士论文中利用流体完成的。一层流体,上下各与一很大的恒温板接触,两极间距远小于板的宽度和长度。从下对它加热,同时维持上面的温度不变,使上下具有一定的温度差或温度梯度。在温度梯度很小时没有对流,热仅靠传导方式传递,液体从宏观上看去是静止的。当温度梯度超过某一阈值时,流体出现宏观对流运动,并形成很有规则的对流花样。从上往下俯视,可以看到有规则的六角形花纹,中心液体往上流,边缘液体往下流,或是相反。这是一种很有秩序的动态结构。对流开始前是一种稳定态。温度梯度达到阈值时,原稳定态丧失,出现新条件下的新稳定态。失稳点叫临界点。从分子角度看，临界点之前的定态相对于临界点后的新定态是混乱的，在临界点发生了有序程度的突变。这种突变是自发进行的，称为自组织，有序对流花样靠供给的热流维持。

2.激光。当外界泵入原子系统的能量未达阈值时，每个处于激发状态的原子都独立地无规则地发射光子，频率和位相都无序。光场系统处于无序状态，正如普通的一盏灯一样。当泵入能量超过一定阈值时，激光器发射出单色性、方向性和相干性极好的受激发射光。频率和位相都有序，光场系统处于有序状态。与贝纳德对流相似，这里也出现了失稳、临界点、自组织、有序化，形成有序动态稳定结构，结构靠外界泵入能量维持。

3.贝洛索夫—札包廷斯基反应。苏联化学家贝洛索夫（Belousov），于1958年以金属铈离子为催化剂做了柠檬酸的溴酸氧化反应实验。以后，札包廷斯基（Zhabotinski）等人又用铈离子作催化剂，让丙二酸被溴酸氧化。当参加反应的物质浓度控制在接近平衡态的比例时，在均匀边界条件下，生成物均匀地混合分布在整个容器内，呈现出对称性最强的无序态。但适当控制某些反应物和生成物的浓度而使反应条件远离平衡态时，以上两个反应都会呈现化学振荡。前者容器内混合物的颜色周期性地在黄色和无色中变换，而后一反应介质时而变红，时而变蓝。这种介质浓度比例周期性变化的行为被形象地称作"化学钟"（一种时间结构）。在札包廷斯基反应中，还发现了容器中不同部位各种成分浓度不均匀的现象，呈现出宏观的有规律的空间周期分布（空间结构）和各成分浓度在时间和空间上作周期性变化的化学波（时空结构）。花样是在反应物浓度超过阈值时出现的。若继续供应反应物，花样可以维持。否则，随反应物变稀则周期变长，最后花样消失。这里又出现失稳、临界点，形成动态稳定结构，结构靠供给反应物维持。

这些例子表明，一些系统在外界供给其物能流的条件下，能够自发地形成某种时间上、空间上或时空上相对有序的结构，其组织指令是来自系统内部而不是来自系统外部，这种系统就称为自组织。

普里戈金把上述自组织称为耗散结构。之所以称为耗散结构，是因为它们必须不断地耗散系统之外所供给的物质和能量，才能形成并维持这些新的有序结构。

经典热力学告诉我们，无论是孤立系统还是开放系统，若永远处于平衡态，根本不可能有从无序到有序的转变，并且非平衡的孤立系统也同样不可能有从无序到有序的转变。从贝纳德对流等例子可以看出，不仅要对系统不断地供给物质和能量，而且要超过某个阈值时，才会出现从无序到有序的转变，所以这些系统既是开放的，又是远离平衡态的。一个开放系统在时间 dt 内总熵变化 ds 由两部分组成：

$$ds=d_es+d_is$$

d_es 叫熵流，是系统与外界交换物质和能量而引起的；d_is 叫熵源，是系统内部自发产生的熵，即系统本身由于不可逆过程引起的熵增加。在孤立系统中，$d_es=0$，它的总熵变为 $ds=d_is \geq 0$，所以，孤立系统只是开放系统的一个特例。对于开放系统而言，d_es 是可正可负的，只要有

$$d_es<-d_is$$

则有

$$ds=d_es+d_is<0$$

也就是说，负熵流可能使总熵减少，从而使系统由相对无序状态向相对有序状态发展。所以，从原则上讲，只要给系统一个负熵流，就有可能得到一个稳定的有序结构。这就是开放系统非平衡态有序原理。这是普里戈金学派创立耗散结构理论的出发点。除了系统是

开放和远离平衡态这两个外部条件之外，系统内部各要素之间须存在着非线性的相互作用。这种相互作用，能够使系统内各要素之间产生协调动作和相干效应，从而可以使系统从杂乱无章变为井然有序。如果系统内各要素之间的相互作用仅仅是线性的，那么它们的组合就只有量的增长，而不可能有质的变化。一个耗散结构必须能保持下来，即形成稳定结构，才有意义。在这里，涨落起了极其重要的作用，所谓涨落也就是系统自发地偏离某一平均态的现象。在线性平衡区，涨落是一种破坏稳定性的干扰，它使系统离开稳定态。但在这个区域，系统具有抗干扰能力，涨落造成的偏离态会不断衰减直到消失，最后回归到稳定的状态；而在远离平衡态的非线性区，涨落则起着相反的作用。这时，系统处于一种动态的平衡之中，系统的一个微观随机的小扰动就可能通过相干作用得到放大，成为一个整体的、宏观的"巨涨落"，使系统进入不稳定态，从而跃迁到一个新的稳定的有序状态。在这里涨落对于耗散结构的形成起了一个触发的作用。因此，系统的涨落、非稳定性就不再是一个干扰的因素，而是耗散结构形成的杠杆。这种新型的有序就是普里戈金所说的"通过涨落的有序"。

综上所述，耗散结构理论证明，自组织过程的实现所需的条件是：系统是开放的；系统处于远离平衡状态；系统内存在非线性机制；系统内存在着随机涨落。这些条件分别揭示了自组织的外部条件和内部根据。

现在，我们可以明白，自然界中存在着从有序到无序的退化方向和从无序到有序的进化方向的矛盾，即克劳修斯和达尔文的矛盾，并不是绝对对立的。如果系统趋向平衡态则遵循热力学第二定律；如果系统处于远离平衡态，则在一定内外条件下，出现新的有序结构即耗散结构，生命机体就是这样的结构。这样，生命和非生命现象，生物和非生物规律在一个统一的体系中获得了较好的解释。

二、自组织的目的性

　　一个自然系统中的各子系统可以从各自独立的运动转向协调一致地运动，从而使整个系统表现出有规则的、有秩序的性状。那么，是什么作用使得系统如此变化呢？哈肯曾经说："好象有一种神秘的力指使子系统应该如何作用。"事实上，所谓"神秘的力"应该理解为自组织的目的性，即自然目的性。

　　从哲学上看，目的性的根本特征是一种自我规定性或内在规定性。自我规定性的内在本质是一种扬弃了的因果性，即交替因果性。所谓交替因果性，指的是系统内在的因果相互作用形成了一个自我起结、自身圆满的因果联系环，即自身内在地互为因果。基于这个因果联系环，自组织系统在没有从外部环境输入特殊信息（组织指令）的条件下，可以自发地形成一种新的整体结构，从而表现出某种自我规定性，即自主性、自我决定性。可见，这种交替因果性已不具有因果性的原意，而表现为一种内在目的性机制。

　　系统的自组织过程中，交替因果性是通过自反馈机制而实现的。在自然界中，系统总是处于一定的外部环境的影响下，它们都会对外部环境与其自身的相互作用的结果有所反应；同时，系统内部的每个局域相对于其他局域也必然存在相互作用以及其自身的反应。因此，系统可以不断地将系统与外部环境相互作用以及系统内部相互作用所产生的信息加以再吸收。通过这种自反馈，因果相互作用不断地循环反复，从而使系统能够对其自身内部的关系以及它与外部环境的关系进行不断的自我调整，并且表现出自组织这种目的性行为。根据分子生物学的观点，生命是一个核酸与蛋白质相互作用而产生的可不断繁殖的物质反馈循环系统。在它的自组织过程中，蛋白质的功能由其结构所确定，而这种结构又是被核酸编码的；与此同时，核酸的复制和翻译则必须经蛋白质的催化，再通过蛋白质来表达。因此，核酸与蛋白质的关系其实是一个互为因果的封闭的环。显然，这种自反馈或"交叉催化"导致了交替因果性，并进而孕育了生命系统的目的性。

随着交替因果性复杂程度的不同，系统相应地表现出不同水平的目的性行为，而这最终取决于系统本身的组织水平，也就是系统内部的组织水平对于其行为的目的性具有决定性的意义。一般地说，一个系统的组织水平依赖于这个系统的组分（子系统）的量，这些组分所处的状态和结构联系的量以及它们的强度（关联程度）所确定。如果系统的组织水平趋于零，那么系统与外部环境之间就出现直线性的因果联系，这时系统完全被外部力量所支配而处于被动的状态。例如，像"质点"或"刚体"之类无结构、无组织的东西，只是知性抽象的规定，根本谈不上有什么交替因果性和目的性。如果系统具有一定的组织水平，但它还比较低，那么系统就通过比较简单的交替因果性联系，开始比较积极地对外部环境的影响做出反应。随着系统组织水平的提高，它所包含的交替因果联系就越来越复杂，它通过自反馈来处理各种信息的能力也就越来越强，相应地，系统就越来越具有能动性（主动的力量）和目的性。例如，所谓超循环系统就是由于具有高度的组织水平而且显示出高度的目的性。超循环经过因果循环联系把自催化或自复制单元连接起来，其中每个自复制单元既能指导自己的复制，又对下一个中间物的产生提供催化帮助。人们发现，这种分层次相类属的各种因果循环正是生命诞生的契机。

系统在自组织过程中所达到的目标或实现的目的，乃是一种有序化的稳定状态。无论是耗散结构理论、超循环论，还是协同学，它们都将系统的自组织过程与描述系统运动状态的相空间（状态空间）中的"吸引子"相联系，这很好地说明了目的性的有序稳定性。在自组织过程中，系统从不同初始状态出发，随着时间的推移，轨道的流线总会受到其端点的吸引，这个端点便是代表系统的某种有序稳定结构的吸引子。在相空间中，系统终归要运动到这个吸引子，唯其如此，系统才能趋于稳定。在不同的情况下，吸引子可能是不动点，也可能是极限环或环面。于是我们认为，这种吸引子实际上就是系统的目标或目的的科学原型，而系统趋向于吸引子的敏感性和坚持性，就是其自组织的目的性。

自组织系统的目的性行为决定于两个方面对它的影响，其一为这个系统内部的组织结构，其二则是它对外部环境这一高层次之系统的归属性。

在系统内部的组织结构方面，非线性相互作用具有根本性的意义。它会产生所谓"相干效应"和"临界效应"。其中，相干效应是指子系统之间相互制约，形成所谓"通信"机制，并且可能导致某种交替因果联系；而临界效应则意味着系统具有失稳而发生突变的可能性以及进入新的有序稳定态的多分支性，这就为系统提供了在不同的结果之间进行选择的机会。显然，非线性相互作用是系统自组织的内在根据，它具有极大的创造性。

从系统与其外部环境的关系来看，开放性是系统自组织的必要的边界条件。与系统内部的非线性相互作用相类似，系统的环境也是具有创造性的。因为环境不过是一个更大的或更高层次的系统（超系统）而已。环境的创造性主要地表现在它将会对开放系统提出某种挑战，而这种挑战对于开放系统而言乃是一个选择压力。当这个选择压力达到某一限度时，开放系统将以自我选择的方式进行必要的自组织，以便最为有效地抵抗环境的压力并与环境相适应。

　　由此可见，系统的内部非线性与边界开放性的结合，使自组织具备了全面的可能性。如果说，开放系统内部非线性所蕴藏着的新的有序稳定的实现是内在目的性的反映，而在选择压力下，这个系统对外部环境的适应是外在目的性的表现，那么，系统的自组织就是稳定性与适应性的统一，而系统自组织的目的性就是内在目的性与外在目的性的统一。

　　自组织系统目的的实现乃是一个从可能性发展到现实性的选择过程。它颇像拉兹洛所描绘的，"自然的系统"在进化过程中，实行一种非预定的计划，"这计划指示总的方向，剩下就让机遇来起作用，从实现这个计划的不同途径中作出选择。存在着一种没有奴隶性的目的性和并非无政府状态的自由"①。涨落作为一种偶然的、内在否定的因素，它为系统提供了进化选择的具体对象。当系统运动到某一临界点（分支点）附近时，涨落总是发挥着一种特殊的决定性作用。在这个随机突变过程中，内部非线性和外部选择压力的结合开发了涨落所具有的潜力。正是通过大量偶然的涨落，系统可以连续地探索其相空间，尝试各种可能性，寻找某一最适合于自身需要的目标。最后，只有相应于稳定程度最高的那个宏观涨落，即相应于吸引子所代表的那个有序稳定态的涨落，才能作为不稳定的"核心"而被系统选择，它通过"无性繁殖"（自同构放大）而进入宏观现实性。

　　综上所述，在自组织过程中，系统通过内部的交替因果性而定向运动到有序稳定态，便意味着自己目的的相对完全的实现，这显示了这种运动存在的必然性。然而，在开始时，这一必然性却以涨落这种具有建设性意义的偶然形式潜在地存在着，一旦具备了一定

---

① 拉兹洛：《用系统论的观点看世界》，第47页。

的内部非线性和外部选择压力的条件，某个涨落就被系统选择而进入现实性，达到自我否定与自我规定的统一，并进而达到内在目的与外在目的的统一。

三、自然目的性与社会目的性

物质系统的进化是以自组织方式实现的，而物质系统的自组织过程显示出一种非自觉的、非预定的目的性，即自然目的性。当自然物质进化到生命的高级形态 —— 人的时候，则出现自觉的、预定的目的性，即人的主观目的性和社会目的性。也就是说，客观世界中存在着两个不同层次的目的性，即自然目的性与社会目的性。这两个不同层次的目的性以及它们之间的相互联系和推移转化，形成人类世界进化的机制。

人的主观目的是建立在生产和生活实践基础之上针对特定需要而能够产生自主力量的自我意识。主观目的的形成有一个过程，它的基点是主体对客观事物的无序的知识集合，而后主体根据需要，吸取相关知识，使其以需要为中心有序地化为方案或蓝图，成为主体力求实现的东西。显然，主观目的性是以自然目的性为基础的，是受自然规律制约的，主观目的若违背客观规律，就不能实现。

人的主观目的性不仅要受自然规律的制约，而且要受社会规律的制约。因为人生活于社会之中，其目的性必定与社会联系着。人总想在客观世界中借助工具（或中介），扬弃或改造外部世界的某些方面，使外部世界符合主观目的的规定，达到目的的实现。这样，主观目的性通过工具（或中介）与客观性相结合，并且在客观性中与自身相结合，充分体现出主观目的性既是原因又是结果的交替因果性。在主观目的的实现过程中，工具既是连接客体和主体的中介，又是另一主体之主观目的的实现。于是另一主体的主观目的就服务于工具使用者的主观目的。 在这个意义上，工具使用者的主观目的就作为外在目的影响着另一主体的主观目的。 同样，作为工具使用者的实现的产品也是要服务于他人的。 所以，他人的主观目的也就成为工具使用者的外在目的。 因此，主观目的性在主体间的联系中显现为外在目的性。

然而，主体间互为外在的主观目的，起初只是有意识地自为的，而不是有意识地为他的，它们因人的社会群体性而互为客观，相互制约。 一主体之主观目的的实现物可为另一主体实现其主观目的的手段，但这不是自觉的。 不同主体所抱的主观目的，在许多场合都彼此冲突、互相矛盾，并且有许多目的往往不能如愿以偿，甚或得到同预期目的完全相反的结果，从而显示出主观目的的盲目性。

主观目的性在社会实践中暴露出的盲目性，使人们碰了钉子，受到惩罚，这才使人们逐渐认识到主观目的只有符合自然和社会运动的客观规律时才能得以实现。 这种不仅包含自然规律，而且包含社会规律于其中的主观目的就是社会目的。 由此，主体获得了新的特性 —— 社会目的性。

社会目的性扬弃了个体目的间的对立，使社会群体中的人的主观目的结合为一个和谐的整体，形成有自觉意识的自组织系统的目的性，你中有我，我中有你，相互映现，有序发展。

个人目的不全是社会目的，但社会目的必须以个人目的来体现。如果个人目的既反映了自然规律又反映了社会规律，那么就获得了社会目的的意义，可以成为人们活动的动力和指南。 因此，社会目的性是目的性发展的最高阶段 —— 辩证综合阶段，它是内在与外在、个体与群体、自然目的与社会目的的统一。 自然目的性是社会目的性的基础和潜在状态，社会目的性是自然目的性的完成和现实状态。 社会目的性是在人类的实践中随着人们对自然、社会规律的认识以及人们社会关系水平的提高而逐步发展和完善的。它能够促使文化信息的交流与汇合，促进文化的繁荣、技术的创新、生产的发展、社会结构的变化，从而推动自然—社会系统不断进化。

自组织理论的提出，不但深化和论证了进化理论，更重要的是：将目的性问题的研究置于自然科学实验的基础上，而不是单纯的哲学思辨与社会说明。这样就使实践唯物主义的最基本的范畴——能动性，得到了从自然到社会的普适性，有力地论证了实践唯物主义的合理性与现实性。

自组织理论严格而言是与实践唯物论等值的。这说明当代科学与哲学的融合趋势。

第六章　人和自然

　　人类是自然界长期发展的最高产物，人类的活动当然要顺应客观自然规律。但是人之所以为人，在于他通过劳动，有了发达的大脑，从而产生人类所独有的高级思维活动和精神意境。这样，人类就作为自然界的否定因素而与自然界相对立。

　　在自然界的基础上形成的人类世界，是自然界自身发展的必然产物，它是宇宙自然的花朵，与自然界相依为命，不可分割。

第一节　人类的产生

一、人类是自然界长期进化的产物

　　恩格斯说："从最初的动物中，主要由于进一步的分化而发展出动物的无数的纲、目、科、属、种，最后发展出神经系统获得最充分发展的那种形态，那脊椎动物的形态，而最后在这些脊椎动物中，又发展出这样一种脊椎动物，在其中自然界获得了自己的意识，——这就是人。"[1] 根据生物科学分类，人在动物界中属于脊椎动物门、哺乳纲、灵长目、猿猴亚目、人科、人属、人种。

---

[1] 恩格斯：《自然辩证法》，第17页。

按照生物科学提供的资料，可以从下述四个方面证实人类起源于动物。

第一，比较解剖学提供的资料说明，人类同高等哺乳动物在一般构造和体质上相似，具有哺乳动物的一般特征。达尔文指出："人类骨骼中的一切骨可以同猴的、蝙蝠的或海豹的对应骨相比拟。人类的肌肉、神经、血管以及内脏亦如此。……在一切器官中最为重要的人脑也遵循同一法则。"[①] 人类同类人猿在外形和内部构造上有更多的相似之处。组织结构的相似，同源器官的存在，说明人猿同祖。

第二，胚胎学提供的资料说明，人类胚胎发育过程同动物进化历史相吻合。高等动物的早期胚胎阶段与低等动物的胚胎阶段极其相似。胚胎中首先出现最普遍的门的特征，而后顺次出现纲、目、属、种的特征，最后才出现个体特征。人类胚胎发育的初期（卵裂、囊胚、原肠胚）同其他脊椎动物的胚胎极为相似，四到六周时，人体胚胎头部两侧显出类似鱼类的鳃弓和鳃沟，躯干后端有毛，五个月时全身出现胎毛，毛的排列方式很像黑猩猩。这表明，人类胚胎发育过程，是动物系统进化过程的缩影。

第三，比较生理学提供的血清实验资料说明，人与高等猿类有较接近的亲缘关系。生理学依据各种动物的血清蛋白在理化性质上的不同，可以利用"抗原—抗体"反应的强弱，测定各种动物血清蛋白的类似程度，从而推断它们之间的亲缘关系。分类学上愈接近的动物，在血清实验中所产生的沉淀也愈多。实验表明：人血与猿血接近，与猴远些，与其他哺乳动物相隔更远。此外，运用生物化学和分子生物学方法，比较各种类型生物细胞色素 C 的氨基酸，也

---

① 达尔文：《人类的由来及性选择》，第 6 页。

可反映出他们在进化上的亲疏程度。愈是接近于人的那些动物，其细胞色素 C 的氨基酸成分愈与人的成分相似。如猕猴和人的细胞色素 C 只有一个氨基酸的差别，而人类的近亲——黑猩猩则和人的细胞色素 C 完全相同。

第四，古生物学提供的从猿到人的化石材料，说明了人类从动物界中分化出来的历史过程。1924 年在南非唐恩地区首先发现了南方古猿的化石，其外部形态已显示出人类的某些典型特征。继后，在东非坦桑尼亚奥都威峡谷和肯尼亚等地发现了包括头骨、牙齿、下颌骨和身体骨骼在内的大批古猿化石材料，从构造上判断，它们已能直立行走。1972—1977 年在埃塞俄比亚发现了"南方古猿阿法种"，它的年代大约距今四百万年，其形态特征与现代猿之一——非洲黑猩猩有些相似。在印度、肯尼亚、希腊、土耳其、中国和巴基斯坦发现的腊玛古猿比南方古猿生存年代更早，约距今一千四百万年至八百万年。根据腊玛古猿的颌骨和牙齿的特征，大都把它看作是一种从猿到人的早期的过渡类型。一般认为人是一千四百万年前从猿的进化系统中分化出来的。而近年来分子生物学通过对各种现代猿和现代人的蛋白质相似性的研究认为，人和猿是在距今四五百万年时开始分化的，而不是从腊玛古猿开始的。人猿分野的研究有待继续深入。

科学证明：人类从动物的进化过程中分化出来，但又脱离动物界，作为自然界的意识精神的异化形态而独立存在。人类之所以能够变成自然界的异化形态，关键是"劳动"。

二、人类产生的根本机制

人是由古猿进化来的。那么，古猿是怎样进化为人的呢？人与动物的根本区别是什么呢？

劳动在人类主要特征形成的过程中起着决定作用。在新生代第三纪中新世末期或更晚一些，由于地壳运动和气候的变化，森林区域减少，某些种类的古猿被迫离开森林到地面上生活。在新的生活方式影响下，其前肢逐渐离开地面，后肢逐渐摆脱前肢的帮助，在平地上行走，久而久之，古猿便由半直立行走，完成了从猿转变到人的具有决定意义的一步。

直立行走能力的获得，使前肢功能扩展并进一步促进手足分化。双手自由和直立行走是同一过程的两个方面。在地上生活的古猿为了生存，需用手完成许多功能。如使用木棒和石块抵御猛兽，获取食物等。经过对环境的斗争与适应，古猿的基因发生了相应的变化，那些有利于生存发展的基因在自然选择作用下，得到保存和积累，古猿的前肢逐渐变得自由了，变成人类所特有的达到高度完善的劳动器官，于是猿便从使用"天然工具"这种动物的本能活动，逐步过渡到能够创造工具的人类劳动。

手的发展是和整个躯体的发展联系着的。按照达尔文揭示的生长相关律，有机体某一部分形态的改变会引起其他部分形态的改变。当古猿的前肢演化为劳动器官——手的时候，下肢也演化为支持全身和行走的器官。随着直立能力和劳动能力的加强，身体的其余部位，如咽喉、声带、耳朵、眼睛等，也随之得到相应发展。

在劳动中猿人和自然界进行着广泛的相互作用和信息交换，原始劳动所具有的群体性（否则不易战胜猛兽，获取食物），产生了相互交往的需要，产生了思想交流的必要性。发展了的思想需要载体，思想交流需要媒介。对此，手势语言已难于承担，猿人不得不以口助手甚或代替手来表征和传达思想，于是产生了语言。

劳动产生了语言，劳动与语言又一起推动了人脑的形成和发展。恩格斯说："首先是劳动，然后是语言和劳动一起——它们是两个最主要的推动力，在它们的影响下，猿脑就逐渐地过渡到人脑。"① 从猿脑到人脑的显著变化，表现为脑量的增加。

人脑通过同外部世界的物质联系，产生了人所特有的反映现实的高级心理形式——意识。意识作为人脑的机能和属性，在质上不同于动物的心理活动。动物只有对客观现实的具体刺激在脑中的痕迹产生反应的第一信号系统，在此基础上表现出来的心理活动只是具体感性的反映；而人的意识是为了对客观现实的抽象信号——词，即人类语言发生反应的第二信号系统为特征的。人依靠词这种信号，以概念的概括和抽象的方式实现着现实的间接反映，创造出人类所特有的抽象思维。由此可见，意识与语言不可分割地交织在一起，二者都是在社会劳动活动的基础上产生的。

综上所述，标志着人类主要特征的手、语言和意识都是在社会劳动的影响下形成和发展起来的。人在劳动过程中，既改变着外部自然，也改变着自身。劳动使人摆脱纯粹的动物状态。

三、人类区别于动物的根本标志

从古猿进化到人的根本机制是劳动，而劳动又是人类区别于动物的根本标志。马克思指出："劳动首先是人和自然之间的过程，是人以自身的活动来引起、调整和控制人和自然之间的物质变换的过程。"② 人类劳动具有自觉性、目的性、能动性和社会性，这同动物适应环境的本能活动有着根本的区别。

人类的劳动的自觉性与目的性，使其摆脱本能状态，从而产生意识现象，从此就有了主体和客体的对立，有了自觉推动自然界定

---

① 恩格斯：《自然辩证法》，第 299 页。
② 马克思：《资本论》第 1 卷，第 201—202 页。

向前进的力量。人通过劳动活动使主观见之于客观，使客观成为主观的实现。因此人类意识反映客观就扬弃了那种动物本能的、消极适应客观环境的被动性，从而具有了主观能动性。人类意识反映客观的能动性表现为认识和改造自然的主观目的性。

人的这种有意识、有目的的活动能力就是人类所特有的自觉的能动性，是人之所以区别于动物的特点。"人离开动物愈远，他们对自然界的作用就愈多地具有经过事先考虑的、有计划的、向着一定的和事先知道的目标前进的行为的特征。"① 随着劳动实践的发展，人类自觉的能动性不断提高，支配自然的深度和广度也不断增加。劳动本身一代一代地变得更加完善和更加多方面，人类在各种物质生产活动基础上，又发展出艺术、科学以及其他社会意识形态。

人的劳动区别于动物本能活动的另一特点是社会性。在人类起源的过程中，群体关系上的社会性是实现劳动创造人本身的重要前提和保证。恩格斯曾经指出："一种没有武器的象正在形成中的人这样的动物，……为了在发展过程中脱离动物状态，实现自然界中的最伟大的进步，还需要一种因素：以群的联合力量和集体行动来弥补个体自卫能力的不足。"② 马克思讲过："越往前追溯历史，个人，也就是进行生产的个人，就显得越不独立，越从属于一个更大的整体；……人是最名副其实的社会动物，不仅是一种合群的动物，而且是只有在社会中才能独立的动物。孤立的个人在社会之外进行生产——这是罕见的事，……就象许多个人不在一起生活和彼此交谈而竟有语言发展一样，是不可思议的。"③ 社会是随着人类的形成而同时形成的，在从猿到人的演化过程中，人在形成中，人类社会也在

① 恩格斯：《自然辩证法》，第303页。
② 《马克思恩格斯选集》第4卷，第29页。
③ 《马克思恩格斯选集》第2卷，第87页。

形成中。人一开始就是在一定的社会关系中从事生产活动的。

第二节 人类世界

人类有目的的活动及其在自然界打上的印记构成人类世界。人类世界的主体是人，客体是自然界。

一、自然界是人类世界的客观基础

到现在为止，地球是我们所知道的唯一适合人类生存的场所，离开这个场所人就无法生存。现代自然科学告诉我们，月球上没有空气和水，只有一片荒沙和砾石，是一个从来没有过生命的死寂星球。火星表面气压太低，而且主要是二氧化碳，几乎没有氧气，温度时常在零下 130℃，根本没有任何生命。金星表面大气稠密，大气压比地球上大一百倍，几乎全部是二氧化碳，昼夜温度都在 500℃左右，任何生命都会化为灰烬。水星和月亮一样荒凉和死寂，没有空气，昼夜温度相差悬殊，夜间气温零下 160℃，白天则高达 330℃。这就是说，到目前为止，我们尚未在太阳系中发现在地球之外有适合于生命生存的场所和条件。至于将来是否能从其他星系中发现有适合生物生存的星球，尚难预测。所以，地球为人类的存在提供了良好的自然条件。

由地球的大气圈、水圈、岩石土壤圈组成的自然环境，为人类不断提供生活资料和生产建设资源。其中包括：生态资源，如太阳辐射、气温、水分等；生物资源，如森林、草原、鸟兽鱼虫、菌藻苔藓等动植物；矿物资源，包括煤、铁、石油等各种矿藏。人必须始终依赖自然界提供各种资源和生存环境。从生命的产生和生物发展来看，首先是在地球圈层形成过程中，出现了大气圈、水圈和岩石圈，它给生命的产生和生物的发展创造了条件。由此才在地球上出现生命。以后又不断分化，形成了繁荣的生物圈。所谓生物圈，是指地球上生物分布的地带及这些生物赖以生存的环境。人类和其他生物都离不开大气圈、水圈、岩石土壤圈这类非生命的环境。生物圈就是由这些相互联系、相互作用的组分构成的一个统一体。

生物圈内的生物系统与非生物环境之间，在太阳的作用下进行有规律的能量转换和物质循环，为所有生物提供生息繁衍所需要的各种自然资源。这种生物系统与非生物环境相互联系、相互作用所构成的生态体系就叫生态系统。作为生物的人被包括在生物圈里，同其他生物一样，依赖自然界提供各种自然资源在生态系统内维持自己的生存。所以，人类的存在和发展是有其客观自然基础的。

二、人类有目的的活动及其产物构成人类世界

生物的人是自然的一部分。社会的人则是有目的有意识的人，他力图通过生产劳动实践及心智活动，改造自然界为自己服务。在人的主观能动性、行为目的性得到正确发挥下，自然界在特定条件下，便为人类所控制。人类在控制与改造自然的过程中，不断增强自己的才干，制造工具，发展技术。人类改造自然的能力愈来愈大，利用自然材料创造的人工物就愈多，人类在自然界打下的印记就愈深。在现代科学技术革命的条件下，一方面是科学在不停顿地向微观世界和宇观世界深入，愈来愈深刻地揭示出自然界的本质，这使人的认识达到了人类日常经验以外的世界，为人类开辟新的技术领域奠定了基础；另一方面是现代技术以空前的速度研制、创造自然界从来没有的物质产品，为人类控制改造自然、发展生产提供了崭新的物质手段。其中自动控制机器的出现，不仅体力劳动，而且脑力劳动也可以用机器来代替。这种机器的产生不仅把人从许许多

多的生产过程中解放了出来，而且大大加强了对自然过程的影响和控制。

20 世纪以来，科学技术的进步一日千里，不但深入揭开了自然的奥秘，也大大加强了征服自然的能力。整个自然界日益成为以人类为中心的人类世界。

人类产生和发展的历史表明，人比动物高明的地方主要是因为人在对自然的关系中，逐渐由被动到主动，由盲目到自觉。人通过认识自然现象来改造自然。人的认识能力愈高，主动性和自觉性就愈大，人与动物的差距也就愈大。

人的肢体和精神的进化都属于人的素质的变化。思考方式的演变和文化认识水准的提高，是人的精神进化的两个重要的内容。这些变化受生产实践和科学技术制约，并且以科学技术的水平为基础。不同的科学技术状态导致不同的思考方式。与个体农牧业和手工业劳动的水平相适应，有以狭隘的经验为中心的思考方式。在工业革命的条件下，有以功利主义为中心的思考方式。与高度机械化生产相适应，分析思维方式居于主导地位。在普遍应用信息技术的条件下，空间距离缩短，时间效果增加，速度加快，与此对应，辩证思维得到重视。

人类有史以来，由于人自身实践活动的结果，已使自然界经历了巨大的变化。一部科学技术发展史就是人类认识和运用自然规律，改造自然、创造人类文明的历史。人类不仅通过自身的实践活动重新描绘地球的面貌，而且通过自己的劳动，应用自然界的原材料，创造了许多原来自然界不存在的东西。所以，自然界的发展不能简单地理解为纯客观的无目的的过程，而应看作是人类能动作用的结果。

三、人的能动性与受动性的统一

人与自然的关系，简单说来有两个方面：一方面，作为社会的人，不仅以自己的生存而使自然界发生变化，而且还通过有目的有意识的活动来认识自然、变革自然、利用自然，这就是人的能动性；另一方面，作为生物的人，其生命、意识和活动起因于自然界，人在改造自然的过程中，又始终受自然界的制约和影响，这就是人的受动性。实践作为人与自然关系的纽结，是人的能动性与受动性的辩证统一。马克思指出："劳动首先是人和自然之间的过程，是人以自身的活动来引起、调整和控制人和自然之间的物质变换的过程。"[①] 只有通过生产劳动，才使自然物和能量转化为人所需要的物质生活资料，才改变着自然，并改造人类自身。

在人类历史上，不同时期人的实践水平不同，人的能动性与受动性的统一程度表现不同。在古代社会，特别是远古时代，人类靠采集果实，捕获其他动物为食，他们赤身裸体，穴居野处，栖身树上，他们害怕水火雷电、巨兽猛禽。总之，他们对自然心怀敬畏，认为自身的祸福完全系之于自然。在这个阶段，"自然界起初是作为一种完全异己的、有无限威力的和不可制服的力量与人们对立的，人们同它的关系完全象动物同它的关系一样，人们就象牲畜一样服从它的权力"[②]。在这个时候，人完全为自然界所支配。当人类经过一个漫长的时期以后，对自然的认识逐渐增多，开始制造出自然界原来没有的劳动工具，生产出一些自然界原来没有的产品。但是，在这个时候，人类从自然界获得的绝大部分生活资料仍然主要是自然界的直接产物，人类对自然界的干预和影响是很小的。这时人对

---

① 马克思：《资本论》第1卷，第201—202页。
② 《马克思恩格斯选集》第1卷，第35页。

自然的关系，实质上是直接消费，受动性占着主要地位。随着畜牧业和农业的发展，人与自然的关系发生了明显的改变，人们能够利用动植物自然再生产过程进行生产，开始了农业革命，不过这时的初始产品仍然保持着直接的自然属性，人们活动的范围仍限制在比较固定的空间和时间里。在空间上，人们的活动主要局限于相互联系很少的几个耕作基地，这种活动受到地理气候条件的严重影响。在时间上，活动的节律首先是由自然界的节律给定的，整个活动的周期要适应自然界的周期。到比较发达的古代文化产生之后，人创造的自然产品增加了，人对自然的干预和影响扩大了，而人与自然关系的图式发生了更多的改变，这时开始触动或改变原来物质活动的基本结构，即从自然界直接获取与加工自然物在数量上发生了很大变化。到了近代，随着自然科学的兴起，生产技术的进步，特别是机器大工业生产的发展和科学实验的加强，人对自然规律的认识达到前所未有的深度，人对自然过程的影响大大增加，人的能动性得到空前的发挥，人与自然相互作用的性质和规模发生了根本性的变化，人们开始以崭新的方式从事生产实践活动，人在很大程度上从简单地消费自然物质转变为越来越多地加工和改造这些自然物质转变，给自然界打上了人的意志的深刻印记。从此，过去那种简单的生产消费关系，现在为控制、改造的自然关系所取代，人类日益能动地驾驭和改造自然界，并在其中创造出自己需要的产品和生存的环境。

人类在这种能动的创造性活动中，又产生一些自己预想不到的结果，出现了许多新的矛盾，甚至遭到自然界的严厉惩罚。所以，人在改造自然的实践活动中，不能以纯粹自我规定的活动来实现自己的主观愿望，不能滥加发挥自己的能动性。须知首先顺应自然，而后才能改造自然。

第三节　人与自然的分合关系

人类的生存与繁衍必须依赖自然，向自然索取。但是，这种索取并不是随心所欲的，如触犯客观规律，一意孤行，破坏自然界的生态平衡，则将带来灾难性的后果。当大肆放牧，尽毁草莽丛林之后，水土流失，便将引起吞噬田园村庄的山洪暴发。因此，如何善处人与自然之间的分合关系，是一个值得认真探讨的问题。

一、顺应自然与变革自然的矛盾

人必须首先顺应自然，而后才能变革自然，否则要受到自然的惩罚。顺应自然就是服从自然规律，变革自然就是利用自然规律去改善人类的生存环境。然而认识自然规律是受制于生产实践水平和科学技术水平的，认识一条自然规律，有时要经历几代人甚至几十代人的努力。所以，人类顺应自然与变革自然的活动经常处于矛盾之中。人类创造自己历史的过程，就是不断解决这一矛盾的过程。

从原始社会到现在，人类的各种实践活动对自然环境产生了日益深远的影响，极大地改变了自然的本来面貌。可是由于受生产水平和认识能力的限制，人类起初对自然界的许多事物的规律性是不了解的，因而在从事改造自然的活动中存在盲目性，往往事与愿违，产生人类与自然界不协调的情况。

人类索取资源的粗放性、掠夺性以及改造自然的盲目性，造成自然资源开发过度，水土失调，生态平衡破坏，种群结构恶化。人们为了满足生产和生活的需要，不惜自毁家园，对自然资源进行"竭泽而渔"式的掠夺性开发，导致自然资源枯竭。这种掠夺性开发，突出表现为对森林资源和土地资源的毁坏。滥伐森林的结果是水土流失，气候失调，使农业生产丧失可靠保证。滥垦滥牧则造成土壤沙化，草原退化，给农牧业生产带来严重损失。据说中美洲的马雅文明之所以毁灭，是由于马雅人破坏了周围环境的生态平衡。

在当代，人口增长过快，与食物、环境之间的比例出现日益失调的状况，形成了强大的资源环境压力，威胁着人类自身的生存。目前，世界人口正以年增长率 2% 的速度剧增，预计到 20 世纪末，世界人口将达到 70 亿左右。人口剧增，必然加速对自然资源的开发，于是自然资源的恶化日益严重。土壤侵蚀、板结、盐碱化、水涝灾害频繁、有机物质丧失，所有这些土壤变劣现象已在全球各地出现，其恶果已在发展中国家和工业化国家中为人们所觉察。

对自然资源的掠夺性开发的后果还表现为生物种群的急剧减少。由于人们对植物滥砍，对动物滥捕，地球上许多种类的动植物正面临完全消失的危险。据有关资料统计，目前世界上一千多种哺乳动物、鸟类、鱼类、爬行类、两栖类动物濒于灭绝，约二万五千种有花植物也存在绝种的危险。根据生物链关系，某一物种的绝灭，就会导致另一物种的灭绝。随着对基础生物系统的需求超过其能维持的合理产业，生产性资源也在自我消失。由此引起的连锁反应，将给人类生活带来不可弥补的损失。

人类活动的受动性与能动性的矛盾，带来的人与自然关系紧张加剧的另一表现是自然环境的恶化。随着人口暴涨，盲目发展工业以及粗放经营带来的结果是大量未经处理的有害物质被排放出来进入自然界，造成包括大气、水体、土壤在内的环境污染。比如，每燃烧一千万吨原煤，就要产生三万吨二氧化碳、三十万吨烟尘和二百万吨煤灰。大气的污染源主要是工业废气和民用燃料废气，如一氧化碳、二氧化碳、二氧化氮、硫化氢及各种粉尘等。据估计，全世界每年散发到大气中的有毒气体量达六亿吨以上。被称为"天空中的死神"的酸雨，就是大气中的二氧化硫和氧化氮与水作用所形成的。这类环境污染危害人类生存的严重性与日俱增。

问题的严重性还不止如此。近年来由于大气层二氧化碳含量的日益增加而引起的温室效应，使全球气候逐渐发生异常的变化，其后果并不是人们一时能认识得非常清楚的。随着核能利用的开发，尤其是核武器的大量制造，构成了对人类全球性的潜在威胁。有材料预测，核战争一旦发生，不但造成空前的杀伤和破坏，还有可能形成核冬天，造成全球性的温度下降，给人类带来毁灭性的打击。

上述种种情况说明，目前人与自然的对立已达到非常尖锐的程度。因此，协调人与自然的关系，是人类社会面临着的一个非常重要而紧迫的问题。

二、人与自然是有机的整体

在处理人与自然的关系时，存在着两种貌似不同而实质相同的态度：一种态度是把大自然看作是一位永远富有而又仁慈善良的母亲，认为她有无限博大的胸怀拥抱芸芸众生，她有无尽的宝藏供人们尽情享用；另一种态度是直接把自己放到大自然的对立面上，与自然为敌，处处以征服者的姿态去对待自然。这两种态度皆以攫取自然资源、追求近期利益为目的，而它们所造成的后果也是相同的。

无数惨痛的教训使人们逐渐地认识到，大自然是一个互相联系，互相制约的有机统一体，人不过是这个统一体的一个组成部分。大自然需要保持一种内在的动态平衡，谁破坏了这一平衡，无异于破坏了一切生物赖以生存的基础，必然受到人自然的报复。人与自然的关系不应该是统治与被统治、主宰者与被主宰者的关系，而应该是协调相处、共同发展、相互依存的关系。因此，东方哲学中"天人合一"的思想越来越受到世人重视。"天人合一"的基本精神，是追求人与自然之间的一种和谐统一。对待自然的态度，一方面讲究人在自然界中的主体地位，另一方面讲究人与自然的和谐统一。

与"天人合一"思想相反的西方某些哲学观点，更多地注重"天人对立"。在商品经济的影响下，人们更多地从价值观点看待大自然，把自然看作攫取的对象。由于生产力的发展，人类控制了许多自然力，取得了征服自然的许多成果，这时在人们头脑中逐渐形成一种观念："人是自然界的主宰者"。这种推崇自然探索又偏重于实用功利性的观点，在一定历史时期起了推动生产力发展的作用；但是，如果走向极端，便产生消极作用，逐渐把人从自然界中异化出去，形成了人与自然的尖锐对立，从而给人类自身的生存和发展设置了障碍。

中国古代人虽然赞赏"天人合一"的理想，但是在日常生活中，对待自然依然采取一种实用主义的态度，目光短浅，急功近利，不顾后果。

历史和现实中的无数事实告诉我们，自然界是一个有机的整体，有着不以人的主观意志为转移的客观规律，谁违背了这个规律，谁就将为此付出代价。要实现人类自身的发展，必须正确认识和处理好人与自然的关系，人不过是自然界中的一部分，人只能在与自然的协调相处中求得自身的发展。

三、协调人与自然关系的可能性

人类已经面临着许多由于人与自然对立所造成的全球性问题，这些问题威胁着人类自身的生存和发展。那么，人类能否解决这些问题，解除自然对人类生存的威胁呢？能否恢复已经破坏了的人与自然的关系，保持人与自然之间的协调发展呢？

首先，人类必须确立对自然界认识的整体观念。这是调节人与自然关系的思想基础。当代辩证自然观愈来愈为人们所重视。辩证自然观认为，自然界各种物质系统之间都存在着有机的联系，构成统一的有机整体；自然界是不断发展的，人类总是在自然界的进化过程中前进；因此，应从自然整体出发去调节人与自然的关系，做到和谐协调地发展。

其次，人类依靠科学技术革命这一伟大的杠杆，有可能协调人与自然的关系。人类环境的恶化，一方面是由于人们"竭泽而渔"式的掠夺性开发造成的；另一方面是由于科学技术水平不高，工农业生产工艺过程不完善造成的。随着科学技术的进步，特别是新技术革命的进行，日益从技术上提供了完善生产工艺过程、消除环境污染、保持生物圈动态平衡的可能性；而且科技进步还为满足人类对自然资源日益增长的需要提供新的可能性。这种需要包括居住空间、食物、原料、能源。现代自然科学所深刻揭示的自然规律，是人类认识生物圈动态平衡机制的基础，而现代技术又为调节生物圈动态平衡提供了必要的手段。人们应依靠科技进步，建立起新的技术基础，使工业生产过程与自然过程相适应，把工业生产和自然资源的消耗纳入生物圈内发生的物质能量交换循环之中，综合利用自然资源，消除环境污染，并控制人类自身的繁衍，保持生物种群的恰当比例，那么，人与自然的关系就可以和谐协调。

再次，人类在社会关系方面有可能在全球范围彻底摆脱剥削和压迫，建立起能够有计划地生产和分配的自觉的社会组织，从整体上以至从全球的角度，实现对自然的合理开发，从而达到"天人合一"的理想境界。从目前人类的智力水平与科学技术水平看，人类完全有能力控制自然界的变化。只是由于人类社会内部问题没有解决好，人类在社会关系上还存在问题，人与人之间的关系在相当程度上停留在生存斗争关系上，才使得社会生产陷入无计划和失控状态，造成人与自然的对立。

由于社会制度和意识形态的不同，由于资本集团的垄断与竞争，由于国家间、民族间利益的分歧，人类社会被分割成各式各样的集团，彼此虽有联合、有协作，但也有争夺，甚至有战争，其中潜伏着核战争的可能性。核武器的威胁，二氧化碳增加引起的温室效应，生物圈平衡的破坏等，这些全球性问题的出现，有充分的理由要求各个国家、各个民族的领导人理智地处理国家间、民族间的矛盾，有充分的理由要求各个国家、各个阶层的人们树立全球利益的观点或全人类利益的观点，并要正确处理全人类利益与其他利益的关系。当其他利益与全人类利益发生矛盾时，应该顾大局，识大体，服从全人类利益。

迄今为止，人与自然的进化发展，是在人自身的分裂中进行的，人在经济地位、政治地位及社会地位上的分裂与鸿沟，限制或阻碍科学技术充分有效地发挥作用，从而影响人的能力的发展，影响人与自然的和谐相处。所以，消除人类自身的分裂状态，使人在社会关系中得到提升，就可能为人的生存与发展创造一个新的良好的环境，人和自然就可能得到协调发展。

第二篇

科学思维论

自然界在客观发展进程中，即在自然界及其延伸，人类社会发展的客观基础上，产生了否定其自身的因素即人类精神。而人类精神的最高形态是科学思维，它是自然和社会的客观反映，它本身的发展经历了一个否定之否定的辩证过程。表现为三个密不可分的环节，即感性直观—知性分析—理性综合。感性直观是认识的起点，知性分析是认识的中介，理性综合是认识的升华。在当代科学技术综合理论指导下，理性综合表现为系统思维，闪烁着辩证法的光辉。

第七章　感性直观

感性直观是认识过程的起点，科学研究的基础。在这一思维形式中，人们通过观察，直接统摄客观自然现象；实验是观察的继续与深化；而直观的抉择在科学研究中也起着一定作用。

第一节　观察

一、观察的实质

观察是人们通过自身的感官去认识自然现象的感知过程。但科学观察不同于人们日常生活的一般感知。一般人观察天空风云变幻只是一般感知，而气象工作者则从风云变幻中预测到气象的变化。科学观察是人们有目的、有计划地认识自然现象在客观的自然发生条件下的认识过程，是科学研究过程中借以获得经验知识的重要手段。

在人类认识史上，观察是最早出现的一种获取感性经验的方法，古代人认识自然就是从观察入手的，在古代科学不发达时期，观察方法就已得到广泛使用。亚里士多德在关于科学研究程序的理论中，就已注意到观察方法的意义和地位，认为科学研究必须从观察上升到一般原理，然后再返回到观察；近代科学研究中不少科学家曾凭借观察，获取了丰富的第一手资料，做出了重要的科学建树，为后人留下宝贵的科学遗产；20世纪以来的自然科学虽然获得高度发展，但实际上，观察方法至今仍在天文学、气象学、地质学、地理学、矿物学、医学和农学等研究领域中发挥重大的积极作用，仍然是经验认识的重要手段。正如爱因斯坦所说："只有考虑到理论思维同感觉经验材料的全部总和关系，才能达到理论思维的真理性"[1]，"全部科学都是以经验为基础的"[2]。任何科学理论都植根于经验材料的海洋中，才可能对浩繁的感性材料进行筛选、提炼，经知性分析提出科学理论。认识始于经验，科学始于观察，这是认识的唯物论路线。

但在科学技术飞速发展的今天，观察的手段和技术已发生巨大变化，从简单的自然观察到复杂的仪器观察，从地面观察到卫星观察，从人工直接观察处理到电子计算机快速处理等，都是观察方法的发展。但更重要的是，观察也包含着理性的活动，理论渗透在观察中，尤其是现代科学研究，任何观察都是在一定的理论指导下进行的。例如以射电望远镜对大尺度天体的观察，必须具备天体物理学、天体演化学、无线电电子学等理论知识；判断照片底片上基本粒子质量电量和运动状态的物理参数，就必须掌握量子场论、微观碰撞理论和原子物理学等理论知识。

观察具有不同的类型。根据观察方式的不同，可分为直接观察和间接观察。直接观察就是主体利用自身的感官对客观对象直接感知，即：

$$A \rightleftharpoons M$$

这种直接观察是人们最早使用的，也是最简便易行的方法，它避免

---

[1]　《爱因斯坦文集》第1卷，第10页。
[2]　《爱因斯坦文集》第1卷，第523页。

了由于观察仪器的偏差而出现认识上的偏差。但直接观察受主体感官生理阈值的局限。人们的感官都有一定的阈值，超过这个限度，观察对象所具有的某些属性就成为感官不能直接观察到的东西。例如人的耳朵只能听到 20—20000 赫兹频率范围内具有一定音响强度的声波，而不能听到超声波；人的眼睛只能接受 390—750 毫微米狭窄波长范围内的电磁波，而不能直接观察到这一范围之外的红外线、紫外线、X 射线、γ 射线以及射电波等现象。因此，对于那些感官不能直接感知的领域，诸如看不见的光、听不到的声等，在观察者和观察对象之间，只有引进一个中介物或媒介物——科学仪器，使观察活动中原来的观察者和观察对象之间的两项关系，即直接观察，变成观察者、观察仪器和观察对象之间的三项关系，即间接观察。即：

在科学认识中，观察者处于认识主体的地位，观察对象处于认识客体的地位，而观察仪器是认识主体获得认识客体的工具。这样，人们不仅扩大了观察范围，达到一定的广度、深度、精度、速度，而且克服了感官的生理局限，弥补了感官能力之外的领域，从而为发现更多的未知现象及其规律提供了新的手段，从而为科学宝库增添了新的知识。

在科学研究中，人们要获得对象的各种不同的信息，特别要获得各种自然现象中有关质方面的信息和有关量方面的信息，这就使观察活动出现了质的观察与量的观察这两种形式。

质的观察是考察自然现象的性质、特征及对该事物与他事物之间的关系的一种观察，或称之为定性观察。它在动物分类学、植物分类学、矿物学、地理学、古生物学、农学、医学等学科领域有重要作用，具有科学分类的功能。

就人类认识和科学研究的程序来说，首先是认识事物的质，然后认识事物的量，只有首先对研究对象有一个概貌的了解，然后才能进一步深入研究其他方面。所以质的观察是任何一门学科从事科学研究所必须采用的基本方法。

量的观察是考察自然现象的数量特征，是在质的基础上的定量描述，把握自然现象量的规定性的一种观察方法，亦称为观测或测量。人们只有从定性观察进到定量观察，才能精确地认识研究对象，例如在天文学中，运用观测和测量的方法，测量天体形态的位置、分布、轨道、周期、物理变化等各种数量关系以及化学成分的百分比；在生物学中，通过对植物生长的测量，对光线、温度、土质、肥料、水分、湿度等因素进行定量分析；其他诸如使用温度计进行热学测量，使用天平进行化学测量、使用钟表进行时间测量等，可使人们的观察更加客观化、精细化、准确化。

二、观察的原则

观察的目的是为获取对象的经验认识，但如何"消除感性的特质"，提高观察效率，必须遵循一些基本原则。

第一，客观性原则。这一原则要求人们在观察中如实地按客观事物本来面貌去认识事物，不添加任何主观因素，实事求是地获取客观材料。马克思说："不带偏见的考察是不会受迷惑的。"[1] 列宁在《哲学笔记》中把"观察的客观性"列为"辩证法要素"16 条中的第 1 条，强调了坚持观察客观性的重要性。

---

[1] 《马克思恩格斯选集》第 2 卷，第 251 页。

但观察总是观察主体在一定的知识背景或理论框架下进行的，受到观察者的经历、知识水平、心理特征、观察方法等的影响。观察的目的是要认识客体未受干扰的自然状态，而手段往往又为观察达到目的必须施加一定的干扰。

通过科学仪器的观察，固然克服了人们感官阈值的局限，因仪器所达到的几何化，使人们获得共同的客观信息；但仪器的制造是按某种假说设计的。在观测中通过仪器获得的结果，总是要受制于仪器中所蕴含的假说；而且仪器总是从某一方面、某一角度，分割了"自在之物"的整体面目，给人们以个别方面的信息。要做到观察的客观性，除观察者不带先入之见，不以个人偏见为前提外，在客观上要达到观察的可靠性，还应通过重复的观察，在不同的地点、时间，使用同样的仪器，对同一对象进行反复多次的观测，才能获得客观认识。

客观性原则还要求在观察中渗透理论。感性直观的观察必须上升到知性分析，进而发展为理性综合，否则是片面的、表面的认识，正如黑格尔所说："熟知非真知。"观察最多使我们熟知，不能使我们真知，观察中只有根据一定的理论，对获得的信息进行分析比较、判断推理、演绎综合，才能达到观察的客观性。所以，与其说观察是感性活动，毋宁说是理性活动。

第三，系统性原则。科学观察力求系统连续、完整，不能随意间断，支离破碎。列宁说："要真正地认识事物，就必须把握、研究它的一切方面、一切联系和中介"[1]，只有坚持观的系统性，才能更好地揭示研究对象运动变化的进程、状态、速度，从而揭示出对象的规律性，防止观察中的片面性、表面性。我国卓越的气候学家、

---

[1] 《列宁选集》第 4 卷，第 453 页。

地理学家竺可桢，在研究气候变迁、物候学等方面取得重大的科学成果，是和他数十年如一日地坚持长期的、系统的科学观察分不开的；哥白尼三十多年坚持观察天体现象；达尔文二十七年坚持考察生物现象；地质学家李四光考察地质二三十年，等等。科学史上著名科学家取得的重大成果，大多是长期坚持系统观察的结果。

第三，辩证性原则。为防止在观察中的僵化和教条，还必须贯彻辩证性的原则，处理好下述关系：

全面性与典型性。为了认识事物本质，力求全面地把握事物的各个方面、多种因素、各种规定，在观察时要求全面系统地考察事物，避免只抓一些实例或枝节而为表面现象所迷惑。但要做到毫无遗漏是有困难的，只能通过典型事例，以解剖麻雀的方式，在全面中寻找典型事例，透过典型认识全局，处理好全面性和典型性的关系，达到认识事物的本质和规律。

条件性与随机性。不同条件下的观察所获得的结果也往往不同。例如，当我们在赤道附近观察北极星，发现它离地球很近；而当我们从赤道走向北极，则会发现北极星离地球的距离越来越高。所以，不同的时间、地点、条件下，观察到的现象是有差别的。但在掌握观察中的条件性时，还要注意可能出现的随机性，即"逸出常规"的特殊现象，如伽伐尼发现的生物电，弗莱明发现的青霉素等。如能及时捕捉到偶然出现的特殊现象，就会带来意想不到的成果。

受动性与主动性。接受客观对象在自身变化过程中所发出的信息，即强调在自然发生条件下的考察，这是观察的受动性。但观察不是消极的"静观"，而是有目的、有计划、有选择的认识活动，是积极的探索，因而观察又具有主动性。观察时选择什么对象，选择什么角度，采用什么手段，运用什么仪器，达到什么目的，都显示了科学观察的主动性。

当我们肯定观察方法的重要作用时，也必须看到孤立地运用观察方法所导致的局限性。正如恩格斯所说："单凭观察所得到的经验，是决不能充分证明必然性的。"[1] 观察主要是认识事物的现象，把握事物的外部联系，获得感性经验材料。而外部现象往往又是真假混杂、以假乱真，或转瞬即逝、难以捉摸、不易重复，因而单凭观察是难以分辨清楚的。借助仪器的观察虽然突破了感官的局限，拓宽了人们的视野，提高了人们的认识能力，但是仪器的制造受到一定的生产水平、科学水平条件的制约，仪器获得的结果，也要受制于研制仪器所依据的假说与认识水平。所以一定历史时期的科学仪器，只能反映一定的历史水平，只能达到一定的广度、深度与范围，特别在微观领域显得更加复杂。因此，观察是科学思维的概念，不是生理范畴，感性直观的观察只是认识的起点，它必须上升到知性分析，再进入到理性综合，否则无法克服其表面的、片面的局限性。

三、观察与问题

科学思维的过程，就是不断地提出问题、分析问题和解决问题的过程。一般地说，问题就是矛盾。但是有些矛盾可以是问题，而有些矛盾并不都是问题。自然界中充满着矛盾，并不都是问题。只有当矛盾在科学探索中问难、怀疑，具有值得挖掘的迹象，或称为关键时，才具有问题的含义。因此，问题是认识主体在一定的科学知识基础上，为解决某种矛盾而提出来的疑问或困难。在一般情况下，问题有两种基本形式：

一种是在常规研究中的问题，问题潜藏在科研的目的之中，是

---

[1]　恩格斯:《自然辩证法》，第207页。

在原有的理论范围内进行探索的问题。哥白尼对天体运行规律的研究，开始是对托勒密地心体系的怀疑。他认为宇宙的规律应该是简明的、和谐的，而托勒密的体系太复杂了。他从地球运动这个假定出发，经过长期反复的观测与计算，终于发现"一切星体轨道和天球之大小与顺序以及天穹本身……全部有机地联系在一起了，以至不能变动任何一部分而不在众星和宇宙中引起混乱"[①]。哥白尼带着问题长期探索，终于提出了"太阳中心说"。

解决常规研究中的问题，解决其中的难点、疑点，是一门科学深刻化的标志。因此，不断地提出诱人的难题，又不断地提出令人深省的新问题，是一门科学发展潜能之所在，充分显示科学的生命力。爱因斯坦说："提出一个问题，往往比解决一个问题更重要，因为解决一个问题也许仅是一个数学的或试验上的技能而已。而提出新的问题，新的可能性，从新的角度去看待旧的问题，却需要有创造性的想象力，而且标志着科学的真正进步。"[②]众多的科学家正是终生对科学中的问题进行分析、解决后，又提出新的问题，从而有所建树，推进科学的发展。

另一种科学问题是反常问题，是在原有理论基础上出现的疑难，或在矛盾、冲突中提出的问题，从而引起人们的极大好奇；或在理论的逻辑悖论中，激发人们去探索。如"光速悖论"，促使爱因斯坦创立狭义相对论；"引力悖论"，导致广义相对论的提出；"光度悖论"，促成现代宇宙学的产生；"罗素悖论"，推进了数学与逻辑学的发展，等等。人们对悖论的探求，孕育着新学科的诞生，但是，要捕捉科学中的问题，必须具备相应的科学知识和超常的敏锐思维，

---

① 哥白尼：《天体运行论》。
② 爱因斯坦、莫费尔德：《物理学的进化》。

勇于探索，大胆创新。如果说牛顿观察苹果落地而领悟出万有引力定律的话，那么，毫无物理学素养的人，即使天天看到苹果落地，也不会提出什么万有引力来；哥白尼如果不敢于怀疑被天主教奉为圭臬的"地心说"，也不会有日心说的创立；达尔文如果不敢怀疑神创论和物种不变论，就不可能创立科学的进化论。勇于探索科研中的问题，还要善于分辨哪些问题是有价值的，善于分清科学问题和非科学问题、常规问题和反常规问题、真实问题和虚假问题、关键性问题和非关键性问题等。黑格尔说：自然界在我们面前是一个谜的问题。不断探索和解开自然之谜，是人类认识进步，科学发展的象征。

问题从何而来呢？是科学认识中的问题，还是科学始于问题？近年来英国科学哲学家波普尔提出"科学始于问题"的"P1—TT—EE—P2"科学发展模式，其中，P 指问题，TT 指试探性理论，EE 指批判性检验。科学从问题 P1 开始，以新的问题 P2 结束，即问题是起点，问题也是终点，又是全过程的起点。他认为观察必须是带着问题的观察，否则观察是盲目的、毫无意义的。波普尔的见解虽然是有针对性的，也是很有意义的，作为某一过程的科研方法也是可行的，而且具有理性认识的高度。但是问题从何而来？波普尔并未提出令人信服的见解。

从认识的发生学角度以及从科学认识的总秩序来说，问题来自观察与实验，科学始于观察，认识始于经验。感性直观是认识之源，提供了第一手资料，认识在此基础上才进一步提高与升华，否则认识便成了无源之水，无本之木。实践是认识之源，这是认识的唯物论路线。理性认识之所以靠得住，正是来源于感性。当我们认识到原子可分时，正是通过对放射线的实验与观察；当我们猜到原子内部的结构时，正是根据 α 散射实验、光谱的观察实验等。观察实验为我们提供了大量的物质信息。正如列宁所说：我们表象的对象和我们表象的区别，正如自在之物和为我之物的区别，因为后者是前者一个部分或一个方面。问题来自观察与实验，但一经提出问题，它可以作为一个科研过程的开始，这是具体运用方法的技巧，但它不违背认识长河始于观察实验的实践。

第二节　实验

一、实验的特点

实验与观察同属感性直观认识，所不同的是，观察是在自然发生条件下获得感性经验的认识；实验则是在人为控制的条件下，运用必要的实验手段，作用于客体的一种实践活动。

近代资本主义生产方式的兴起为科学实验的出现和发展创造了一定条件。从此，人们摆脱古代表面、被动的研究方法，有可能把大时空的自然现象在实验室里再现出来，把人们日常不易见到的现象诱发出来，在典型的条件下考察丰富多彩的自然现象，为理论研究提供大量资料信息，从而大大提高了科学研究水平。实验手段的出现，不仅标志着它是一种独立的社会实践，同时也改变了科学在生产中的被动地位，使科学实验第一次有可能走在生产前边指导生产活动。

观察和实验的直接目的都是为了探索自然界的奥秘，都是人们有计划、有目的地认识自然、改造自然的活动，二者互相依存。观察是实验的前提，实验是观察的证实和发展。在现代科学技术中，实验往往与观察紧密结合在一起，观察依赖实验，实验离不开观察。这种结合越来越表现出整体化的趋势。但是，实验方法优于一般的观察方法。它克服了纯粹观察的局限性，加强了人们获取感性直观材料的主动性，显示了下述基本特点：

1.实验可以简化和纯化自然现象。任何事物都是多样性的统一。自然界的现象十分复杂，各种现象互相影响，交织在一起。人们要深刻认识这些现象背后的本质，单凭观察是无法弄清楚的；而实验可以借助仪器、设备等手段，根据研究的需要，把自然现象从复杂的联系中暂时分离出来，排除各种偶然的次要的因素的干扰，人为地控制一些现象发生或不发生，使一些条件发生变化或保持不变，把自然过程简化和纯化，以纯粹的状态呈现出来，从而认识一些在自然状态下难以观察到的特征，便于研究它们相互间的因果联系。例如美籍华人物理学家吴健雄，她把放射性元素钴-60冷却到0.01K，排除热运动干扰，使实验得以顺利进行，实验结果证实了微观粒子在弱相互作用下宇称不守恒的原理。通过实验的简化、纯化效应，往往会发现意想不到的结果，也为新的理论的建立直接发端。

2.实验可以强化和再现自然现象。自然界的事物在常态下一般不易暴露其特殊的性质及其规律，只有在极端条件或特殊环境下才能显示出来。科学实验可以利用各种实验手段，人为地使研究对象在强化了的特殊条件下，再现在自然状态下不易出现的新现象，发现具有重大意义的新事实。例如在常温下地球表面的大气压力仅为一个大气压，各种物质之间的结构处于常态。但是，在超高压条件下，不但分子之间、原子之间的自由空间被压缩，而且当超高压达到一定程度时，电子壳层也会发生巨大变化，甚至把电子挤到原子核里面去，变成超固态。通过高压能引起物质的物理性质和化学性质的变化，可以把非导体的黄磷转化为导体的黑磷，使水在100℃温度下仍呈固态，可将石墨变成金刚石。在超高温的条件下，物质处于由离子、电子或其他离子组成的"等离子体"，使物质由通常的三态发展到五态。 实验这种强化研究对象的特殊作用，充分显示了人们主观能动性的发挥。

科学上的许多重要的新发现，要求实验必须能够重复证实，如果仅一次出现而且再也不可能出现，就不能得到科学的确认。 而实验自身具有可重复的特点，能再现人们发现的新现象。 如著名的 J/ψ 粒子的发现。1974 年 10 月由丁肇中领导的实验小组在美国布鲁海文国立实验室中发现了 J/ψ 粒子，里希特（B. Richter）等人在美国斯坦福直线加速器实验中心确证了这种新粒子的存在。 同年 10 月 15 日西欧核子研究中心实验室立即重复这种实验，也发现了 J/ψ 粒子，从而使这一重大发现得到举世公认，并因此荣获诺贝尔奖。

3. 实验可以加速和延缓自然过程。 在自然界中，有些自然现象发生过程十分短暂，倏忽即逝；有些自然现象又十分缓慢，长夜漫漫，都给科学研究带来了困难。 在实验室中，可以人为地控制这些自然现象，或扩大或缩小，或延缓或加速。 正如培根所说：自然界的秘密是在用各种实验手段折磨它的时候显示出来的。 人们通过实验手段不仅可以模拟雷电、地震、滑坡，而且可以模拟原始生命的起源过程。

由于实验方法具有以上优点，因而越来越广泛地得到应用，并且在现代科学研究中占有越来越重要的地位。

科学实验自 16 世纪形成，到 19 世纪趋于完善，随着科学技术的发展，实验类型也日益繁多。 从判定实验对象的性质或某些因素的定性实验，发展为测定对象的量的规定性的定量实验；从探索某一事物发展变化的主要原因的析因实验，发展为通过比较来揭示对象某些特征的对照实验以及推动生产和科研发展的探索性实验等。不论哪一种类型的实验，大体都需经过如下步骤：制订实验方案，实施实验计划，处理实验结果。

科学实验是有目的、有计划的探索活动，因而任何一种类型的实验都充分显示了人的主观能动性。但科学实验一刻也不能离开理性思维的指导。恩格斯说："没有理性思维，就会连两件自然的事实也联系不起来，或者连两者之间所存在的联系都无法了解。"① 人们在科学研究中，必须把观察实验与理性思维有机地结合起来，既动脑又动手，才有可能在探索中有所发现，有所发明。

关于模拟实验的方法。模拟方法是实验的一种特殊方法。在科学研究中，有些现象不易直接研究，只能采取间接的研究方法去认识对象。模拟方法就是不直接研究自然现象过程，通过建立一个自然或人工的系统，再现对象的某些方面，然后再把研究结果类推到研究对象上去。这种通过对象的类似物来认识对象的方法，就是模拟方法。

模拟方法在科学技术的研究中越来越广泛应用，起着非常重要的作用。许多巨大复杂的工程，由于条件所限根本不能直接试验，而运用模拟方法则可以获得预想结果。例如核反应堆内爆炸引起压力壳的应变与震动，陨石对宇宙飞船外壳的碰撞，阿波罗登月中有关指令舱溅落海面时的壳体可靠性、宇航员承受的减速度的大小、运载火箭起飞前的震动以及登月舵的功能等，都是依靠模拟方法加以研制的。这种方法主要是运用已知的规律，建立与客体相似的模型，并对模型进行相应的实验再类推到客体上去。模型的制造必须具备下述条件：第一，模型与原型之间在某些特征，或在结构方面，或在功能行为方面有相似关系；第二，模型在认识过程中，应能被当作客体的代替物而便于进行研究；第三，通过模型进行的模拟实验，应能认识原型，达到对原型认识的目的。

---

① 恩格斯：《自然辩证法》，第156页。

根据相似理论定理，模型与原型的相似关系，可以把模拟实验分为物理模拟和数学模拟。

物理模拟是模型与原型之间以物理过程的相似性为基础的实验方法。所谓物理过程的相似，是指物理量的相似，即所有的矢量（如力、速度、加速度等）在方向上相应的一致性，在数值上相应地成比例，所有的标量（如密度、温度、浓度等）在对应的空间点上和时间间隔上，都相应地成比例。模型与原型之间虽大小比例不同，但物理过程的本质是一样的。作为物理模拟的数学基础是相似原理，利用方程分析导出相似准则，根据相似准则建立模型，通过试验求出准则之间的函数关系，再将此函数关系推广到研究对象上去。如建筑工程上的力学实验，飞机的风洞实验，生物学中用动物模拟人的生理过程或病理过程的实验，医学中探求病因、筛选药物、鉴定药物疗效和病毒的实验等。

数学模拟是模型与原型之间以数学形式的相似性为基础的实验方法。任何两种不相同的物理过程，只要遵循的规律在数学方程上具有相同的形式，就可用数学模拟方法进行研究。近年来，由于电子计算机的应用，人们把实验所涉及的各种条件、各种因素抽象成数学语言进行计算机模拟，以求出精确的数据，且有把握地采用先进参数，则可达到较大的成功。

模拟方法的客观基础是物质世界的统一性。列宁曾指出："自然界的统一性显示在关于各种现象领域的微分方程的'惊人的类似'中。"[1] 世界上的事物是无限多样的，但在千差万别的各种事物中，却存在着相同的形式、特性或结构。现代科学发展的整体化趋势日益深刻地揭示了这种统一性，为模拟方法的广泛应用提供了理论根据。

---

[1]　《列宁选集》第 2 卷，第 295 页。

二、实验与仪器

人们在科学活动中要取得感性经验知识，必须借助于一定的物质手段，这种物质手段就是用于进行观察和实验的各种科学仪器设备。这些仪器设备是凝结在物质形态中的人类认识能力，是人类感觉器官的延伸，它的出现不仅拓展了人的认识能力，也使科学实验变成特殊的实践领域。

仪器设备在观察实验中有下述主要功能：

1. 仪器设备能帮助人们克服感官的局限性，延伸主体的认识能力。它极大地扩展了人们可感知的范围，使以往人的感官无法感觉到的现象显示出来，过去分辨不清的东西变得清晰起来。人们借助于射电望远镜而观察到脉冲星、类星体等天体现象；高能加速器的发明和建造，使人们能够变革原子核，发现了越来越多的基本粒子；细胞超微的研究，借助于电子显微镜的应用；生物大分子三维结构的测定，是 X 射线衍射所取得的成就；等等。人类的感性认识正是借助于仪器设备而扩展到新的认识领域。

2. 仪器设备使人类的感性直观认识更加客观化、精细化、准确化。人的感觉往往带有朦胧性和模糊性，所获得的结果是定性的，而仪器设备的运用，不仅可以排除感性直观中的某些主观因素，还能超过人的感觉器官能力。以定量的方式感知事物的属性，获得精确的、定量的经验知识。温度计用于热学的测量，天平用于化学的测量，钟表用于时间的测量，现代激光技术的应用更使人们对客体的计量达到空前准确的水平。在科学活动中，人们通过改进科学仪器的实验技巧，提高测量精度，往往导致科学技术的重大突破。普朗克导入的能量子概念，是从热辐射的精密的定量实验中得到的；量子电动力学的建立，是和兰姆能级移动的实验密切相关的。伴随人类社会的进步，仪器设备从原始手工工具发展到现代化自动装置；从比较简单的放大镜、望远镜发展到现代高、精、尖的科学仪器设备，极大地增强了人类的认识能力，也体现着人类物质文明和精神文明的进化。

3. 电子计算机的诞生，不仅使实验方法带来革命性变革，而且对人类的认识活动产生巨大影响。电子计算机的逻辑判断、信息储存、高速计算、自动运行等功能，使观察、实验手段现代化，并且部分地代替人的脑力劳动，是人的思维器官大脑的直接延伸和模拟物。所不同的是，它延伸和模拟的不是主体的其他器官，而是最复杂、最高级的思维器官。因此，可以说，电子计算机是最新型的认识工具，它的出现是观察、实验手段现代化的标志，不仅提高了人们加工信息的速度，而且为人们整体把握事物创造了一定条件。

科学仪器工具是人们思想物化的产物，人类理智的凝结。思想本身作为精神的东西不能自我实现，实现精神的东西，既要有实现思想的主体人，又要有一定的物质手段。没有一定的物质手段，思想的东西只能停留在主观范围而无法超脱自身。马克思说："批判的武器当然不能代替武器的批判，物质力量只能用物质力量来摧毁。"[①]科学探索通过仪器的中介作用，使主体认识转化为客观成果，集中地体现了人的主观能动性。

三、实验与理论

任何实验都是以认识世界为目的的实践，都是在一定理论指导下进行的有目的、有计划的活动。

在实验过程中，实验与理论互相依存，一方面科学理论要以实验作基础，接受实验的检验；另一方面实验必须接受理论的指导，理论渗入实验，引导实验的思路，分析实验的结果。传统的经验论

---

① 《马克思恩格斯选集》第1卷，第9页。

认为：理论是在归纳实验材料的基础上形成的。但事实上并不存在任何独立于理论的实验，实验中渗透着理论思维。这种理论思维贯穿于实验的各个环节：

1.实验的目的渗透着理论。实验总是出于特定的研究课题或科研目的而进行的。目的是人的一种自觉意识，人的"有意识的生命活动"。实验是在人们的自觉意识的支配下进行的一种生命活动，为某一课题而开展的实验总是要追求和达到某种目的，而这种目的在实验行动前就在人的头脑中产生，形成实验的设想，其中就渗透了理论思维。

2.实验过程需要理论的指导。实验过程包括对象的选择，方案的设计，仪器的使用，具体的步骤等，这个过程不仅受一般理论的规定，而且受具体理论的指导，是在一定的理论框架内进行的。这个过程的优劣，主要取决于实验者理论水平的高低。理论水平不同，就可以看到不同的东西。一旦实验者的"理论"发生变化，随着新理论向实验过程的渗透，实验者的"视野"就会发生深刻的变化，于是就能看到前所未见或"视而不见"的东西。

3.实验结果需要理论的判定。实验结果主要是对实验中的各种数据加以整理分析，从中提取反映对象内在规律的有用信息，对实验结果做出必要的描述、解释或说明。能否从理论上对实验结果做出真理性判定，关系到实验的成果。一般地说，实验结果是客观的，为人们正确把握对象的本质提供了认识基础；然而，结果本身不会自动地呈现对象的本质，只有经过人们的理性处理，对它做出科学的假设，理论的概括，经过实践的检验和确认，才能达到结果与事实的一致性。

总之，在实验中，有无正确的理性思维，关系到能否获得科学成果；缺乏理性思维，即使真理碰到了鼻尖，也不会发现真理，这一点，已为大量的实验事实所证明。

第三节 直观

一、直观的特点

直观作为一种科学认识方法，或称"认识的直接性"，是人们对认识对象的一种尚未分化的、朦胧的整体的认识，具有原始的综合性，作为一个整体起着统摄作用，其特点是：

第一，直观具有认识的直接性。直观所认识的客观对象是未经分析的总画面，即人们常讲的"生动的直观"，是对事物的直接反映，直观的直接性亦即直接的感受性，其优点在于它是对客观事物的直接反映，因而具有可靠性、丰富性；其缺点在于直观是原始的、朦胧的、初级的，它必须上升到知性分析，否则是表面的、片面的。

但是任何感性直观都不是纯粹的过程，总是理性渗透其中，是理性指导下的直观；而理性指导的越多，渗透的越强，直观认识才有价值，才更深刻，因为理解了的东西，才能更深刻地感觉它。

第二，直观是人类思维的非理性功能。直观不是离开认识对象的假想，而是对眼前研究对象带有结论性的判断。人们在科学研究中所使用的常规方法，例如观察、实验、模拟等方法上升到认识功能，都可作为直观认识的一个环节。观察在于直接捕捉对象；实验在于将研究对象置于可控条件下进行综合考察；模拟在于通过实验手段，再现自然的构造与进程。因此，直观是感性认识活动范围的认识，但又不是纯粹的感性认识活动。在人类的认识发展进程中，在人类知识不断地积累中，直观是人类思维的非理性功能。

二、直观的抉择性

在科学研究中，研究对象的选定，突破口的抉择，往往是科学研究成败的关键。对象的确定，是已知领域和未知领域的联结点，知与不知的对立统一，潜藏着实践与理论的价值。美国遗传学家摩尔根和他的同事，自 1909 年就开始选择果蝇作为研究遗传秘密的典型试验。在活生生的生物界，生物种类极其繁多，摩尔根为什么选择以果蝇为突破口？因为果蝇的染色体很简单，每个细胞只有四对，易于通过试验进行观察；果蝇的生活史短，仅两周左右，易于研究；果蝇的生殖力强，每对亲本可以产生成百上千的子代，因而会产生许多变异；果蝇有几十种遗传特征，易于观察。由于果蝇的这些特征，易于在短期内收到较好效果，因此，摩尔根选择果蝇为突破口的试验，把孟德尔关于生物遗传的认识向前推进了一步，并创立了基因遗传学。由此可见，导致重大科研成果的抉择，绝非科学家的某种灵感或偶然的机遇。直观的抉择性，包含了否定其自身的因素，人们通过对自然对象的筛选、比较、取舍，已超脱感性直观，而进入理性分析。

三、科学研究中的机遇

在科学研究中，特别是在观察和实验过程中，人们往往会由于某个偶然的机会，出乎意料地发现从未见过的自然现象，并由此导致科学技术和科学理论的突破，这种意外的偶然的发现，通常称为机遇。必然性常常表现为偶然性，而偶然现象的捕捉常常会导致认识上的质变，引起认识的升华，从而导致科学上的重大成果。科学史上的实例表明：

1. 机遇可以成为科学理论发展的先导，突破旧的理论体系，成为科学研究的新起点。例如 1895 年自伦琴发现 X 射线之后，从此打开原子世界的大门。又如 1910 年物理学家卢瑟福指导盖革、马斯

登做 α 粒子轰击金属箔实验时，按预料，这种实验就好像用 15 英寸的炮弹来射击一张薄纸，α 粒子不会在穿透原子的飞行过程中发生较大的偏离。但实验的结果，α 粒子出现了大角度的散射，就好像用来射击薄纸的炮弹被弹回来打中了发炮人。这一迹象使卢瑟福领悟到原子的有核性，从而提出新的原子模型。

2. 机遇可以为科学技术的研究提供发明、发现的线索，促进新成果的产生。例如，自从奥斯特偶然发现电和磁的关系后，1822 年法拉第提出"转磁为电"的设想，经过努力，终于在 1831 年发现变化的磁场可以产生电流，发现了电磁感应定律，为发电机和电动机的发明制造奠定了理论基础。法拉第本人还创造了科技史上第一架感应发电机，从而打开电力时代的大门，为人类开辟了一种新能源。1864 年麦克斯韦接受法拉第的思想，将电磁现象以数学语言归纳为一组数学方程。法拉第、麦克斯韦的电磁理论不仅预言了电磁波的存在，还揭示了光、电、磁现象的本质统一性。

机遇的出现，虽然出乎人们的意料，但受自然界内在规律的支配。恩格斯指出："在表面上是偶然性在起作用的地方，这种偶然性始终是受内部的隐蔽着的规律支配的，而问题只是在于发现这些规律。"[①] 偶然出现的自然现象，包含着内在的必然规律。这种内在的必然规律，在一定条件下，会逐渐显露出来。

机遇发现除上述的客观因素外，还有其主观因素。这种主观因素主要表现为敏锐的洞察力，科学的想象力，以及必要的知识和丰富的经验，勇于实践，独立思考，敢于创新。功夫不负细心人，在科学研究中，只要善于通过各种途径去捕捉机遇，就有可能获得重大的科学成果。

---

① 《马克思恩格斯选集》第 4 卷，第 243 页。

第八章　知性分析

从感性直观，经知性分析，到理性综合。其中，知性分析起着非常重要的作用，它既是感性直观的扬弃，又是理性综合的基础，因而是一般科学方法的灵魂。知性分析，可对事物做出质的或量的规定性，从而达到研究结果的精确性。而知性分析的典型形式是逻辑与数学。它的最新发展成果以及它和计算机结合运用后所产生的巨大威力，已为人们所关注。

第一节　一般科学方法的灵魂

一、知性是科学方法的本质

爱因斯坦指出："科学是对日常思维的一种提炼"，这种提炼是从"知性"开始的。科学方法在本质上都是知性的，它的作用在于：

第一，知性思维是科学方法中的"软件"，起连接作用。科学方法实际上有"硬件"和"软件"之分，"硬件"主要指与观察、实验、模拟方法有关的仪器、设备等；"软件"主要指以逻辑、数学为典型形式的知性思维方法。忽视思维方法作为科研软件具有的功能，这是现代科学研究有时效益不高或产生科学负效应的重要原因。目前，国内外学者日益重视知性思维在科学方法中所处的地位和作用，把它作为计算机中的软件看待，提出了科学研究是"实验＋思维＝成功"的公式，这是有一定道理的。

在人类认识史上，康德最早把思维作为工具看待，并精心研究。他认为人们在认识世界之前，先得研究一下自己的认识工具即大脑究竟是否可靠，亦即它的思维能力如何，即先"认识认识自己，思维思维自身"，而后才好去认识事物自身。笛卡儿强调"我思故我在"，这种说法虽有唯心、片面之嫌，但就科研中发挥人的能动性来看，也确有必要，事实表明，科研中如果忽视思维的作用，很难把科研诸要素结合为一个系统，有效地发挥作用，更无法从个别上升到普遍，从经验上升到原理，也未必能产生与此相应的良好效果。那么，即使有再好的设备，也未必能产生与此相应的良好效果。有了好的仪器设备，还须有思维（首先是知性思维）发挥软件的作用，才能与之耦合，获得成功。现今作为科学的基础概念，离开经验的事实愈来愈远，而通过这种概念的思维路程则显得愈来愈漫长曲折，如果忽视科学方法中思维软件的作用，要想获得新的科研成果，是不可想象的。

第二，知性思维是科学方法的核心，起关键作用。科学研究的关键在于如何在既定的条件下，充分发挥思维的作用，通过直观而又扬弃直观，造就思想实体，形成逻辑体系，从自然本质、内在联系和运动过程的深度上反映对象的规律，而要做到这一点，首先需要进行知性思维。

知性思维处于当下的直观和感觉的反面，虽然仍停留在具体里，但它毕竟突破了感性直观的局限，开始把生动的表象"蒸发"为抽象的规定，肢解了原始综合、模糊笼统的整体，深入事物内部，接触事物本质，以知性分析的力量，扬弃了"感性具体"的个别性、偶然性、经验性以及有时因表面上的客观性掩盖本质而产生的虚幻性和由此所造成的假象、错觉等，把科学研究提高到思想的领域，进入科学的形态，这是科学研究过程中的关键一步。只有迈出这一步，才能使我们的科学研究不只停留在对自然界外部现象的罗列，或未加分化的总体的一般描述，而是以知性分析和综合的方式，把存在于事物和关系中的共同内容，概括为最一般的思维表现。例如，把光的反射、折射、透射这些可感知的性质，概括为粒子性，把光的衍射等概括为波动性，并以波粒二象性等概念，在不同的深度和广度上揭示出光的本质。也就是说，让事物的客观概念，构成事物实质本身，这样我们便可借助知性分析，找到与每个事物相对应的逻辑范畴，充分代表它的思想实体，于是一切事物都进入了逻辑范畴，整个世界似乎也都淹没在逻辑范畴之中了。

第三，知性思维是科学方法演化的前提，起基础作用。现代科学往往面临着随机、复杂的研究对象，对此，以知性分析为特征的一般方法往往显得无能为力，转而需要向着理性综合的方向发展。只有向理性思维发展，才能逐步达到科研的预期目标。

知性分析忽略事物的整体，割断事物的联系性，不考虑事物的运动变化，非但不与理性综合相悖，反而为理性综合奠定基础，创造前提。因为对理性综合来说，整体的描绘，必须借助对部门的剖析，相互联系的确立，必须得到联系诸方面特点的说明，而运动变化状态的估量，也必须对运动变化诸环节的了解，达到真理性的认识，正如光学中如果没有粒子性和波动性为基础，就很难得出波粒二象性的综合性认识一样。同样地，没有知性分析，辩证综合就失去了前提，综合的结果也只能是空洞无物，游移不定，成为不可思议的东西了。当然，分析也离不开综合，没有综合指导的分析，便成为枝节之见，分析的结果是僵化的、片面的、会失去科学的意义。知性思维在科学方法转向理性综合时所起的中介作用，显示了科学方法的知性本质。

二、近代方法的核心与现代方法的基础

以哥白尼《天体运行论》为发端的近代自然科学，也是以经验归纳为基础、知性思维为核心的。文艺复兴之后，人本主义兴起，使得人的理性之光穿透了千年黑暗的中世纪，使无所不包的古代自然哲学解体，于是自然科学从中获得分化。当时除力学外，其他学科很不成熟，人们只好着手搜集材料，深入自然界的各个部分，进行具体的研究，从而形成了以知性分析为主的研究方法。所以有人把近代自然科学概括为实证科学，提出了"归纳提供前提，演绎构造体系"的模式。由于近代科学刚从自然哲学中分化出来，还具有一定的直观、猜测和原始综合的局限，必须从经验归纳入手搜集材料。以知性的分析与综合方法进行分门别类的研究，然后通过演绎方法得出新的认识。所有这一切，都是以知性思维为核心。在实证科学阶段，虽然通过知性分析，揭示了事物的某些规律性，但人们也因此不得不把运动的事物静止化，复杂的事物简单化，联系的事物孤立化。

知性思维不仅是近代方法的核心，也是现代方法的基础。以现代综合理论为特征的科学方法，并不排斥知性思维，相反，它是知性思维方法的综合、深化、发展。我们不能只见其异，不见其同，更不能否认它们之间的联系。如果把二者对立起来，既会抽掉现代方法的基础，又会抹杀知性思维的功能，在理论和实践上都是有害的。

三、知性是感性通达理性的桥梁

实证科学的显著特点是抽象分析性、数量精确性、外向进取性，表现出很强的知性思维的能力。从方法论的意义来看，人们应该加

强知性锻炼，加速理性综合，因为任何科学研究总得先要稳定对象，通过分析才能逐渐接触本质，做出质的或量的规定，这是科学之所以成为科学的起码要求。即使理性思维本身也必须把握现实的、具体的东西，否则就会导致神秘或诡辩。科学中任何理性的东西，都是具体与抽象的统一，这种统一，正是以知性为中介来实现的。知性既可以对感性的东西做出抽象的规定，又可以为理性的综合创造必要的条件。所以知性分析是感性通达理性的桥梁。

第二节　逻辑方法

一、逻辑方法是知性思维的典型形式

逻辑是人们在认识和改造世界过程中所形成的一种有效的思维形式，以一定的格式固定下来，反映思维的规律，实质上是人们对世界认识的历史的总和与结论。这种思维形式作为工具，用于对世界的再认识，这就成了逻辑方法。所以，逻辑方法也就是逻辑思维方法，也就是根据事实材料，遵循逻辑规律、规则来形成概念，做出判断和进行推理的方法。逻辑方法包括一系列具体的思维方法，如比较、分类、类比、归纳、演绎、分析、综合、证明、反驳等。

逻辑方法用于科学抽象，是科学理论形成的关键，在表述科研成果、检验科学结论、证明科学定理等方面也很有用。因此，人们在科研活动中非常重视逻辑和逻辑方法的运用，在一定意义上正如爱因斯坦所说："科学就是应用逻辑"，"科学家的目的就是要得到关于自然界的一个逻辑上前后一贯的摹写。逻辑对于他，有如比例和透射规律之对于画家一样"。[①] 他认为，在作为逻辑上演绎出发点的

---

① 《爱因斯坦文集》第 1 卷，第 364 页。

原理确定以后，推理就一个接着一个，而且往往显示出一些预料不到的关系，远远超出这些原理所依据的实在的范围，一旦得以证实，就是科学上的发现或发明。例如，广义相对论的四个判定性的实验，就是逻辑推导出来的，并为观测实验所证实，取得了举世公认的成就；反之，也正如爱因斯坦所说："只要这些用来作为演绎出发点的原理尚未得出，个别经验事实，对理论家来说是毫无用处的，实际上单靠从经验中抽出来的普遍定律，他甚至什么也做不出来，在没有揭示出作为演绎推理的基础前提之前，他在经验研究的结果面前总是无能为力的。"① 可以认为，科研活动就是要求人们用逻辑方法从经验事实中，抽取本质的普遍性，构造出逻辑上非常严密的知识体系，这才是科学，才能起到既高于现实又指导现实的作用；而作为研究者来说，掌握了逻辑方法，就像插上了翅膀，有如飞鸟凌空，自由翱翔，增强科研能力，取得科研的主动权和优先权。

逻辑方法与思维形式密切相关。思维有知性思维和理性思维，相应地在方法上也有形式逻辑和辩证逻辑的方法，其中形式逻辑（包括数理逻辑）方法是知性思维的典型形式。这是因为：

第一，知性思维所追求的抽象普遍性是通过形式逻辑中各种概念、判断、推理的形式和许多具体的方法实现的。知性思维本质上要求扬弃感性直观，造就思想实体，才能进入抽象的普遍性，得出诸如数学上的点、线、面，物理上的刚体、绝对黑体，化学上的理想溶液，生物学上的模式细胞，工程技术上的理想模型等，这些纯粹性的思想实体，作为从感性具体向思维具体过渡的中间环节。但如何"扬弃"感性，"造就"出这样的思想实体，则须借助于逻辑方法中各种判断、推理的形式（如实在判断、反省判断、必然判断等）

---

① 《爱因斯坦文集》第 1 卷，第 76 页。

以及各种具体方法（如归纳、演绎、类比推理的方法等），将直接呈现于人们眼前的事物去伪存真，去粗取精，由此及彼，由表及里地进行抽象分析，蒸发为种种抽象的规定，使感性的色彩淡化，理性的成分加重，于是在思维功能上由感性经知性到理性，在逻辑进程中由个别到特殊到普遍。例如，由"这匹"马→白马→马，恰如公孙龙所说，"白马非马"。这样，眼前的事物便变成了一个"思想物"，具有了普遍性，完成了"扬弃"感性直观的任务，实现了知性思维的功能，从而使逻辑方法成为知性思维的典型形式。

第二，知性思维追求外在的差别和规则之下的统一，这也是通过逻辑上分析与综合等方法实现的。知性思维是从感性进入理性的突破口。它是人类思维自我发展过程中迈出的最关键的一步，但它对事物的认识，也只能达到外在差别的区分和规定之下的统一。例如，对梅花与雪花的知性思考，"墙角几枝梅，凌寒独自开，遥知不是雪，为有暗香来"，在"暗香"这一规定上找到梅花与雪花的区别和统一。这种思维过程是通过逻辑上分析与综合的方法具体进行的，它使原来处于模糊、笼统、混沌状态的事物，开始具有了一定的质的规定性。这种质的规定性是知性思维所追求的在规则之下的统一性，二者完全对应和相互适应，从而使逻辑方法能够成为知性思维的典型形式。

第三，知性思维向理性思维的转化过渡是通过形式逻辑中各种具体方法的综合应用和发展而实现的。形式逻辑的诸种方法，虽然本来都是一些抽象的符号，空洞的格式，对事物做出静态的描述，所得出的思想实体仅具有抽象的统一性，然而这些东西有机结合，就起了质的变化，产生了新的功能，对逻辑来说，由形式逻辑发展到辩证逻辑。黑格尔指出："逻辑的理性本身就在于它在自身中结合了一切抽象规定，并且就是这些规定的坚实的、抽象—具体的统一。"① 也就是说，逻辑方法的综合应用和发展，使执着对立的抽象规定之间有了内在的联系，找到了它们之间的对立统一性，这样就从"非此即彼"发展到"亦此亦彼"，于是进入到辩证逻辑。

在逻辑方法自身从形式逻辑推进到辩证逻辑的过程中，同时也将知性思维转化过渡到理性思维。因为方法的综合，推动了知性规定的结合，当达到对立统一的时候，就从外在的差别达到内在的超越，进入了理性思维的范畴。这里，再次显示了逻辑方法与思维方式的同一性。当形式逻辑方法向辩证逻辑演化的时候，也就推进了思维方式的变化，完成了从知性向理性的转化过渡。

逻辑方法和思维方式的变化，对科研活动的影响是很大的。如果思维方法仅仅停留在知性阶段，对研究结果的认识就只能说"对"，不能说"真"，只是有了些"知识"，尚缺乏真理性的认识；只能回答"是什么"（how），尚不能回答"为什么"（why）。只有达到理性思维或辩证思维的时候，才能获得真理性的认识，回答"how"和"why"，达到对事物普遍本质的深刻理解。

二、逻辑方法的内在结构及其规律

从逻辑方法在科研过程中所起的作用或具有的功能来看，逻辑方法有如下内在结构：

1. 科学认识的逻辑：个别⇌特殊⇌普遍。人们认识事物总是从个别开始，对同一事物各种性质的了解也是从个别开始，进入特殊，达到普遍，这是一个循序渐进、逐步逼近事物本质的上升过程。在上升过程中获得对事物普遍性的认识，再反思回来，立足普遍，研究特殊和个别，才能加深对事物本质的认识和理解。在这一过程中，

---

① 黑格尔：《逻辑学》上卷，第29页。

能够显示着各种不同判断的逻辑结构层次。

表示个别性的实在判断。这是最简单的判断形式，其中包括肯定判断，例如玫瑰花是红的；否定判断，例如玫瑰花不是蓝的；无限判断，例如玫瑰花不是大狗熊。从认识水平来看，这种判断是"不错"的，但不是"真"的，因为"不错"只是主宾词外在形式的符合，而真理是与总念的符合。所以，表示个别性的实在判断，属于感性范围的判断，低级的认识水平，然而却是认识的起点。

表示特殊性的反省判断和必然判断。其中反省判断"表明的是关于主语的某种关系规定，某种关联"①。例如，有些人或很多人是会死的，这虽然只是外在的量的进展，却具有特殊经验的普遍性，但很难做出客观的确证，只要能被默许和无反证就行。而必然判断表明的是主语的实在的规定性，例如"黄金是昂贵的"比"黄金是金属"的判断要深刻得多，因为前者接触到了黄金的价值实体（或实在），更具有本质性。可见必然判断已经不再把判断中的宾词归结为主词的个别的可感的性质，而是归结为类或属的内在的关系，具有了一定的客观普遍性，这是逻辑的发展、思维的上升，表明认识进入了较高阶段。

表示普遍性的总念判断。总念判断是主词对自己的概念（Begriff）符合到什么程度，也就是主词符合客观世界的发展规律达到什么程度，符合的则为真、善、美，反之，则为假、恶、丑，所以，总念判断又称价值判断，是真理性的判断、规律性的判断。科学研究最后所希望得到的正是这种判断。只有它，才是包含个别、特殊、一般于自身之内的判断，体现了具体的普遍性，具有广泛的使用价值。例如，我们说："摩擦是热的一个源泉"，这是实在判

---

① 恩格斯：《自然辩证法》，第201页。

断；"一切机械运动都能借摩擦生热"，这是反省判断；"任何运动形式都能够而且不得不转化为其他任何运动形式"，这就是总念判断了。因此，从逻辑上看，各种判断形式并不是彼此并列、孤立自在的，而有其内在联系，循序渐进，向上发展的。从实在判断到反省判断和必然判断再到总念判断，就是从个别到特殊到普遍的过程，而每一种判断自身之内也包含着同样的发展演进的形式，显现出逻辑方法内在结构的层次性。

2. 科学发现的逻辑：比较⇌分类⇌类比。比较是从事物的相互联系入手，考察对象之间的共同点和差异点。人的认识总是从区分事物开始的，而区分只能从比较入手。有比较才能有鉴别。问题在于如何从差异极大的事物中找出它们本质上的共同点（异中求同），在表面极为相似的事物中找出本质上的差异点（同中求异）。在比较中，或在同与异的对立结合中，人们不仅可以对事物进行定性鉴别、定量分析，而更重要的是，能够追溯事物的历史渊源，确定其历史顺序，从而揭示出不易直接观察到的运动变化，特别是从已观察到的现象，推知无法观察到的过程（如大陆漂移说、恒星演化说、元素周期说等），以及推知尚未发现的事物（如新的元素、新的天体、新的基本粒子、新材料、新工艺、新观念、新思维等）。所以比较是以思维的力量在不同的事物之间，或在同一事物的不同属性之间，建立起横向联系，进行动态考察，为科学发现奠定基础。

分类是比较的发展，根据比较所得的异同点，将事物区分为不同的种类，并具有从属关系或者结构层次性。按照事物的性质所做的本质上的分类，不仅使资料系统化，为科学研究创造条件，而且还能反映事物的规律，为预见和寻找新事物、做出新发现提供宝贵的线索。如在高能物理中，按照 SU（3）分类法，很快预见和找到了 Ω 粒子。

类比是比较和分类的综合应用，根据两个（或两类）对象之间某些方面的相似或相同推出它们在另一方面的相似或相同，把一个已知、简单对象的概念、方法或原理用来解决另一个复杂的对象，从而解决它本来是很难解决的问题，起到"它山之石，可以攻玉"的作用，为科学发现指明方向。康德指出："每当理智缺乏可靠论证时，类比这个方法往往能够指引我们前进。"在科学研究中，人们通常具有一种强烈的愿望，寻找那些相互之间并无明显联系的资料背后的原理，而类比能够巧妙地发现两个研究对象或设想之间的联系，帮助人们立足已知、探索未知，起到启发思路，提供线索，举一反三，触类旁通的作用，因而成为发展知识的有效试探方法（如原子行星模型的建立）；提供科学假说的重要途径（如物质波的提出）；获得发现发明的巧妙手段。

比较、分类、类比的方法单独使用各有局限，只有将它们在双向作用的过程中，结合使用，才能充分发挥科学发现的作用。

3. 科学验证的逻辑：归纳⇌演绎、证明⇌反驳。归纳、演绎是把个别经验上升为一般原理又回到个别的推理方法，把它作为科学验证的逻辑，其意义还是重大的。科学验证就是考察需要检验的理论（或假说）与确定无疑的事实之间在逻辑上能否建立起必然的联系，以确认该理论的普遍性和有效性的大小。

归纳所起的作用是把个别上升到一般，将经验上升到原理。任何原理，都需要以这种原理为前提，演绎出与事实有关的结论或预测，并为观察、实验所证实或证伪。但观察、实验的结果与理论的符合，可以是本质的符合，也可能是现象的符合，这里有个逻辑完备性的问题。此外，有些验证限于物质、技术条件，一时无法进行，特别是关于无穷数量的问题更难采用此法验证，因此只能借助逻辑上的证明和反驳。

证明是根据已知为真实的判断，确定某一判断为真的逻辑方法。它要求论题明确，论据真实，论证合理，才能从论据直接推出论题的真实性，或用剩余法、逐步逼近法、反证法等，间接对论题做出证明。

反驳是根据已知为真的判断，揭露某一判断的虚假性的逻辑方法。对此要证明的理论，可用事实直接反驳，也可用归谬法等间接反驳。

无论证明或反驳，都旨在揭示所要验证的原理中隐含的矛盾和主观上推理的错误，它为假说向理论的过渡创造条件，而验证最后的决定权则是实践。

4.科学发展的逻辑：分析⇌综合⇌实践。任何科学中都包含有不科学的因素，正因如此才推动科学体系自身的不断完善和发展。科学中所以含有不科学的因素，从逻辑上来看，任何科学总有一个逻辑起点，作为推出整个体系中各种原理、定律的根据，这个作为一切根据的逻辑起点，往往是些公理或公设，而公理只有"自明性"而并未证明，公设具有或然性亦未必可靠。所以，把这种未加证明和未必可靠的公理和公设作为科学体系最初的根据，其本身就没有根据，这样由于根据本身无根据，就使得科学中包含不科学的因素。但为了解决这一问题，又不能让本来作为根据的公理，向体系内部被它证明的原理、定律找根据，否则，就产生了"鸡生蛋—蛋生鸡—鸡又生蛋"的逻辑循环，这显然是不允许的。但公理、公设也不能向科学体系之外找根据，既然自身还需向外找根据，当然也就没有资格成为根据，这种"两难"局面，只有沿着分析⇌综合⇌实践的路子前进，才能获得解决。

分析是抓住当前的事物加以解剖，做出抽象的规定，而综合则是以规定的统一性去把握规定的多样性，也就是通过对具体事物诸因素的剖析，然后把握其间的必然联系（歌德称为"精神联系"，现在称为"整体效应"），使因素的多样性统率于事物的整体性，从而达到对事物的深刻理解。而主观的理解是否正确，需有客观的确证，主客统一的过程就是实践，也就是"环境的变化与人的活动的一致性"，表现在科学发展上也就是通过实践从根本上解决逻辑起点合理性的问题，不断消除科学中的非科学因素，有效地推动科学的发展。例如从经典力学到相对论的发展，在经典力学中，用建立在"以太"基础上的绝对时空坐标系作为理论体系的逻辑起点，但迈克逊—莫雷实验否认了"以太"的存在，便以"无以太"的相对论时空之下的两个公设作为狭义相对论的逻辑起点，进一步的实践又发现了非惯性系的特殊效应，又提出了"广义以太—时空弯曲"下的两个等效原理作为广义相对论的逻辑起点，由此推动了物理学的大发展。当然相对论的公理、公设（如光速原理）还会不断地更迭，继续推动物理学的发展。所以分析⇌综合⇌实践是科学发展的逻辑，并能反映科学发展中的批判性与继承性的统一，具有一定的理论意义和方法论意义。

逻辑方法不仅具有严密的结构层次性，而且有着内在的规律性，最基本的规律是逻辑学、辩证法和认识论三者的一致性，具体表现在以下方面：

第一，逻辑与现实的辩证统一。爱因斯坦说："真实的东西在逻辑上是简单的，但逻辑上简单的东西不一定是真实的。"[①] 指出了逻辑与现实之间的关系。例如，凡有水的地方都能游泳，这里有水，所以，这里能游泳。但如果这里的水只有脚背深，便不能游泳。这种情形在逻辑上看来简单，但不一定真实。真实的东西应是客观世界

———————

① 《爱因斯坦文集》第 1 卷，第 344 页。

自身具有的辩证性，因此逻辑与现实矛盾的解决只能是逻辑符合现实的规律，主观的辩证法符合客观的辩证法。逻辑决不应创造出和现实本身不相适应的东西；相反，任何逻辑的东西都只能在现实中才能获得其意义和内容。所以，逻辑规律是客观规律在人的主观意识中的反映，体现为思维与存在的统一，而且是前者统一于后者，这样才能充分显示逻辑与现实的辩证统一。

第二，逻辑与思维的辩证统一。逻辑与思维的发展是互补共进的，有什么样的思维水平，就有什么样的逻辑方法。古代原始综合的思维方式，就使得逻辑方法既显示了辩证逻辑的萌芽，又显示了形式逻辑的混合性。近代形而上学的思维方式，是以形式逻辑为基础、知性分析为主导的研究方法；现代辩证思维的要求日益提高，相应地产生了与辩证逻辑相适应的系统论、控制论、信息论方法。所以逻辑方法与思维发展的水平相一致。在科研中要力争在逻辑与思维水平一致的条件下，以最简捷的方式，反映对象的客观特性，实现真正的“思维经济原则”。

第三，逻辑与历史的辩证统一。历史是事物的生灭演化过程，逻辑是历史过程在思维中的再现。不过历史的东西，有着丰富多彩的内容和各种具体的表现形式；而逻辑则是主观的，它撇开了事物发展的多样性、偶然性，仅仅从“纯粹”的形态上把握事物的过程和规律，揭示其发展的总方向、总趋势。因此，历史是逻辑的客观基础，逻辑是历史的理论概括，它们的内容在实质上是一致的。

认识逻辑与历史的统一性，对科研活动大有裨益，它可以不拘泥于历史的“细节”，不受局限，而从历史的“纯态”入手，由简而繁，由浅入深，迅速地取得突破，然后适当地加以修正，使之满足现实的需要，无须追随历史发展的具体进程，甚至可以不考虑历史发展的时间顺序，居高临下地研究各种现象，深刻认识那些还处于萌芽状态，而且常常表现得模糊不清的东西。

三、逻辑方法的进化与趋势

逻辑，希腊文为"λόγος"，原意为思想、思维、理性、语词等，也可理解为思维规律。

逻辑方法是逻辑学在科学中的应用。人们对逻辑方法的研究已有两千多年的历史。中国古代的墨翟、荀况、王充等对逻辑都有深刻的研究；唐代的高僧玄奘，"西天取经"，从印度传入"因明"逻辑；近代的中国资产阶级革命家严复首先介绍了西方逻辑。

逻辑及其方法的研究，经历了形式逻辑、数理逻辑、辩证逻辑的发展阶段。目前，逻辑呈现出加速发展的趋势，特别是逻辑与计算机的结合应用产生了巨大的威力。

1. 逻辑的萌芽。逻辑的发展与科学水平以及语法、修辞、辩证技巧的发展密切相关。最初，逻辑是在对立意见相互冲突的情况下，作为论战的特殊方式出现的。在古希腊智者学派的各种辩论中，苏格拉底关于何谓"诚实"的诘问，理发师的悖论以及普罗泰戈拉与其弟子为缴学费问题打"官司"的辩论文为后人津津乐道。普罗泰戈拉接收弟子入学时宣布，学成后出去打官司，赢则收费，输则分文不取。偏巧有个弟子学成后多年来缴学费。普罗泰戈拉便找其打官司，结果他打赢了，要弟子缴学费。弟子说："你赢了，也就是我输了，则分文不取，所以现在不能给你缴学费；我赢了，自然你理亏，那就更不能给你缴学费了。"究竟这笔学费应不应缴呢？请看此类的两难推理，其幼稚性是显而易见的，说明逻辑还处在萌芽阶段。但在当时，却锻炼了人们的逻辑思维能力。在这一时期，对逻辑研究做出重大贡献的是亚里士多德。他是古希腊自然哲学的集大成者，也是举世公认的形式逻辑的创始人。黑格尔说："他第一个专门地、有系统地研究了思维及其规律，区分了判断的类别，并制定了关于推理的理论等等。"[1] 这些为后世研究逻辑提供了可靠的基础，在逻辑史上产生了经久不衰的影响，有着不可磨灭的功绩。

但亚里士多德的形式逻辑，具有"混合性"。作为方法来说，含有一定的唯心主义的成分，它的积极发展通向辩证法，其消极发展则导向诡辩论，在千年黑暗的中世纪，曾被当时的经院哲学家们所利用，作为论证"上帝"的存在和神学真理的工具。

2. 逻辑的发展。近代文艺复兴运动使人们理性的光辉终于照亮了宗教神学统治的黑暗王国。人们开始面对现实，研究自然，推动了实证科学的发展，从而也促进了逻辑的进一步发展。近代科学的创始人弗兰西斯·培根（1561—1626）根据从个别事实分析而得出一般原理的规则和方法，提出了培根—穆勒因果归纳的五种方法，建立了归纳逻辑的理论体系。这不仅有利于推动实证科学的发展，而且从逻辑史上来看，是对亚里士多德演绎逻辑体系的一个重大发展。

莱布尼茨（1646—1716）于1666年写了一篇关于推理方法的论文《论组合的艺术》，成了近代数学的一个分支——然而是数理逻辑的先声；他还亲手制造了一种手摇演算机，从而在理论上、实践上为数理逻辑的创立做出了巨大贡献。

数理逻辑或称符号逻辑，是用数学方法研究推理、证明等问题的一门科学。主要内容有命题演算、谓词演算、算法理论、递归论、证明论、模型论和集合论等。数理逻辑对形式逻辑的发展主要表现在它运用各种符号，把概念、判断（命题）抽象为公式，把命题间的推理抽象为公式间的关系，并使推理转化为公式的推演。它

---

[1]　尤金：《简明哲学哲典》，第749页。

不仅变项要用符号，而且逻辑概念也用符号表示。例如，"→"表示蕴涵，"—"表示否定，"∨"表示命题的合取即"和"，"↔"表示命题的等价。所以数理逻辑实际是数学符号式的推论在逻辑中的运用，或者说是逻辑思维的符号化、数学化，例如：$P \supset q^{\cdot} = \cdot \sim (P^{\cdot} \sim q)^{\cdot} = \cdot \sim P \vee q$ 等。表示 P 与 q 两个命题演算的结果，得出的是罗素真理表上的第三种可能。

在莱布尼茨以后，通过布尔、狄摩根到罗素、怀特海等人的研究，形成了数理逻辑系统。它不仅为日常语言所必需，而且对科学方法产生很大影响，特别是它与计算机结合，使计算机的线路用命题演算的公式来表示，部分地实现了人的思维的功能。它关于形式语言的研究为计算机语言的优化提供了前提。所以，数理逻辑成了计算机的基础理论，而计算机又成了数理逻辑的一种机器。两者的结合，无论对计算机或者对逻辑自身的发展都起很大的作用。

但是，数理逻辑不能完全代替形式逻辑，它只是形式逻辑的一个分支。当然，它的一些成果可以而且应当吸收到形式逻辑中来，充实、丰富其内容，逐步实现形式逻辑的现代化。

数理逻辑对形式逻辑的发展的确成果显著，但只是一种外在的形式上的发展，并未从根本上改变逻辑的性质。在这一点上，首先取得突破的应是辩证法大师黑格尔。

3.逻辑的突破。德国黑格尔在其名著《逻辑学》中，以唯心主义思辨的方式论证了绝对精神自我发展过程的第一阶段，即逻辑阶段。他又把它细分为存在论、本质论、总念论。他以正、反、合的方式构成了一系列的大小不等的哲学圆圈，描述绝对精神在逻辑这一阶段的辩证发展过程。在具体论述中，他企图突破形式逻辑的局限，尽力找到概念、判断、推理等各种思维形式之间的内在联系，以天才的辩证法思想改造了在两千多年中形成的、又经过宗教神学统治而僵化了的形式逻辑的体系，其开创精神令人敬佩。

众所周知，形式逻辑只能以非此即彼的思维方式描述事物相对静止时的状态。因此，它要求概念的绝对确定性。例如，有就是有，无就是无。二者执着对立，互相排斥，绝不能含糊其辞，模棱两可，这是认识相对静止事物的必要条件。

但是，事物本质上是运动变化的。动，是绝对的，普遍的；静，却是相对的，特殊的，是动的特殊状态。因此，更重要的是要求认识事物的动态变化过程，与此相适应地要求建立概念、判断、推理的辩证联系。既然讲联系，就不能只讲"非此即彼"，一定条件下要承认"亦此亦彼"。例如，粒子是亦粒亦波（即波粒二象性）等，这样就必须突破形式逻辑的框架，运用概念的辩证法。例如在《逻辑学》的"存在论"中，黑格尔首先提出"有"的概念，这是逻辑学的起点，也是"绝对精神"自我发展的开端。"有"，没有任何规定性。而没有任何规定性的东西，也就等于"无"。这样他就从"有"的概念推论到它的对立面"无"，使"无"与"有"这种从形式逻辑看来绝对对立的东西，在"同一的无规定"上有了内在的联系，也就是"纯有"与"纯无"是同一的东西。他说："有比无并不更多一点"[1]，假如增加一点点规定，那么无就转化到有，反之，失去这一点点规定，有又转化到无，所以有与无的每一方都直接消失于它的对方中，而有与无的统一就是"变"。这样，从有→无→变，就经历了一个正→反→合的过程，揭示了有与无的真理性体现于"变"的过程性之中。

"变"的结果，使原来毫无规定性的东西开始具有了一定的特性，据此可以把它和别的东西明确区别开来，这就是"质"。"质"

---

[1]　黑格尔：《逻辑学》上卷，第 71 页。

又过渡到它的相反的概念——"量"，而"量"和"质"的统一是"度"，即有质的量，它是比"质"或"量"更高一级的概念，是"存在论"的最高的概念。所以，质—量—度，又形成一个小的正—反—合的过程，在过程中有了内在的联系。至于"本质论"与"总念论"中的逻辑概念，也都是援引此法推演出来的。这样黑格尔就找到了贯穿于概念、判断、推理中的有机联系及其发展的线索。它扬弃了形式逻辑的空洞的形式，而探索概念的两极对立与转化；扬弃了形式逻辑僵硬的程式，而研究过程的推移；扬弃了形式逻辑孤立并列的格律，而将它们看成相互联系，回旋上升的前进运动，形成了思维过程上升发展的阶梯。于是，固定的概念流动了，辩证逻辑的结构萌发了，这是黑格尔在逻辑学上的重大突破。

4. 逻辑体系的建立。黑格尔对形式逻辑的突破有着巨大的功绩，但是也存在着严重的缺陷和有待进一步解决的问题，这就是在他的逻辑学中，概念与概念之间的联系都不是客观事物固有的本质联系，而是先于客观事物就存在的、自我发展着的精神。他到处套用正、反、合的公式，概念间的联系极其牵强，甚至无法自圆其说，但他毕竟以歪曲的形式反映了现实。如何吸取黑格尔的逻辑遗产，在此基础上创造辩证逻辑的科学体系，这一艰巨的历史重任，责无旁贷地落到了恩格斯的肩上。

恩格斯在未完成的巨著《自然辩证法》中，把辩证法问题作为专题研究，企图建立辩证逻辑体系。为此，他充分做了资料上的准备，大量摘引了黑格尔《逻辑学》的思想资料。其中：恩格斯所称的"客观辩证法"，标题为"（A）辩证法的一般问题"，属于黑格尔逻辑学的存在论、本质论部分；他所称的主观辩证法，标题为"（B）辩证逻辑和认识论"，主要摘引了逻辑学的总念论。恩格斯好像更多的是想借助黑格尔的总念论来建立他的辩证逻辑与认识论。遗憾的是这座宏伟的理论大厦，刚搭了一个构架，他就逝世了，但他为辩证逻辑体系的建立指明了方向。

恩格斯逝世后，人们对辩证逻辑的研究不但未曾中断，而且有加速发展的趋势。时至今日，辩证逻辑体系尚未真正建立，可是已看到它的曙光了。要建立辩证逻辑的评论体系，必须遵循下列原则：(1)它决不能停留在思辨的范围用主观臆想联系代替思维过程本身的规律，用人为拼凑的"一分为二"的若干"对子"充作辩证逻辑的体系，相反，它应认真深入地研究现实，充分反映客观事物发展的辩证法。(2)逻辑思维有其自身发展的历史，所以要总结思维发展的历史经验教训，才便于寻求辩证逻辑的规律。(3)辩证逻辑规律的研究，必须在唯物辩证法普遍规律指导之下进行，才能达到辩证法、逻辑学、认识论的统一。

第三节　数学方法

一、数学方法的知性特征

数学是研究数与形的科学，应当成为科学的一个独立分支。钱学森在论述科学的整体结构时，把数学与自然科学、社会科学、思维科学、生命科学、系统科学等相提并论，并指明了"数学学"与哲学的联系性，这是不无道理的。但是数学作为一种科学方法与逻辑方法有相似之处，二者在本质上都是一种抽象分析的工具，只不过逻辑方法是从质的方面进行抽象，对事物做出质的规定性，而数学方法是从量的方面进行抽象，对事物做出量的规定性；但是无论逻辑方法或数学方法在本质上都具有知性的特征。

1.数学方法是由感性向理性过渡的中介。数学方法就是利用数学的概念、原理和方法把研究对象由现实原型抽象为数学模型，定

量地研究对象运动变化规律的一种方法。数学研究的直接对象并不
是具体的事物，而是撇开了具体事物的一切特性，从中抽取出来的
思想客体，首先是数。因为万物莫不有数，数是一切事物之最先者，
如千山万水、百鸟朝凤、白发三千、双眉紧锁、一醉方休……总之，
任何事物都有数，总可以从中抽出数与数的关系对它进行研究。亚
里士多德说："整个有规定的宇宙就是数与数的关系的和谐系统。"[1]
因此，"我们有理由相信，自然界是可以想象得到的最简单的数学观
念的体现，我坚信我们能用纯粹数学的构造来发现概念，以及把这
些概念联系起来的定律，是理解自然现象的钥匙"[2]。例如，相对论中
"量杆"和同它搭配的"时钟"这个概念，是爱因斯坦利用洛伦兹变
换关系式进行数学的抽象所得的概念，即由：

$$X' = \frac{x - vt}{\sqrt{1 - \left(\dfrac{v}{c}\right)^2}}$$

$$y' = y$$

$$z' = z$$

$$t' = \frac{t - \dfrac{v}{c^2}x}{\sqrt{1 - \left(\dfrac{v}{c}\right)^2}}$$

导出

---

[1] 亚里士多德：《形而上学》第 1 卷，第 5 章。
[2] 《爱因斯坦文集》第 1 卷，第 316 页。

$$l = \mathrm{lo}\sqrt{1 - \left(\frac{v}{c}\right)^2} < l_0$$

$$\Delta t = \frac{\Delta \tau}{\sqrt{1 - \left(\frac{v}{c}\right)^2}} > \Delta C$$

即在相对于某一惯性系中运动的物体，在其运动方向上长度缩短，时间膨胀，甚至同时性也变得不同时了，于是"量杆"和"时钟"都具有了相对性。这样的"量杆"和"时钟"的概念，在我们所生活的世界里是根本找不到与他们确切对应的东西的；但是在理论物理学中，这些概念（量杆，时钟）仍然必须作为独立概念使用，有其相当的理论价值，但是也要承认，这样的概念，虽然扬弃了"杆"与"钟"的感性形态，但抽象单薄，是最无思想性的东西，这些不能穷尽物质的丰富内容，尚未达到理性的境地。由此可见，用数学方法进行量的抽象所得到的概念，都是一些既非感性，又非理性，而是由感性向理性过渡的思想实体，起着中介的作用，例如，上述的"量杆"和"时钟"，好像是感性的东西，实际上是只存在于思想中的对象，所以既不是现实的客体，也不是个别与普遍、抽象与具体相统一的理性的客体，而是思想实体，因其高度的抽象性，完全脱离了具体，因此尚未达到理性的高度，只能作为理解现象的钥匙，难于达到深究物质底蕴的程度。正因此，爱因斯坦指出："数学的命题所涉及的只是我们想象中的对象，而不是实在的客体，所以别的科学部门的研究者还是没有必要去羡慕数学家。"[1]

2. 数学方法是内在与外在的结合。爱因斯坦说不要去羡慕数学

---

[1]　《爱因斯坦文集》第 1 卷，第 136 页。

家，是仅就数学概念的知性特征及其作用的有限性来讲的，绝无忽视数学与数学方法之意。相反，他强调"科学家的目的就是要在庞杂的经验事实中，抓住某些可用数学公式表达的普遍特征，由此探求自然界的普遍原理"[①]。事实上，现在差不多每一个学科都离不开数学，连生物学、社会学没有数学也不能前进。特别在工程技术中，更是大量运用数学，经常把研究对象塑造为"数学模型"，再翻译成机器语言，在计算机上求解，或数字仿真，把所得的结果与现实对象进行比较，不断地修正、改进，以达到工程要求，满足实际需求。所以，数学及其方法不仅成了"科学的皇冠"，而且成了工程"技术的灵魂"，人们赞赏它的高度抽象性、相当的精确性、广泛的适用性和独特的公理化方法，这些都是无可非议的。问题在于计算机给出的数字都是"真"的吗？如何对数学计算的结果进行理论上的探讨，从而认清"数"的本性，提高数学方法的效率，这的确是值得深思的。试想计算机给出的数字可达小数点 n 位以后，对事物"仿真"难道就真的这么精确吗？又如，为什么天文学家根据水星摄动，轨道异常，计算出在水星近旁还有一个"火星神"的存在，实际上却是子虚乌有的东西呢？为什么人们根据迈克尔逊—莫雷实验，计算光程差为零，但在同样的计算结果面前，有人得出"以太压缩"，有人得出"以太根本就不存在"如此相反的结论呢？凡此种种，均涉及对"数"的看法和对数学方法知性本质的理解。

无论计算机输出的，或者人从事物中抽象出来的数量或比例关系都是事物的特征之一，但并不是事物唯一的特征。其实，数是一种最无思想性的东西，不过因为它正是处于感性的东西和思想的中间，所以，就成了内在直观最适宜的对象，因而具有了"内在抽象

———————————

[①] 《爱因斯坦文集》第 1 卷，第 76 页。

的外在性"，也就是说，数只是以事物外在的无思想的差别为基础
的，这些差别与关联是从对象之外加于对象的，而事物自身真正的
客观的区别与联系反而无法显示。如果我们硬要把事物的复杂关
系适应数的无思想性的差别，甚至臆造出"现实存在"，让它符合
数本来没有的意义，那么，就会出现计算结果与现实严重脱离的情
况。正如计算有火星神，但火星神根本就不存在一样。这是不了
解数学方法的知性特征，把数学具有的内在抽象的外在性任意扩大
的结果。

　　实际上，"数"对我们来说，它的本质是内在与外在的结合，感
性直观与抽象概括的结合。但这种结合尚未达到统一，却到了结合
的边缘状态，或处于内外交替，直观与抽象交替结合之中。因而能
使感性直观的东西具有了一定的"抽象的外在性"，同时使抽象概
括的东西具有了一定的"内在直观性"。两种对立的东西交替过渡，
彼此掺和，但又未能融合统一，这就是数的本质和数学方法知性特
征的表现。

　　认识数学方法的知性特征：（1）可使我们对这种方法的作用和
局限有着清醒的估计。一方面对研究对象尽可能地进行量化，给以
精确的量的规定，这为认识事物和科学研究所必需，而且应该力争
达到；但另一方面又要看到事物的本质特性也不能全部数量化，而
能够数量化的也只表示外在的意义。因此数学方法得到的结果只有
符号意义，其内容有待实践的证实和理论的说明。在说明时，应想
到以数学上无思想性的东西去揭示深层的本质和深邃的思想显然是
不完善的，是简单化了的，是有局限性的。所以，既要看重数学，
又不能搞数学万能论。（2）可使我们在教学方法应用中注意质与量
的结合，达到互补共进，才能够更好地发挥数学方法的作用，提高
科学研究的能力。

二、数学方法中质与量的互补共进性

数学方法是定量地研究问题的方法，但又与质的方面密切相关。当数学上量的抽象达到一定程度的时候，必然会碰到质的问题。这时的研究者如果能正确处理好质与量的关系问题，往往能就此提出新概念、新假说，预言新事物，做出科学的发现和发明；但如果忽视质量关系问题，也会使数学方法的应用效果大受影响。现以数学方法常用的如何塑造数学模型的过程为例说明之。

数学模型就是反映研究对象的定量关系和运动规律的数学表达式。例如爱因斯坦的质能关系表达式 $E=mc^2$ 就是一个很好的数学模型。

数学模型的类型因研究对象性质的不同也不一样，一般分为确定型、随机型、模糊型、突变型等。

数学模型的塑造过程大致是：首先是"塑模"。这一步最难，它是数学方法应用的前提。其次是"求解"。这一步最繁，它是数学方法应用的手段；最后是对计算结果做出"说明"。这一步最重要，它是能否出成果的关键所在。

对数学模型的要求，一般总希望塑造出在内容上尽量反映实际，形式上简单、合用、易解的数学模型，也就是质量统一的数学模型。例如著名的麦克斯韦方程组就是这样的模型，在塑造这一模型的过程中，麦克斯韦对质与量的关系处理得是很有可取之处的。

1. 塑型。正确规定所要描述的研究对象的基本量，找出这些量之间的数学关系，借用数学的概念、原理和方法，以形式化、符号化的语言加以表示，使研究对象由现实客体变为思想客体。

就麦氏来说，他研究的对象是电磁现象。当时，人们对电与磁及其关系的认识，仅停留在经验描述的水平。例如，在电场中通过任何闭合曲面的电通量等于该闭合曲面所包围的电荷的 4π 倍（高斯定量）。对如此冗长的、经验性描述的物理定律，麦氏借用数学上散度与旋度的概念，以简练、美妙、符号化的语言，画龙点睛地把它表达出来，即

$$\nabla \cdot \vec{E} = 4\pi p$$

这就是高斯所说的电场的数学模型。

同样，在磁场中，通过任何闭合曲线的磁场强度的环流，正比于该闭合曲线包围的电流的 4π 倍（安培定律）。对此，麦氏又给出：

$$\nabla \cdot \vec{B} = 4\pi J \text{（安培定律）}$$

同理，对变化的电场产生变化的磁场（奥斯特定律），麦氏又给出：

$$\nabla \cdot \vec{E} = -\frac{1}{c}\frac{\partial \vec{B}}{\partial t} \text{（奥斯特定律）}$$

$$\nabla \cdot \vec{B} = \frac{1}{c}4\pi J + \frac{1}{c}\frac{\partial \vec{E}}{\partial t} \text{（法拉第定律）}$$

于是，便有了：

$$\left.\begin{array}{l} \nabla \cdot \vec{B} = 4\pi p \\ \nabla \cdot \vec{E} = 4\pi j \\ \nabla \times \vec{E} = -\dfrac{1}{c}\dfrac{\partial \vec{B}}{\partial t} \\ \nabla \times \vec{B} = \dfrac{1}{c}4\pi j + \dfrac{1}{c}\dfrac{\partial \vec{E}}{\partial t} \end{array}\right\} \qquad (1)$$

这就是麦克斯韦方程组，是对电、磁及其相互关系最初的数学表达。它虽然扬弃了感性直观的现象，可是仍未能深刻地揭示出电磁现象的本质。不过通过这组微分方程的综合作用，为从质上揭示电磁现象指出了方向。因此，在数学抽象的基础上，还要循序渐进，进行质的抽象，又把量的抽象提高到新的水平。这些主要体现于求

解的阶段。

2. 求解。试看麦氏方程：如果电场中空间无电荷源（$p=0$），磁场中无传导电流（$j=0$），在这种理想状态下，就会在质上揭示出电与磁关系的对称性，这时的麦氏方程进一步简化为：

$$
\left.\begin{array}{l}
\nabla \cdot \vec{E}=0 \\
\nabla \cdot \vec{B}=0 \\
\nabla \times \vec{E}=-\dfrac{1}{c}\dfrac{\partial \vec{B}}{\partial t} \\
\nabla \times \vec{B}=\dfrac{1}{c}\dfrac{\partial \vec{E}}{\partial t}
\end{array}\right\} \qquad (2)
$$

使得麦氏方程呈现出完全的对称性。可见质的揭示，推动了量的研究发展；反之，量的研究，又推动了质的深化。在（2）式中，麦氏根据 $\dfrac{1}{c}\dfrac{\partial \vec{E}}{\partial t}$ 这一项，即电位移矢量对时间的变化率进行质的抽象，提出了该变化率将产生磁场的假说，称之为"位移电流"，但位移电流与传导电流（j）不同。它虽然也称电流，可是却不产生热效应和化学效应。这对当时的人们来说，是根本无法理解和难以接受的，但正是位移电流的概念才揭示了电磁感应的本质，成为麦氏方程得以建立的根据。

为使质的抽象能够证实，麦氏便在量的抽象方面继续做了很多工作。他对理想化了的麦氏方程，又用拉克朗日函数、哈密尔顿算子加以变化处理，终于得出了电磁场的波动方程，即：

$$
\left.\begin{array}{l}
\dfrac{\partial^2 E}{\partial X^2}-\dfrac{1}{c^2}\dfrac{\partial^2 E}{\partial t^2}=0 \\[2mm]
\dfrac{\partial^2 B}{\partial X^2}-\dfrac{1}{c^2}\dfrac{\partial^2 B}{\partial t^2}=0
\end{array}\right\} \qquad (3)
$$

3. 说明。麦氏对用数学方法最后得出的描述电磁现象的数学模型［（3）式］进行理论的说明，指出这一波动方程显示了电、磁、光三种不同的物质形态本质上是统一的。电磁场像波一样由近及远地以光速 C（30万公里／秒）向外传播。并大胆地预言了电磁波的存在，后为赫芝实验所证实，从此为人类开辟了电气化和无线电通讯的新时代。

这就是用数学方法塑造数学模型，解决现实问题的典范。由此我们看到：（1）数学方法的确能为我们提供形式化、符号化的语言，是抽象的有力工具、精确的计算方法，可以预见新事实，提出新假说，是开创新学科的有效途径。（2）数学方法应用的过程中，必须在量的基础上注意质的深化，在质的基础上考虑量的发展。在质量互补共进的基础上塑造出内容上反映实际，形式上简单、合用、易解的数学模型，有效的解决现实问题，做出科学上的发现和发明。

三、数学方法中知性思维向辩证思维的转化

现在数学和数学方法正以飞快的速度向各门学科和领域广泛渗透。科学出现了数学化的趋势，在工程技术中起的作用也越来越大。然而正当数学风靡一时之际，它本身却走向了反面，从要求高度的精确转向模糊性的探讨，从确定性转向随机性，从连续变化转向突变理论的研究等。表明原来以知性思维为特征的数学方法，必须向辩证思维的方向转化，也就是要从辩证综合的角度处理数学中精确与模糊、确定性与随机性、连续性与突变性的关系，这是数学的科学前沿面临的重要课题。

1. 精确与模糊。数学是一门知性科学，它的最大特征就是要求精确性。对研究对象来说，只要给出一个变量 x 就有一个函数 $y=f(x)$ 与之相对应，其"解"是完全确定的。如果"上机计算"所得结果可精确到小数点以后若干位，人们对这样的数学模型，从来是充满着自信和敬仰的。

然而，世界上的事物是复杂的，既精确又模糊，而且精确与模糊并非完全对立。在不少情况下，过于精确了反而走向模糊，而模

糊些反而精确。事物的客观本性本来就是这样的，真正完全精确或者完全模糊的事物是特殊情况，或理想状态。因此应用数学方法时需对精确与模糊的关系加以辩证综合的处理，这样就从知性思维进入了辩证思维。

例如，从我前面来了一个人，我只要从他的高矮胖瘦、走路姿势等略加比较，不必经过精确的计算便知他是谁。这种"辨识"就带有一定的模糊性，然而结果比较精确；相反，这一辨识过程若由目前的二进制的计算机来完成，那就必须先得测出这人的身高、体重、五官的相对位置，走路时双臂摆动的角度，两脚移动的频率，脚板着地的压力、摩擦力等。即使这些都测出来了，而且精确到小数点以后若干位，计算的结果也未必能识别出这个人来。这样的过分精确反而走向了反面，倘若用经典数学和二进制计算机研究此类问题，去建立人工智能装置就会如追求永动机和点金术一样地徒劳无益。于是数学就转向了精确与模糊关系的研究。1965 年，美国数学家柴德在此开了先河。他首先提出了模糊数学或弗晰数学（Fuzzy mathematics），开始向模糊现象进军。

模糊现象随处可见，如高、矮、胖、瘦、年轻、漂亮、暖和、明亮、粉红、大高个、不太对、几个、老人等；电子的波粒二象性亦属此范畴。

柴德提出"从属函数"的概念，把变量对 0 与 1 非此即彼的取值，变为在 0 与 1 之间进行亦此亦彼的连续取值，即（0，1）→（0 1），从二进制到多进制，再用"余"、"交"、"并"定理等数学形式研究模糊坝象。

例如，这间屋里有"几个"人，"几个"就是模糊集，它不是指从 1 到 10 中的某一个确定的数为"几个"，而是 3、4、5、6、7、8 中的任一个都可称为"几个"。当然从属于"几个"的程度有所不同。

若模糊集合 A 有"有限个"元素（y_1, y_2……y_n）所组成，各元素从属于 A 的函数为（μ_1, μ_2……μ_n）则模糊集可用下式表示：

$$A = \frac{\mu_1}{y_1} + \frac{\mu_2}{y_2} + \cdots\cdots \frac{\mu_n}{y_n} = \sum_{i=1}^{n} \frac{\mu_i}{y_i}$$

若模糊集 A 有无限个元素则可表示为：

$$A = \int_A \frac{\mu_A(y)}{y}$$

据此，可对模糊集（几个）做如下表示：

$$A_{（几个）} = \sum_{i=1}^{6} \frac{0.5}{3} + \frac{0.8}{4} + \frac{1}{5} + \frac{1}{6} + \frac{0.8}{7} + \frac{0.5}{8}$$

若 $\mu_{（几个）}(3) = 0.5$

即，有 10 个人说"几个"，只有 5 个人，暗指的是 3。"3"是一个确定的数字。看来很精确，实际是模糊中的精确，或精确中的模糊。二者结合，才能反映"几个"的真实含义。

又如，"老人"是个模糊集，因为从 50 岁—150 岁之间的任何一个岁数的人都可算作老人，这当然显得有些模糊，但如何把模糊与精确结合起来描述"老人"这一现象呢？便可用模糊型的数学模型表示，即：

$$A_{（老人）} = \int_{50}^{150} \left[1 + \left(\frac{y - 50}{5} \right)^{-2} \right]^{-1} / y \quad (y > 50)$$

如果某人今年 60 岁，则 $y = 60$ 代入上式得

$$\mu_{老人}(60) = 0.8$$

即 60 岁只能算 0.8 老。

2. 确定性与随机性。数学方法面临的对象，有的具有确定性，有的具有随机性。相应的描述方法有机械性和几率性。经典数学

经常面临的是确定性的对象，机械性的方法，即对象的变量与函数之间存在着确定的关系，甚至是机械的一一对应关系。正如拉普拉斯所说：我们只要知道宇宙中一个粒子的初速和动量，就能计算出这颗粒子在若干年以后落在宇宙的什么地方，这真是确定型数学模型的典型写照。在古典的力学中，以及普通的物理、化学中，所有的数学模型，都具有这种严格的确定性和机械性的性质。例如：$S=V_0 t+\frac{1}{2}gt^2$，只要知道物体的初速和下落的时间，必能确切地知道物体下落经过的距离，其确定性是显而易见的。

确定型的数学模型只能对物质运动的宏观低速状态做出有效的描述，而对微观高速状态就未必有效，因后者具有随机性或几率性。因此，要全面地描述物质运动的状态，必然要把确定性与随机性或机械性与几率性结合起来，塑造新的数学模型。为此，在数学思维方式上也必须相应地从知性思维向辩证思维转化，才能完成上述任务。在这方面，量子力学用波函数描述微观粒子的数学模型给了我们有益的启示。当然，还存在一些有待继续解决的问题。

量子力学是研究微观粒子（如电子、原子、分子等）运动规律的基本理论。基本粒子不仅具有粒子性，而且具有波动性。它们的运动便不能用通常的宏观物体运动的规律和相应的数学方程来描述。因为由于波粒二象性，一个微观粒子的某些成对的物理量不可能同时具有确定的位置。例如位置$\triangle x$和动量$\triangle p$。其中一个量愈确定，则另一个量的不确定程度就愈大（$\triangle x \cdot \triangle p \geqslant h$）。这样就很难准确的测出粒子的位置或动量。所以海森堡称它为"测不准关系"。有些物理学家把这关系看成是对微观粒子认识设置的不可逾越的极限，并称之为"测不准原理"。既然"测不准"又怎能认识它呢？的确，有些不可知论的味道。在量子力学中，便借用波函数构成的具有几率性的数学方程来描述。波函数是表征微观粒子（或其体系）运动状态的一个函数。通常把它写成位置坐标 x，y，z 及时间 t 的复函数，以符号 ψ（x，y，z，t）表示。"波函数绝对值的平方，表示在时刻 t 粒子出现于坐标（x，y，z）点附近的单位体积中的几率。"[1]这样的描述既有一定的确定性［粒子在 t 时刻肯定出现在（x，y，t）点附近］，又有一定的几率性（究竟出现在附近的哪一点上则不确定），结果对不确定的问题找到了相对确定处，而在确定处之中又有不确定的因素存在，这样的数学模型正是企图把确定性与几率性结合起来，体现一定的辩证法，虽在理论上尚有争论，但毕竟与大量实验事实符合，就连海森堡也承认："量子力学是对辩证法的确认"，可见数学方法正向着辩证思维的方向发展。

量子力学把确定性与几率性结合起来的努力，还表现在微观粒子的各种经典的物理量用算符来代替，只不过这些物理量需用算符作用于波函数来表示而已。例如：

经典力学中，能量公式 $E=T+V$　　　　　　　　　　（1）

量子力学中能量公式用波函数表示，即：

$$\frac{ih\partial}{\partial}\psi(r\cdot t)=\left[-\frac{h^2V^2}{\partial m}+V(r)\right]\psi(r\cdot t) \quad（2）$$

只不过算符 $E=\dfrac{ih\partial}{\partial}$　　　$T=\dfrac{h^2V^2}{\partial m}$　　　$V=v(r)$

分别作用于波函数，代入（1）就得（2）。

（2）式便是量子力学中著名的薛定谔方程，它是由经典力学方程演化而来的，它突破了经典力学的局限，是从确定性与几率性相结合的角度，描述微观粒子的状态的。但这种初步的结合尚未达到真正的统一，只是处于从知性向理性的过渡状态之中。所以量子力

---

① 《辞海·理科》上册，第 222 页。

学存在争论是在所难免的，因为它具有内在抽象的外在性，所以内在的机理尚不清楚。在因果关系的解释上发生了困难。不过它已到了"用感性的东西来把握共相这种不完善情况的最后阶段"。也只有向辩证方向深化，达到了确定性与随机性或机械性与几率性矛盾的消解，才有利用于解决这些争论，进一步推动量子力学的发展。就此而言，爱因斯坦说，量子力学不是对微观粒子最完备的描述。它一定要被以后新的学说所包容。

3. 连续性与突变性。任何事物总有量的连续变化和质的突变，但经典的数学模型，只描述量的连续变化。

例如：

$$\frac{\partial^2 u}{\partial x^2} + \frac{\partial^2 u}{\partial y^2} = 0$$

拉普拉斯方程，描述电或水连续流动的稳定过程。

$$\frac{\partial^2 u}{\partial x^2} - \frac{\partial^2 u}{\partial t^2} = 0$$

波动方程，描述电磁波、声波、机械波等的传播过程。

$$\frac{\partial^2 u}{\partial x^2} - \frac{\partial u}{\partial t} = 0$$

传导方程，描述热量连续传导的过程。

但遇到突变现象，这些连续方程就无能为力了。例如，地震、打闪、桥断、液汽相变，基因突变等等，对这类问题目前采用"突变论"进行研究。突变理论是 20 世纪 20 年代后期，由法国数学家 R. 托姆提出，他运用拓扑学、奇点理论和结构稳定性等数学方法，研究自然界各种形态结构和社会经济生活中的突变现象，考察某种过程从一种稳定状态到另一种稳定状态时突然发生的量的跃迁。他将自然界的各种突变现象分为七种形式给予七种突变型的数学模型，例如尖角型、转折型、燕尾型等。如在水平力和垂直力共同作用下，弹性梁的挠曲这种突变现象可用尖角型数学模型描述；甚至在愤怒和恐怖两个因素控制下的狗，从夹着尾巴逃跑到转过来突然向人发起疯狂的攻击，这种突变现象亦可用尖角型数学模型来研究。

但事物的渐变与突变是不能截然分开的，因此应从连续与间断的相互关系中研究突变现象。这里可从耗散结构论与协同学中得到有益的启示，特别是协同学中的"序参量"方程，为解决连续的量变与突然的质变关系指明了方向。

从耗散结构来看，一种稳定结构（平衡态、渐变、死结构）突变到另一种新的稳定结构（非平衡态、突变、活结构），这是一种从静态到动态的自组织的"相变"过程，其相变点或突变点发生的条件是：（1）开放系统；（2）远离平衡；（3）非线性区；（4）有涨落存在。这从物理学的角度，指出了"突变"论的客观根据及内在机制。但如何从数学上定量的予以表达，则是协同学的任务。协同学是用数学方法解决系统自组织相变过程的科学，而且可用一个系统的数学模型解决一批不同系统的问题，使得一个系统成为另一个不同系统的模拟计算机。协同学定量地掌握了渐变与突变的关系。

试以激光系统为例说明之。激光是因受激辐射而产生的光，但在能量较低时，激光系统中处于基态的原子其偶极子方向任意排列，出现无序散乱的运动状态。电子各在能量阈值以下的相应轨道上乱跳，光波电场建立不起来，产生的只能是"自然光"。但随着泵浦供给的能量的不断增强，各个原子偶极子逐渐呈现出有序的排列，光波电场也连续的变化增强。当能量增大到临界点时，各个原子的偶极子全面整齐地排列起来。这时，支配原理起了作用，产生集居数反转，使受激发射占了优势，突然产生宏观效应，形成能量高、方向性强、单色性、相干性好的光，这就是激光，对激光系统的突变过程。我们在协同学中可用光场强度 E 为慢变量，偶极矩 P_u 为快变量构成的数学模型来描述。

$$E(t) = -KE(t) - gP_u + F(t) \qquad (1)$$

再用绝热消去法，忽略慢变量，稍加数学上的处理，可将（1）式改为序参量方程：

$$E = (-K+G)E - BE^3 + F \qquad (2)$$

其中 F 为涨落项。

为对方程能够形象地加以理解，可将（1）或（2）式中的电场 E 类比为粒子的坐标 q，这样便把电场方程变为粒子在势场中的运动方程：

$$V(q) = -(-K+G)\frac{1}{2}q^2 + \frac{1}{4}q^4 \qquad (3)$$

由（3）式，通过对势场的分析，有助于对电场的突变现象的形象化的理解。

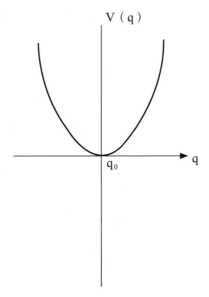

（1）当 $-K+G < 0$ 时，光波电场建立不起来，只在 q_0（原点）附近有些涨落，产生的是自然光。这时，电场的变化行为恰似一个在

势能谷中运动的粒子，即使有随机力的影响，粒子还是连续变化，且大部分时间落在谷底。

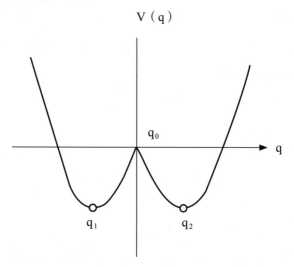

（2）当 $-K+G > 0$ 时，光波电场刚建立起来，出现两个稳定位置，即原来的稳定点（q_0）现在变得不稳定了，就像粒子可由 q_0 落到 q_1，亦可落到 q_2，称对称破缺不稳定，达到临界状态。

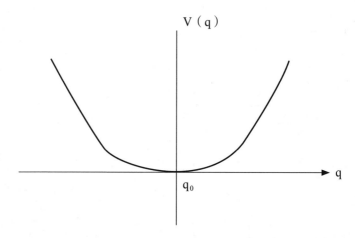

（3）当 $-K+G$ 再继续增大到超过临界点时，势函数方程曲线变得平坦，意味着粒子恢复到 q_0 的力越来越小，但运动范围却越来

越大，产生集居数反转，出现同相振荡，叠加的结果，产生"巨涨落"，表现为宏观有序结构，这就是激光。

由此可见，激光产生的过程属于"相变"或"突变"现象，可将连续性与突变性结合起来，用序参量方程进行描述。为数学方法开辟了一条新路，促使数学思想从知性思维向辩证思维转化，这是很值得重视和认真研究的课题。

第九章　理性综合

理性综合是高于知性分析的辩证思维活动，是反映客观事物本质和规律的认识，是知性思维的继承和发展，是人类认识能力的高峰，是科学思维的升华。

第一节　理性是知性的归宿

一、知性思维的局限性与实证性

为了避免知性分析的局限性，不少科学家和哲学家都曾对知性分析的基本方法——归纳法进行改造，产生了著名的寻找因果关系的"穆勒五法"，并在科学研究中得到应用。例如人们曾运用此法中的剩余法，发现了海王星的存在。人们首先看到，天王星沿自身轨道运动并不遵照牛顿的引力定律，从太阳和介于太阳和天王星之间行星的引力出发。这就使人们面临一种选择：或者改变规律（质量守恒定律、万有引力定律），或者找出新的事实，它是表面上偏离规律的原因。随着未知行星的发现，一般规律也同时获得新的归纳证实。

但是海王星的发现并不能表明万有引力定律是绝对正确的，比如我们不能由此否定水星近日点进动这一对万有引力的反例。同样运用剩余法也不能保证我们能够获得揭示事物因果联系的正确无误的科学定律。就上例而言，虽然从表面上看，结论——海王星的存在——是运用剩余法进行分析的产物，但实质上分析的结果只是存在一种影响天王星摄动的力，而这种力的存在是无限多样的可能原因。说存在着海王星，只是一个科学假说，而科学假说的提出和确立，显然超越了知性思维的范围。况且"穆勒五法"之所以具有一般科学方法的性质，并不在于它同时运用了几种分析方法，而在于它包含着超越知性认识的其他要求。

知性思维的另一特征是实证性。在上例中，"力"——海王星的存在是否是影响天王星运动轨道的力的原因，在逻辑上仅仅是诸多可能性之一，最终还有待于经验证实。这样，知性认识所获得的知识，知性知识的概念、定理的意义，除了逻辑意义外，还要有经验意义。

所谓逻辑意义，对于知性分析而言，就是概念之间在外延上的清晰性，不矛盾，不含混。例如林耐的生物分类学，依据生物机体的不同的外部特征，将整个生物界的生物划分为不交叉、不含混、无矛盾的纲、目、属、种。这犹如一个小孩，将长发的人称为女人，将非长发的人称为男人。对一个具体的人来说，尽管这种划分方法有可能搞错，并且也没有揭示男人与女人的本质区别所在，但划分在逻辑上是一贯的，因为这种划分没有将任何具体的人既称作男人，又称作女人。所谓经验意义，就是说它能为经验所证实。比如"关于什么是人"，"人没有触角"是可以证实的，"人没有鳍"是可以证实的，"人没有羽毛"是可以证实的，"人有四肢"是可以证实的，因此，人不是兽、虫、鱼、鸟，人是一种不同于其他动物的特殊动物，这一动物被命名为"人"。因此，我们获得的这个关于"人"的知识带有实证的特征。

　　知性分析的实证性特征是其分析性特征的必要补充。分析所能获得的是事物外部特征的同一，不同特征之间的内部联系如何，不得而知，它只有求助于知识的外部符合。但这种通过经验而求得的主客观符合是某一特征的独立符合（我们姑且不论检验的相对性），所以它无法解决知识的真理性问题。上例中，我们获得的关于"人"的知识，即使从生物学角度看，也远未涉及"人"的内在本质。所以，狄德罗曾讥讽地问（林耐）：人与猴子的区别呢？不知道！可见，仅仅知性分析所获得的知识，并不具有把握对象的本质、规律之类的含义。

　　值得指出的是，知性分析的局限性和实证性又必然使其带有极端化色彩。其表现之一是，由于知性分析的非本质性，使获得这种知识的人容易带有盲目性，从而有可能不适当地扩大它的应用范围。例如克劳修斯就依据热力学第二定律而推导出"热寂说"的错误结论。其表现之二是，由于知性分析的孤立性，使得运用这种思维方式的人必然陷入非此即彼的绝对化模式之中。例如生物学中"自然发生说"与"活力说"的对立，"渐成论"与"预成论"的对立，地质学中"灾变论"与"渐变论"的对立，"水成论"与"火成论"的对立，天文学中"星云说"与"碰撞说"的对立，光学中"微粒说"与"波动说"的对立等，只是这种两者择一的思维方式的表现，因为对立的双方都坚持自己代表真理，而对方则代表谬误。

　　众所周知，近代后期和现代科学发展的历史表明，真理性恰恰包含在对立的统一之中。单独地看，对立双方谁也不代表真理。如果说近代前期的科学思维主要是知性分析，那么从近代后期开始，则逐步地过渡到以理性综合为主了。由此表明，科学认识的发展必然要求从知性思维过渡到理性思维。

二、知性抽象思维和理性具体思维

在科学认识活动中，知性思维与理性思维的关系表现如下：

1.是抽象与具体的关系。康德的批判哲学的功绩在于使人确信，知性的范畴属于有限的范围，并使人确信，在这些范畴内活动的知识没有达到真理。因为知性经验知识是有条件的知识，知性是以有限和有条件的事物为对象的。可是世界上任何有限和有条件的事物都处在无限的关系中，它们存在的根据也是在这种相互作用的关系中。这样，知性分析所获得的关于对象的同一性，是割裂了对象与其他存在关系的有限的同一性，对于感觉材料来说仅仅是一种简单化的形式和规则，而这一形式和规则所依据的原则，只能是不矛盾原则。所以知性分析所获得的同一性，是一种抽象同一性，知性思维的最根本特征就在于抽象性。

但是，抽象同一的东西根本不存在，世界上没有完全相同的两片树叶。黑格尔第一个明确地阐述了现实是具体同一的观点。思维要把握现实，获得真理，就必须在知性抽象思维的基础上，实现否定的理性思维和肯定的理性思维的统一，即构成分析综合的辩证思维。马克思在《1857—1858 年经济学手稿》导言中第一次对辩证思维做了唯物主义的论述："具体之所以具体，因为它是许多规定的综合，因而是多样性的统一。因此它在思维中表现为综合的过程，表现为结果，而不表现为起点，虽然它是现实中的起点，因而也是直观和表象中的起点。在第一段路程上，完整的表象蒸发为抽象的规定；在第二段路程上，抽象的规定在思维行程中导致具体的再现。"可见，分析与综合的对立统一就是理性思维把通过知性分析而获得的各种抽象同一的概念、判断和推理，制作成反映事物"多样性统一"的具体同一的概念、判断和推理。这样的"制作"就是综合。理性综合不是聚合、结合，而是对立面的统一。这种统一，是本质之间的联系。建立这种统一的活动是一种构造活动，即它构造可以包含"多样性统一"的概念、判断和推理的结构，使之能说明事物的真实关系。理性综合的建构性特征，突出地表现在人类对原子的认识上。从留基伯、德谟克利特到道尔顿、门捷列夫，认识虽然从思辨跃进到科学，但这个进展主要是依赖知性分析获得的。19世纪末，由于发现了电子，汤姆逊才于1904年提出第一个原子结构模型；1911年卢瑟福用粒子轰击金属箔片时有极少量的粒子发生偏转、折射，使卢瑟福形成了原子有核的思想，从而提出了原子结构的行星模型。如果说汤姆逊的模型仅仅是聚合、结合的话，那么，卢瑟福的模型已经是对原子核和核外电子对立统一关系的初步综合了。但是，卢瑟福并未认识原子核与核外电子究竟是怎样对立统一的问题。一个显而易见的困难是：依据电动力学理论，稳定行星结构将不能存在，因为电子绕核运行时要以辐射的形式放出能量，这样就使得电子运行的轨道将逐步缩小，最终要掉到原子核上。可见，卢瑟福的综合是不完整的，它没有揭示真实的关系。

卢瑟福的学生波尔，依据原子光谱线状分立的新科学事实，巧妙地把有核模型与普朗克的能量子假说结合起来，于1913年创立了波尔模型，提出了两个概念：一是定态概念，二是跃迁概念。这两个概念是从量子化概念派生出来的，因而是综合的产物，更具有建构性特征。

诚然，波尔模型也是有缺陷的，它没有给出量子化条件的解释。这表明波尔的综合或他所构建的模型还有牵强之处，只是经典理论与量子理论的混血儿。但十分明显的是，我们对原子结构认识的每一次进步，都是以知性分析为基础、以综合为主导的理性思维的结果。

从人类对原子结构的认识发展中可以看出，知性分析和理性综合是相对而言的，抽象同一和具体同一也是相对而言的。因为任何知性分析阶段相对于前一个阶段的认识都有综合性，而相对于后一个阶段的认识它又只是揭示"同一性"与"差异性"。所以，理性认识是辩证的思维运动，它形成一个接一个的分析综合周期。

2. 是静态与动态的关系。周期性的分析综合思维活动具有动态性，但具体的分析或综合必须以相对确定的整体或规定为前提，从而又具有静态性。动态性表现为某种时间关系，静态性表现为某种空间关系。现实的时—空关系是相关的，不能割裂的。

黑格尔曾正确指出：真理是全体，但全体只是通过自身发展而达于完满的那种本质。他在《精神现象学》中指出："知识里和哲学研究里教条主义的思想方法不是别的，只是这种见解：以为真理存在于表示某种确定结果的或可以直接予以认识的一个命题里。"事实上，这种确定的结果和可以予以认识的命题，不仅是以认识对象的不变性为前提，而且是以把对表象的分析、分解所获得的抽象、固定的规定（至多是再把这些规定结合起来）作为完成的认识而造成的。这样的认识，不懂得抽象规定的非现实性，不懂得非现实规定，仅仅是转化为现实规定的一个否定环节。

马克思在《资本论》中对资本主义的分析，是从基本元素——"商品"开始的，从对"商品"这一基本元素两重性的分析开始，发展出货币、资本、不变资本、可变资本、剩余价值和地租等一系列概念，从而使运用概念的逻辑思维运动与商品生产的历史发展一致起来，并揭示出认识对象内部的各种关系和规律。可是，科学认识中的历史方法，也就是在静态分析的基础上进行动态综合的理性方法。

但是，如何确定动态综合的分析基础呢？或者说思维应当从何处着手去再现对象的历史呢？《资本论》示范地告诉我们：研究者应当从终点，从对象最成熟的形式和发展阶段开始研究对象。这时，对象的本质方面得到充分的发展，不为与它无直接关系的偶然性所掩盖，因为对象发展的高级阶段以独特的，即所谓"扬弃"的形式包含着先前的各个阶段。在研究对象发展最多、最成熟阶段的基础上，提出对象本质的最初规定，而这一对象的最初规定，就成为该对象的形式和发展过程的出发点。从而使出现在思维中的各级概念成为对象各阶段本质的再现，使发展着的关于对象的理论与对象自身发展的历史和逐步深入认识对象的历史一致起来。

由于再现对象的本质及其形式和发展的历史是在思维运动的多种形式中实现的，所以知性的静态性与分析性和理性的动态性与综合性是一而二、二而一的关系。这样，知性思维与理性思维之间的关系，既表现为逻辑形式上的分析与综合的关系，也表现为把握思维对象时的静态与动态的关系和思维结果上的抽象与具体的关系。

三、理性综合是知性分析的根据与归宿

不少哲学家都曾把人类认识的增长、人类教养的过程和人类思维的发展划分为若干相互联系的阶段。从现有的历史资料来看，它们不仅确实表现为从低到高的进步，而且在形式特征方面，始终表现为发展着的否定之否定的圆圈运动。可以把整个人类思维的发展划分成朴素思维和科学思维两大阶段。显然，就思维方式而言，总有知性与理性的区别，总有知性思维方式向理性思维方式的转化。而知性思维方式在人类思维发展的历程中，仅仅表现为一个待否定的环节，理性思维方式才是它的必然归宿。

众所周知，单纯的归纳与演绎方法被看作是知性思维所运用的科学方法，但归纳与演绎，就其特征和推理过程来看，是两个对立的方法。于是在知性分析占主导地位的近代科学时期，就导致了

企图消除一方保全另一方的所谓"全归纳派"和"全演绎派"。但要在归纳和演绎的对立中把握它们的统一，思维就必须超越知性的水平。

其实，归纳与演绎方法的功效，根源于客观世界中个别与一般的联系。但运用归纳或演绎所求得的这种个别和一般的关系是一种抽象的关系，它仅仅是某一范围、某一阶段、某一侧面、某一特殊上，个别与一般之间的同一。虽然各种抽象同一性的获得也是认识，但认识毕竟没有完成，而且这种凝固的抽象同一性迟早要遇到反例。因为抽象关系毕竟不是现实关系，现实事物的关系是具体的、历史地变动的。认识要把握现实关系，就要扬弃知性的抽象思维方式。

从知性思维方式前进到理性思维方式的过程，实质也是不断地发现和克服知性在认识中陷入矛盾的过程。我们再以归纳和演绎方法为例，单纯归纳认识的不可靠性和单纯演绎不能提供新知的局限性，对于科学认识来讲就是一个矛盾。归纳必须在一定范围一定阶段中进行，演绎必须先有大前提，而这些又是归纳和演绎方法本身无法解决的，这又是一个矛盾；依据归纳和演绎所获得的各种知性结果的截然对立，就知性思维的确定性要求而言，这仍然是一个矛盾。单纯的分析和综合方法，也存在着上例的类似矛盾。而要能够适当地对待各种知性方法的运用理由、运用基础、运用功效，就必须摆脱和克服这些矛盾。但这种摆脱和克服、这种有目的的思维活动，正是理性思维的本质特征所在，所以，理性思维又是知性思维的根据。

还需要指出的是，理性思维作为知性思维的归宿和根据，不仅表现在对各种科学方法、逻辑方法的把握上，而且也表现在这些思维方法本身完善和发展的实际进程中。

就方法论而言，当代的发展极其迅速，诸如现象学方法的制定，对语言分析重要性的深刻认识，对思维过程的新分类，公理系统的新发展，以及为解决许多悬而未决问题所做的有效努力和对逻辑系统相对性问题的研究等。这一切都表明，科学家们和哲学家们愈来愈超越知性思维的水平，愈来愈以理性思维来对待方法本身。

就现代形式逻辑的新发展而言，19世纪中叶以后，围绕着数学的逻辑基础和元数学的研究，特别是由于对集合论中悖论的解决而发生的分歧和争论，逐步形成了所谓的逻辑主义派、直觉主义派和形式主义派三大流派。三派虽然在逻辑和数学的关系上见解不同，但都对现代形式逻辑的发展起了重要的推动作用；各种应用逻辑的涌现，更使逻辑的作用发生着深刻的变化。不论是从现代数理逻辑的丰富内容看，还是从各种逻辑系统的相对性特征看，它都超越了古典的知性逻辑水平。现代数量逻辑不仅更加形式化、符号化，不仅具有更强的分析性，而且还具有显著的建构性、综合性特征，超越了传统形式逻辑的含义，从而也使逻辑思维从知性水平前进到理性水平了。

第二节　从科学假说到科学理论

科学认识要达到真理，必须在实践基础上从知性上升到理性。而在科学认识活动中，引导我们在实践基础上达到真理的理性综合的具体形式则是假说。恩格斯说："只要自然科学在思维着，它的发展形式就是假说。"[1]假说是发现客观规律、建立科学理论的理性综合形式。

---

[1]　恩格斯：《自然辩证法》，第117页。

一、假说构成的原始综合性

科学假说不是对科学事实的直观反映，也不是对经验的抽象概括。任何一种科学假说的提出都是综合运用各种思维方式，对经验资料和理论资料初步综合的结果。

不少科学工作者认为，他们的假说似乎仅仅是依赖某一种科学思维方法，如归纳、类比等方法提出的。然而，肤浅的类推仅仅是对认识对象某些属性的猜测，它不可能形成关于认识对象的本质、规律的科学说明。在普通逻辑中的类推，必须遵循的基本原则是"异类不比"，如三角形与红颜色、木头与黑夜无法比较。类推只能在同类中进行。中国古代讲"类"、"故"、"理"的认识过程，即察类、明故、达理的认识过程。问题是在这一认识过程中，新的科学事实、经验资料若被看作与原有的科学事实、经验资料属同类现象，那么，故既明，理亦达，即只要以原有的科学概念、科学理论进行规范就行了。但新的科学事实之"新"，在于它不属于已知类的现象；科学假说之所以被提出，在于旧理论的概念和体系不能说明它。所以，一个科学假说的提出，绝不可能仅仅依据类推方法而形成。它涉及一系列科学思维方法。首先，它需要审查和再认识类推所依据的"类"，就不仅要运用归纳和演绎等思维方法，还必须运用分析和综合等思维方法；其次，它要寻找新的联系，而这也要涉及上述各种思维方法；最后，它实质上是构建了一个新的说明模式——假说，而这也是以理性综合为主（尽管它还包括一些"非逻辑"因素）的思维活动过程。可见类、故、理的认识过程，不是普通逻辑中的简单类推过程，而是一个辩证的理性认识过程。

不仅形成科学假说需要综合运用各种思维方法，而且形成的科学假说本身也具有综合的特性。科学假说是关于事物现象的因果性或规律性的假定性解释。它必须首先给出要解答的问题是什么，进而要以设想的"理论"(假说)来解答它。既要解释旧理论所不能说明的新的科学事实,又要解释旧理论能够解释的已知事实。它作为假说,既有比较确定的内容,又有真实性尚未判定的内容;同时,它作为科学知识体系,既包含理论陈述,又包含有关事实的陈述。一般说来,假说这个认识框架的层次结构大致如下:作为其核心部分的,是为了解答问题而"猜想"(综合形式)出来的基本理论观点,它是该假说的纲领性内容,是不可改动的;而以设想的基本理论观点去解释已知事实或预测未知事实的部分,是其外层部分,它是使假说发挥认识功能,并为被设想的基本理论做辩护的,有人称其为"保护带",它是允许改动的。在这个结构中,各元素之间的关系要力求简明并形成一个严谨的系统,其完善的形态则是公理演绎系统。很明显,这种具有复杂结构的内容的假说,是对各种作为元素的抽象规定进行综合的结果,它的形成过程是一种建构性活动。由于在这一建构性活动中,非逻辑甚至非意识(或曰潜意识),发挥了很大的功效,由于形成的假说还需要在检验中不断调整其内部关系、修改和发展其"保护带",所以这一综合带有初步的原始的性质。

二、假说实现的实证性

假说具有知识形成的特点,它是科学认识发展的形式。科学假说的价值,在于它把已知的东西和尚待探索的东西联系在一起,它必然包含两类判断:其一是实然判断,即确实的和经过证明的判断(知识);其二是盖然判断,即真假尚未得到证明的判断,但这些判断的可能性应为前人早已证明过的知识所证明,这是假说的认识功效所在。例如,关于天王星之外还有一颗未被发现的行星的假说。其中的实然判断是天王星轨道的实际观察数据和经过验证的万有引力定律（当然，"实然判断"的实然性也不是绝对，该假说也包含着否定万有引力定律的可能性）。其中的盖然判断则是假说所给出的推测判断——天王星外尚有一颗未被发现的行星对其起摄动作用。而德国天文学家伽勒，在勒维烈计算的位置附近发现了这颗新星，并将其命名为海王星，则是对这一假说的验证，从而把推测转化为事实。

可见，科学假说要能够成为科学认识发展的形式，必须具有可推测性和可检验性，应能够用演绎推理推断出新的结论，并使该结论获得科学实践的检验，才有可能使其成为具有更大解释功能的新知识体系。

假说中包含的知识具有实证性，这种实证性直接导致了假说与真理关系的复杂性。形而上学的哲学家们，为了承认科学假说在科学认识中的作用，为了承认真理的可知性，不得不把实证知识宣布为真理，从而把真理视为僵化的既成的东西，把全部真理视为各部分真理的机械总和。因此，他们不能说明科学理论的更替这一科学史中常见的现象。相对主义者干脆把假说当作非真理的东西。但这样一来，科学就没有真理性，而仅仅是方便的符号和简易的操作，人们的全部知识，都仅仅是一种"作业假说"，这就难免堕入不可知论的深渊。

我们应如何看待假说中所包含的或然的推测知识和对这些推测知识的证实呢？首先，或然性和确实性这对范畴不能与谬误和真理这对范畴混为一谈。因为即使从"符合说"的真理观看，真理和谬误也只能对应于确实与不确实这样两个范畴。而"或然性"有一种待证明的要求。按照形式逻辑，一切尚未判明其真假的命题皆称为假说，假说的或然性值摇摆于0—1之间。因为一个假说不会严格从现有知识中逻辑地推出，否则就没有提出假说的必要或不是一个假说；同时又不会不与已有的知识有联系，并有可能被经验证实，否则就不是科学假说，而只是幻想。这样，或然的东西与确实的东西则处在某种逻辑联系中，而不是介于真理与谬误之间的孤立的中间物。比如，"火星上存在一种运动着的物质的生物形态"这一命题，就其本性而言，由于自身的客观内容，它不依赖于我们的证明。在知识发展的现阶段上，我们把上述命题估价为或然的，但这并不意味着就其本性而言与客观内容而言，是介于真假之间的东西。或然性不是对命题客观内容的评定，而是对其论证和证明程度的估价。因此，要将知识从谬误向真理的发展，同知识从或然性向确实性的转化区别开来。所以，现代实证论者把思维的客观内容同检验这一内容的标准和方法等量齐观，把整个检验工序看作就是科学意义和思维内容所在的观点是错误的。事实上，我们在评价假说中所包含的知识的性质时，实质在回答两个问题：（1）假说中的假定是怎样并在多大程度上得到确认的；（2）在假说中知识的发展是否沿着客观真理的途径进行。下面我们将就此给出回答。

三、假说向理论转化的辩证综合性

1. 科学假说的验证性。一般认为，一个假说，当它推演出的观察命题获得检验证实时，该假说就获得了确证，就有可能使之转化为理论。但是，证实是一个演绎过程，并无逻辑必然性。因为结论真并不意味着前提必定真。例如经验检验表明，光从一种媒介传到另一媒介时，会发生反射现象和折射现象，但是这既不能证实光的微粒说，又不能证实光的波动说。因为从光的微粒说和波动说都可以推演出这一现象。

科学发展史表明，每个确证事例给予理论的支持程度是不同的，从而促使人们考虑到确证在质上的差异。这就是说，对一个理论确证度的评估，不只是取决于确证事例的数量，而且要取决于确证事例的严峻性，即通过严峻检验所获得的观察陈述，比从一般检验所获得的观察陈述具有更大的科学价值。比如，爱因斯坦从广义相对论推出关于光线偏转和光谱线红移这样大胆新颖的预见，就是当时的背景知识所料不及的。通过这种严峻检验所取得的确证事例，就给广义相对论以异乎寻常的辩护力量。

英国科学哲学家波普尔曾提出一个与经验证实原则相对立的经验证伪原则。但个别的具体的经验证伪，只表示对假说的一定程度的拒斥或一定的"可证伪度"。由于"可证伪度"与"可确证度"处在互相依赖的关系中，即当一个理论的可确证度小时，可证伪度就大，反之亦然。因此，我们必须依赖确证度与证伪度互补的原理来评估假说和理论。

此外，就对立的竞争假说而言，当其中的某个假说取得特有的确证事实时，它也就相应地给另一个或一些假说以一定程度的拒斥，反之亦然。比如，当"日心说"得到了恒星视差现象的独特确证时，就给"地心说"以一定程度的拒斥，表明"地心说"的可证伪度增大了。可见，实践检验、确证度和证伪度的估量是一种综合性的认识活动，离开了综合，我们既不能得到假说的确证度，也不能得到假说的证伪度。

把假说确立为理论的辩证综合性，还表现在科学假说在新时期的检验面前有可能被迫改变自己原先的确证度或证伪度。比如，光的小孔实验，就在提高了波动说的确证度的同时，增大了微粒说的证伪度。这样，确证度和证伪度的把握是一个动态的历史过程，这种动态性和历史性，正是辩证综合性的另一表现。

一个假说在与其他假说的竞争中、在不断的实践检验中发展，无非有以下几种情况：第一，该假说的确证度不断增大，证伪度不断减小，使得该假说不断充实、具体和精确，并被认为客观性越来越强，最后确立为理论；第二，该假说的确证度不断减小，证伪度不断增大，最后导致自我否定；第三，假说在发展中，既经历了很多确证，又经历了不少伪证。绝大部分的确证都使假说的内容获得充实；同时绝大部分的证伪，都使假说的内部结构，特别是外围结构做出了相应的调整。当该假说的确证度与证伪度相比被认为占压倒优势时，当该假说的基础原理被认为获得了实践证明时，假说就被认为具有较大的真理性，并被确立为理论；反之，当该假说的证伪度与确证度相比被认为占压倒优势时，当该假说的基础原理被认为遭到证伪时，该假说就被认为不具有或基本不具有真理性，并被否定。

科学史表明，前两种情况只是假说检验中的理想状态，第三种情况才是现实的假说检验过程。可见，在假说转化为理论的过程中，假说表现为一个发展着的知识体系，对其真理性的确认或否认是一个过程。这个过程本身就是一系列波浪起伏的实践检验活动和假说内部结构的调整发展活动。因此，假说与理论、假说与幻想之间的关系，不仅是相对的，而且是动态变化的。但是，不论是否定某个假说或是把某个假说确立为理论，都是辩证综合的认识结论，都是对该领域认识深化的结果，都是人类知识的客观性和真理性的发展。

科学假说转化为科学理论，标志着科学认识的相对完成。但是，理论的确立是否就标志着达到客观真理呢？科学理论的合理性情况如何呢？科学理论是否就是人类理性的具体展现呢？要回答这些问题，就必然涉及科学知识与其他知识的关系问题，涉及科学理论的形态结构问题，涉及科学理论的基础问题。总之，这是一个对科学理论的评价问题。而对科学理论的评价，实质上也是对整个科学认识和科学思维的评价。因为科学理论是科学认识和科学思维活动的产物。

2. 科学理论的确定性。虽然科学理论知识和其他知识同属整个人类知识大系统，但是，科学知识与其他知识显然是有区别的。因此，科学与非科学的界限如何区分，就成为评估科学理论的首要问题。划界思想起源于古希腊的独断论，其实质是要坚持知识的确定性立场。划界主义相信存在着某种确定的普遍标准。

与形而上学等知识相比较，科学理论知识显然是由一些意义明确并经过经验（实践）证实的命题构成的。这就是说，各命题（陈述）都是有确定内容的，不是含混不清的。并且，这些命题（陈述）的内容必须是直接或间接地可观察的。构成科学理论的命题，可以运用逻辑分析和经验证实的方法确立其真假。据此，逻辑经验主义者认为，意义标准和证实原则就是判别知识性与否的标准。这个标准看上去似乎合理，它使得假说与理论、科学与非科学严格地区分开来了，但实行起来困难重重。这不仅因为命题的意义与命题的真值是两码事，从而不能把可证实性作为确定一个命题是否有意义的充分必要条件；而且作为全称命题的科学理论，不可能被有限的观察证据所证实。

西方科学哲学中的历史主义派，鉴于上述困难，提出科学是一种社会事业，把区分标准简单地定为经验证实或证伪是对科学采取非历史非社会观点的结果，因而是错误的。但是，历史主义否定从科学理论与经验事实的关系中去寻找区分标准的努力的结果是，导致了到认识论之外的社会学、心理学方面去寻找标准的愿望。这实际上等于取消了清楚划界的可能性。

西方科学哲学的后继者们虽然批评了上述两种观点的片面性，但并没有能够恰当地解决科学划界问题。比如拉卡托斯，他提出的科学研究纲领方法论的划界标准是：能不断预见新事实的理论是科学的；不能继续预见新事实的理论是非科学的。从而研究纲领可区分为进化期和退化期，处在进化期的是科学的，处在退化期的是非科学的。这样，不仅同一个科学理论在一个历史时期可能是科学的，而在另一个历史时期则可能是非科学的；而且要确定理论究竟是处在进化期还是退化期，只有等到这个理论的生命期结果，才能由历史来做出结论。这实际上也等于否定了区分科学与非科学、伪科学的可能。问题的症结在于，当我们仅仅强调科学理论知识的确定性，强调它与假说和其他知识的绝对区分时，这样理解的确定性就成为知性认识的确定性了。知性认识必然导致矛盾，即它必然在另一种意义上导致同样绝对的不确定理论。这就是西方科学哲学在划界问题上表现出来的种种对立和矛盾观点。

我们认为，科学与非科学、伪科学的区分是确定与不确定的统一。说其是确定的，是因为任何科学理论都具有解释功能、预见功能和指导实践的功能，而其他知识并不都具备这些功能；说其是不确定的，是因为科学理论的这些功能并不是绝对的，也会遇到反常。而这种确定性与不确定性的统一，也就是科学知识的绝对性与相对性的统一，根源于科学认识（实践）的绝对性与相对性的统一。就任何科学知识都必须从科学认识（实践）活动中产生，并获得检验而言，是绝对的、确定的；就科学认识（实践）活动与其他认识（实践）活动都渊源于生产（实践）活动，都同属人们的社会（实践）活动而言，它们的区分是相对的、不确定的。

科学理论知识本身的确定性也是如此。一方面，科学理论知识是一个系统，个别的科学知识处在一定的秩序和必然的联系之中。就此而言，任何科学概念、定理和含义必然是清晰确定的。因为它们处在互相制约、互相规定的关系中。而常识和其他非科学知识，则不具有这一点。另一方面，由于科学理论知识的系统构成本身不仅表现为认识的结果，也属于认识过程的某一阶段。处在特定科学理论体系内部的各科学概念、定理的含义，只有相对于该理论体系而言，才是绝对确定的；当该科学理论体系本身由于种种原因而进行调整、发展或被新的理论体系取代时，原先概念或定理的含义就必然要被修改或否定。所以，它也就带有相对的、不确定的性质。比如，以热的实体——"热质"为理论核心所构建的热学知识系统中的各概念、定理，在以热的分子运动论为理论核心的热学知识系统中，就不再具有原先的含义。有些甚至要被取消，代之以新的概念和定理。

3. 科学理论的真理性。判定科学理论的真理性，与判定其他知识真理性程度的情况不同。判定科学理论的真理性程度，不需要逐个孤立地去考察科学理论的各个命题，然后再求舍取，这是由科学理论知识的系统形态决定的。按照西方科学哲学的正统观点，科学理论结构模型包含三个相互联系的方面：形式系统、对应规则、概念模型。形式系统是一个没有解释的公理系统，由逻辑句法和一组原始概念及公理组成，依据逻辑句法提供的形成规则和变形规则，可以从公理导出全部定理；对应规则是把理论语言和观察语言联系起来，通过作为科学语言基础的观察语言赋予理论语言以经验意义；概念模型就是对形式系统做语义解释，给形式系统的原始概念和公理以一定的语义，由此使形式的公理系统变成具体的科学理论。可见，科学理论真理性的根据在于原始概念和公理的含义上。这样，判断最终也就变为对科学理论基础（原始概念和公理）的判断。

判定科学理论的真理性程度，由于作为基础的公理和原始概念不能再从其他原理或概念推导出来，所以被认为只能依赖于观察实验的验证。可是仔细分析这种验证，除了我们已经指出的许多困难外，首先还因为理论的内核或基础是一些语句或陈述，而语句只能由另一些语句来检验。这就要把观察与实验的体验用语言记录下来，成为一种观察陈述，才能用来检验理论的内核或基础。然而这种观察陈述所描述的是私人经验，以私人经验作为科学知识的基础与科学知识的公共性、客观性要求是相悖的。

依据实验观察来判断理论基础的真理性、客观性程度，还有一个更大的困难是不存在纯客观的能作为判据的中性观察。原因是"观察渗透理论"。一方面观察总是受理论的指导。"看"不是简单的光线在视网膜上的刺激反应，知觉的形成已经有"先验"认识框架的作用，比如"被火灼痛"的知觉，已经有"火"概念作用。经验和认识则更是如此。第谷看"太阳从东方升起，从西方落下"这一现象所获得的认识是：太阳围绕地球运行；而开普勒"看"这同一现象时，获得的认识是：地球在自转。另一方面，运用于科学观察的仪器、设备是依据理论原理设计的，这也使得观察受制于特定的理论。

这样，将理论陈述孤立地通过对应规则与观察陈述相联系，从而使理论陈述取得经验意义的"还原论"原则也遭到了非议。人们指出，科学是由许多相互联系、相互影响的命题和原理组成的错综复杂的大网络。因此，在科学理论中，不存在彼此在意义上相互独立的命题，理论名词和理论陈述是从科学的整体、从语言网络取得意义的。同样，对一个命题的重新解释必然会引起对它周围的一些命题的重新解释。这样，同经验事实发生联系的是科学的整体，而不是单个命题。于是，当科学整体的边缘部分的命题与经验事实发生冲突时，可以通过对整个网络的调整而保存这一命题。

西方科学哲学的各派在评估科学理论时，虽有一定的合理性因素，但都表现出片面性和极端性的特征。要对科学理论做出正确的评估，必须综合各派的合理性因素，扬弃各派的片面性，必须对科学理论进行多方面的价值评价，而综合正是理性的特征和功能。而且，理性综合本身就是一种非静态的思维活动，就包含着历史意识。但是，这种历史意识不同于西方历史主义的机械历史观，它不把（科学的）历史看成是现象的堆砌，它不要求历史规律与历史上的任何现象相符，因为在这些现象中有偶然与必然、真相与假象之别，所以，它能克服历史现象中的矛盾，把握历史规律。

这样，评估科学理论的真理性问题是一个综合的问题。因为第一，科学的理论结构是综合的，即它虽然可以区分为基础与建筑两大部分，但两者之间不是单纯的演绎关系。第二，科学的理论基础本身也是综合的，即它一方面植根于经验、实践，另一方面又植根于科学思想传统和科学知识背景。第三，科学理论的真理性还体现在科学理论本身的演化发展中，即科学理论的确立、完善、修改，甚至被推翻是一个过程。

其实，真理本身就是一个发展过程。我们如果把符合客观的知识称作真理，这种"符合"关系显然不是绝对同一的分析关系，而只能是综合关系。这种"符合"仅仅表现为同一性，而且使之"符合"的活动也必然表现为过程性。这样，科学理论的综合性，一方面，决不能成为否定其真理性的理由，尽管先行的科学理论有可能被后来的科学理论所推翻或超越，但推翻或超越并不等于绝对否定，被超越的旧理论在一定的条件范围内仍然是有效的。因此，牛顿力学包含着客观真理性的成分。而且正是一连串的推翻或超越构成了科学发展的超越。真理就存在于认识发展的过程中。另一方面，也决不能认为任何具体的科学理论已经成为不可动摇的真理，任何综合结果都不具有铁的必然性，它都只是认识发展中的一个环节，它通过综合而构建的认识框架，都有可能被在新的历史条件下构建的新认识框架所替代，所以都只有相对的意义。因此，任何科学理论都只是该历史时期人类理论水平的展现。而人类理论本身是伴随着对自然界的认识的发展而发展的。

第三节　现代系统思维的整体性

20世纪40年代以来，在科学技术领域中出现了一群理论综合性强、应用范围广的新学科。其中，控制论、信息论和一般系统论，以及耗散结构论、超循环论和协同学等尤其具有代表性。我们把它们统称为"现代科学技术综合理论"。这个现代科学技术综合理论以系统为研究对象，从不同的角度深入地揭示了自然、人类和社会等不同领域中新的联系与发展的规律。揭示了科学技术发展的整体化趋势。引人注目的是，现代科学技术综合发展的这一势头，无论在认识世界还是在改造世界方面，都正推动着一场新的更为深刻的科学革命和技术革命。

系统思维是科学思维的新发展。作为感性直观、知性分析和理性综合的一项具体成果，系统思维其实就是运用现代科学技术综合理论的基本观点去研究和解决各种问题，特别是复杂问题的一种方式方法。现代科学技术综合理论作为系统思维的科学基础，它的主要思想是什么，其不同理论之间的内在联系怎样；系统思维作为一种科学研究的新思维它有哪些基本的原则；如何在不同的领域里、对不同的问题，具体地发挥与应用系统思维方法；系统思维与系统工程之间以及系统工程与哲学之间有什么关系；等等，这些都是我们需要认识和探讨的问题。

一、现代科学技术综合的辩证发展

1.控制论和信息论。控制论是美国数学家 N. 维纳等人创立的一门技术科学，具体地说，它是一种关于在动物和机器中控制和通讯的理论。与传统科学不同，对于各种动态物质系统，控制论并不追究其具体的物质构造以及能量变化的过程，而是从信息角度研究各种系统的功能，探索它们在行为方式上的联系和一般规律。因此，控制论的基本问题，就是如何在不同的系统中实现相同的或相似的控制过程。从根本上讲，所谓控制，指的是一个有组织的系统，根据其内部和环境的某些变化而进行调节，以不断克服系统的任何不确定性，使系统能够保持某种特定的状态。与此相反的情况，当然就是"失控"。

一个控制系统由施控系统和受控系统两部分构成。施控系统根据受控系统的实际行为与理想状态或预定目标之间的偏差（不平衡）进行必要的调节，以消除这个偏差。控制论的重大成就在于，通过信息过程，揭示出动物（包括人）与机器在功能、行为上的相似性和统一性，也就是将动物的目的、行为以及作为其生理基础的大脑、神经活动与电子、机械运动联系起来，相互贯通，从而突破了生命现象与非生命现象之间的传统界线，建立了不同物质运动形态之间新的联系。于是，同那些限于局部范围的专门化的科学相比较，控制论具有较普遍的意义。

控制论的研究成果是创造性的，而研究控制论的战略思想也极有启发性。在控制论的创立过程中，维纳等人已经认识到，在现代科学发展大道上可以得到最大收获的领域是位于各门科学之间的边缘地区，它给有修养的研究者提供了最为有利的机会。然而，在这种边缘地区进行开发，必须组织各个方面的科学家进行合作才能卓有成效。显然，这一思想确实高屋建瓴，充满着科学发展的辩证法。控制论实际上正是自动控制技术、计算机技术、无线电电子学、神经生理学和统计学等多门科学技术相互渗透、交叉综合的产物，也是这些方面的科学家、工程师合作研究的成果。

控制论表明，信息是任何控制系统实施控制的依据，信息是系统内部和不同系统之间的重要联系所在。然而，对信息过程本身的研究，在美国数学家 C. E. 申农提出的信息论中得到了进一步展开。

在日常语言中，人们往往把信息等同于消息、情报、知识等。随着科学技术与社会的发展，信息的产生和增长越来越快，信息的作用和效益也越来越大，以至于人们常说现在是"信息时代"。但是，从科学意义上讲，到底什么是"信息"？信息论作为应用统计学方法研究通讯系统中信息传递和信息处理问题的科学，它认为，信息是减少可能事件出现的不确定性的量度。如果接受信息后，一点不确定性都消除不了，那么信息量就最小（等于零）；而若接受信息后，不确定性都消除了，则信息量为最大。如果有 n 个可能事件，每个事件出现的概率分别为 P_1，P_2，…，P_n，那么，在没有干扰的情况下，接收的每个消息的平均信息量为：

$$I = -\sum P_i \log 2 P_i（比特 / 每个消息）$$

由此就可以对信息进行精确的计量，因而产生了重要的理论意义和实用价值。例如，"今天是天气很好的休息日"，如果一个学校一年中有 1/4 为假日，同时"天气很好"的日子占一年的 1/4，那么，这条消息的信息量就为 4 比特。

信息与"熵"这个物理量有着密切的关系。对于一个系统来说，信息描述的是它的有序程度，而熵则表示其无序程度。一个系统的有序程度越高，它所含的信息量就越大，熵则越小；反之，一个系统的无序程度越高，它所含的信息量就越小，熵则越大。实际上，信息就是负熵。

科学意义上的信息概念产生于控制和通讯技术发展的需要，后来它又被广泛应用于其他学科和各种领域之中，从而具有普遍的意义。信息虽然必须以物质、能量为载体，但又不能归结为物质、能量。正是物质、能量和信息三个方面共同构成了丰富的科学世界图景，其中信息概念的提出，大大地深化了人们对世界的科学认识。目前，以信息论为基础，横跨多门学科，研究各种系统中信息传递和处理信息识别利用的一般规律的信息科学，正在迅速发展。

信息联系的建立和信息控制的实现，必然导致整体化系统的形成。于是，关于一般系统的科学理论，即系统论蓬勃兴起。

2. 系统论。20 世纪 40 年代，在控制论和信息论产生的同一时期，美籍奥地利生物学家贝塔朗菲提出了一般系统论，它的直接思想来源是生物学中的机体论。在一般系统论中，贝塔朗菲试图确立适用于所有系统的一般原则，使它成为一门逻辑和数学领域的科学。为此，他对有关系统的一些基本概念，例如系统、组织、整体、动态、等级和目的等，做出了开创性的阐发。然而，一般系统论基本上限于初步的定性说明，它没有能进行深入的定量分析。

在控制论、信息论和一般系统论的基础上，科学家以及哲学家对一般系统论的基本问题做出了进一步的探讨，由此而取得的理论成果形成了系统论。

在系统论中，"系统"是最基本的概念。贝塔朗菲把系统定义为处于一定相互关系中的诸要素的一个集合。从这个定义出发，在某一时刻 t，对于一个系统的描述可以分为三个方面：第一，系统的要素，即组成部分（也可称基元或子系统）；第二，系统的环境；第三，系统的整体结构，它实际上是关系的集合，是过程的复合体，尤其是要素之间以及环境之间联系和作用的集合。一般地讲，系统的要素是在一定环境的影响下而形成某种整体有序结构。从不同的侧面，还可以把系统分为不同的类别。例如，根据系统的产生方式，有自然物自己组织起来的自然系统，像原子、细胞、动物等；也有人工设计并利用自然建造出来的技术系统（人工系统），像汽车、电视机、电子计算机等；从系统与环境的关系上来看，有与环境发生物质、能量和信息交换的开放系统；还有与环境不发生任何物质、能量和信息交换的封闭系统（在物理学中称为孤立系统）。根据系统本身所处的状态，又可以将系统分为平衡态系统和非平衡态系统。其中，不仅宏观状态不随时间变化，而且内部没有任何宏观过程的系统，叫作平衡态系统，否则称为非平衡态系统。对于非平衡态系统来说，它距离平衡态的远近可以有所不同。接近平衡态的系统随时间的推移而自动回到原来的平衡态，而远离平衡态的系统随着时间的变化不可能再回到原来的平衡态。

系统的一个最为显著的特征在于，它具有某种整体有序结构。然而，这种结构究竟是怎样形成的？对于这个重大问题的研究，一直到 20 世纪 60 年代才开始取得实质性的进展。

3. 耗散结构论和超循环论。20 世纪 60 年代末 70 年代初，比利时的普里戈金和联邦德国的艾根先后提出了耗散结构论和超循环论，两位物理化学家分别以物理领域和生命领域中的演化现象为出发点，从不同的侧面研究了整体有序结构的形成问题。

耗散结构论居于一种非线性非平衡态热力学理论。按照这一理论，一个开放系统，在从平衡态到近平衡态再到远平衡态的推进过程中，当到达远离平衡态的临界值时，通过涨落，有可能发生突变，即非平衡相变，由原来的无序状态转变为一种新的在时间、空间或功能上有序的状态。由于维持这种新的有序状态，系统需要不断地与环境交换能量（有时也交换物质），即系统需要耗散从环境输入的能量，所以把它叫作耗散结构。例如，有一水平液层，当开始对其下表面加热而使上下两面产生一定的温度差时，热量以热传导的方式自下而上地传递，但液体从宏观上看是静止的、无序的。不过当这个温度差增大到某一临界值时，突然出现了六角形的宏观对流花纹，这时液体进入了整体运动的有序状态，并通过继续散热量来维持这种宏观结构。这就是所谓"贝纳德现象"。

热力学第二定律描绘的是孤立系统走向均匀、平衡、无序的"退化"趋势，而生物学的进化论指出的却是开放系统从简单到复杂、从低级到高级、从无序到有序的进化方向。这两种演化之间似乎是彼此矛盾的。然而，根据耗散结构论，对于一个开放系统，它的熵（S）的变化（dS）是由两种因素造成的，其一为系统自身由于不可逆过程（如热传导、化学反应等）引起的熵产生（diS），它永远不会是负的；其二为系统与环境交换物质和能量引起的熵流（deS），它可正可负，于是有：

$$dS=diS+deS$$

孤立系统只是开放系统的特例，其 deS=0，此时 dS=diS ≥ 0，这就是热力学第二定律所表明的孤立系统熵增加的"退化"趋势。但对开放系统而言，如果 deS<0，其绝对值又大于 diS，则 dS<0。这就意味着，只要从环境流入的负熵流足够大，就可以抵消系统自身的熵产生，使系统的总熵（净熵）减少，从而由无序走向有序，形成并维持一个低熵的非平衡态的整体有序结构。由此可见，热力学与进化论之间实际上并没有什么矛盾，它们可以在耗散结构论中统一起来。

超循环论则产生于对生命起源问题进行分子生物学的探讨之中。艾根提出，在生命起源和发展的化学进化阶段和生物学进化阶段之间，存在一个生物大分子自组织的阶段。在这个与达尔文的物种进化相类似的分子进化阶段中，大分子的形成需要采取"超循环"的自组织形式，这是能够积累、保存和处理遗传信息的大分子组织的最低要求。

在生物化学中，有一种自催化剂，或自复制单元，它可以表示为，$X+I \rightarrow 2I$，也可记为①。在这种催化循环中，产物 I 作为新的模板参加到新的合成反应中，双链 DNA 的自复制就是一个典型例子。在这个基础上，可以进一步组成超循环，即催化功能的超循环。在这种超循环中，经过循环联系把自催化或自复制单元连接起来，其中每个自复制单元既能指导自己的复制，又对下一个中间物的产生提供催化帮助。正是通过这种分层次相类属的因果多重循环作用，可以建立起一个通过自我复制、自然选择而进化到高度有序水平的宏观功能性系统。

在超循环中，生物大分子的自组织反应都是非平衡、非线性的。因此，超循环论与耗散结构论之间有相通之处。但是，对于自组织，耗散结构论强调的是系统对来自环境的能量耗散，而超循环论则注重于系统内部的因果多重循环。显然，如果注意到这两方面的特点，并将它们结合到一起加以进一步发展，则有可能对各种自组织结构的形成做出更具有普遍意义的解释。

4. 协同学。20 世纪 70 年代中期，联邦德国物理学家哈肯在新的高度上创立了协同学。协同学的研究对象不仅更加广泛，而且其研究方法更具有独特性和普适性。因此，可以说，协同学作为系统自组织理论的又一新进展，它不仅是对耗散结构论和超循环论的整合与突破，而且是系统论在更高层次上的复归和发展。

在协同学看来，虽然各个学科中由很多子系统构成的系统的性质可能截然不同，但是由这些子系统所构成的系统在宏观上的质变行为，即由旧的结构突变为新的结构的机理却是类似的或相同的。各种有序结构的形成有一个共同特点，这就是一个由大量子系统构成的系统，当反映环境影响的控制参量达到一定的临界值时，子系统间的关系和协同作用导致了"序参量"的产生，而所产生的序参量又反过来支配着子系统的行为，使系统最终形成某种整体有序结构。概括地讲，在系统演化过程中，协同作用是有序生成的内在根据。例如，在激光器中，当泵浦功率（外界激励）较低时，其中的激活原子彼此独立地发出一系列完全不相干的光波，而当泵浦功率增加到某一临界值时，一种全新的现象突然出现，这时似乎有一只"无形的手"在指挥，使各个原子相互关联、统一行动，于是激光发出了一种单色性和相干性极好的光波——激光。

哈肯指出，"协同学"一词有两个方面的含义，一是表示这一理论研究的是系统在无序到有序的转变过程中，大量子系统间的协同作用；二是表示许多不同学科在这一领域中进行合作，以探求系统自组织的一般规律。由此可见，协同学包含着丰富而深刻的科学思想和哲学思想。

总之，从控制论、信息论到系统论，以及进一步从耗散结构论、超循环论到协同学的思想发展，体现了现代科学技术理论之间的辩证关系。控制论和信息论共同从信息角度揭示了物质世界中新的联系方式，它们的结合初步形成了以一般系统论作为概念基础的系统论；随后，在非生命现象和生命现象两方面对系统自组织问题的研究，导致了耗散结构论和超循环论的形成，而协同学则集之大成又独树一帜地达到了一种新的综合，于是，它将系统论的研究推进到了一个新的水平。

二、系统思维的基本原则

1. 整体性原则。整体性是系统最基本的性质，它表示系统的特性不同于其各要素的特性或各要素性的简单相加。例如，用分子生物学的观点看，生命系统存在的基础就在于核酸与蛋白质的相互作用。蛋白质的功能由其结构所确定，而这种结构又是被核酸编码的；

与此同时，核酸的复制和翻译则必须经蛋白质的催化，再通过蛋白质来表达。实际上，核酸与蛋白质的这种关系构成了一个互为因果的封闭环。因此，虽然分子作为生命的基元是无生命的，但通过这些基元而形成的严密而完整的结构则导致了生命整体的创生。正是在这个意义上说，系统与松散、混乱的聚积体之间存在着本质的区别。聚积体仅仅是它的各组成部分的简单叠加，如一盘散沙、一堆垃圾等；而系统则建立在其各组成部分相互联系、相互依存的基础上，它具有一种超出各部分简单相加的性质，即"突现"性质。

系统的整体性来源于系统的组织性。而一个系统的组织水平不仅与要素的性质和数量有关，而且特别依赖于这些要素之间相互联系的性质和强度。例如，尽管所有的生物体都是由基本相同的物质构成的——生物体由细胞构成，细胞由分子构成，而分子又由碳、氮、钙、铁等元素构成，但人与猩猩仍然有根本的差别。这主要不是由于组成物质有什么不同，而是由于那些物质的组织水平或关系构型不一样。进一步的研究表明，正是系统所包含的大量子系统（要素）之间不同组织水平的协同作用，产生了不同功能的有机整体。

对于一个整体，必须以整体为起点和归宿进行研究。这种研究的途径大致有两条，有时可以从系统的各个状态变量以及它们之间的相互关系入手展开研究，这是所谓"结构方法"；有时也可以根据系统的输入—输出关系来进行探讨，这是所谓"功能方法"。这样，在充分注意到系统整体性的条件下，就能够对研究对象获得真实的了解。然而，尤其应该强调的是，当考察系统的内部机制时，需要着重进行相关性、综合性的研究。只有弄清系统的要素与要素、要素与系统、系统与环境之间的相互关系，包括这些关系的性质、强度和变化，才能正确地把握各种因果关系，最后达到整体性的综合。

整体性原则不同于还原论，因为它不是把整体还原（分解）为各个部分，以对这些孤立部分的认识代替对整体的认识。根据整体性原则，对部分的分析固然是必要的，但远远不是充分的。整体性原则也不同于整体论，因为它并不是离开各个组成部分去考虑整体，以神秘的"整体感"取代对系统的科学分析，按照整体性原则，系统是可以被分为要素、环境和整体结构三方面来进行辩证的分析和综合的。

2. 层次性原则。层次性表示系统构造上的等级特征。具体地讲，就是对于某一系统，它的每一要素或组成部分又可以被看作一个个系统（子系统），而所研究的这一系统本身又与其他系统一起作为要素或组成部分而构成一个更大的系统（超系统）。实际上，无论是自然系统还是技术系统，它们的构造总是呈现为在一个较为低级的系统之上再嵌套一个较为高级的系统，从而形成一定序列的层次结构。

在自然系统的进化过程中，如果存在着中间的稳定形态，那么，从简单系统到复杂系统的进程要比没有这种中间形态时迅速得多，因而能够在进化中处于有利地位。这样就导致了自然系统的等级化。系统中层次的形成，是进化的产物；同时，它反过来又加速了进化。对于复杂的技术系统来说，按照各个子系统的结构和功能，组成某种等级化的层次结构，有利于协调各个子系统之间的关系，从而提高整个系统的效能。

在系统的各个层次之间，存在着辩证的相互关系。低层次是高层次的组成部分和基础，低层次中的相互作用产生高层次，并从一个方面说明高层次的性质；而高层次包含低层次，出现低层次中所没有的结构和功能，并对低层次产生一定的支配作用。于是，在系统中，各个层次的功能又相互协调一致，从而使系统成为一个有机的整体。

在研究一个系统时，应该明确它在系统层次序列中的位置，即搞清在哪一层次上研究这个系统。对于某一具体的问题，可以从不同层次方面来进行考察。有时需要着重在系统某一确定的层次上展开研究；有时需要从低级到高级的系统层次序列中进行研究，或者进行与此相反的逆向研究；有时还需要进行跨层次的比较研究，以发现跨层次的异同性。例如，对于某一生物体来说，既可以在宏观层次上通过这个生物体的行为来考察，又可以在中间层次上研究这个生物体中各个器官的功能，或者在更低的层次上探索细胞乃至生物大分子的状态。所有这些不同层次的研究都应最终归结到对这个生物体某一性质状况的说明。

3. 历时性原则。历时性表示系统在环境中运动变化的过程特征。从根本上说，任何系统都有一个随时间而创立、发展和消亡的过程，这个过程是不可逆转的。因此，对于系统来说，时间 t 总是单向的，它是一个决定系统变化的具有历史性的变量。正是由于这个原因，在研究系统时，应该在某一历史进程中即某一时间流中处理各种问题，也就是说，应该把一切系统都看作是一种动态系统。不过，在一些实际问题中，如果系统中的某一变化并不影响到它的生存，而且这个变化所持续的时间与系统的寿命相比，又可以忽略不计，那么，就可以不考虑时间因素而静态地去处理系统的这一变化。

在牛顿力学、相对论力学和量子力学理论中，时间与空间坐标一样，实质上只不过是一个描述运动的几何参量；基本方程对于时间来讲都是可逆的、对称的，这就意味着过去与未来并无质的区别。热力学第二定律仅仅指出了孤立系统中不可逆过程的方向性，而系统自组织理论更加一般、更加深入地揭示了开放系统不可逆过程的方向性。实际上，自组织是系统历史表现最为突出的一个方面。

在自组织过程中，虽然没有从环境输入特殊的信息，即代表环境影响的控制参量并不包含任何有序结构模式的组织指令，但系统却能够自发地形成一种新的整体有序结构。耗散结构论、超循环论和协同学都是从不同角度研究这一过程的。研究表明，自组织系统不仅是运动的、变化的，而且还是演化的、进化的；自组织是一种不可逆过程。近年来对于混沌运动的探讨，使人们对自组织过程有了更为全面的认识。

从表面上看，混沌似乎就是混乱、无序，但在实质上混沌中却存在着深层高度有序的精细结构。因而，混沌虽来自有序态，但根本上不同于有序态；它表现出某种无序性，但又不是毫无秩序可言。最令人惊奇的是，混沌运动是来源于决定性方程的"无规运动"，或者说，它是决定性方程本身内涵的"随机行为"。与遵循概率统计规律的分子热运动和随机噪声不一样，混沌这种无规运动在给定参数的条件下能重复出现。因此，通过对混沌的研究，有可能在决定论的牛顿力学与概率论的统计力学之间架起一座桥梁。

混沌运动充满着神奇性和复杂性，它在自然与社会中普遍存在。例如，正常人的心脏做周期性的脉动，而一些心脏病患者的心脏却在做混沌运动。另外，正常人的脑电波呈混沌状，而一些精神病人的脑电波却明显地呈周期状。看来，这些关于混沌运动的发现，对于深入研究生命与思维规律具有重大的理论意义和实用价值。

现有的研究成果表明，混沌正是系统自组织过程的起点和终点。系统的演化序列表现为：

混沌（宏观无序）→有序→混沌（深层有序）。

这种系统自组织从无序、有序到混沌的推进过程，显示出"否定之否定"辩证法的一种特殊形态。

4.目的性原则。目的性表示系统在定向运动过程中对于某一

"终极"状态即目标的敏感性和坚持性。在科学认识史上，关于目的性的解释是最富有挑战性的问题之一。对这个问题，古代亚里士多德的直观猜测、近代康德和黑格尔的哲学思辨，不能说没有意义，但是这种探讨需要进一步的科学论证。今天，现代科学技术综合理论为人们重新思考目的性问题提供了新的丰富的材料。根据现代科学技术综合理论，无论是自然系统还是技术系统，它们都具有某种意义上的科学目的性。在目前的研究水平上，系统的目的性可以划分为控制论意义上的目的性和自组织理论意义上的目的性。

系统的目的性是控制论中的一个基本概念。控制，必然地蕴涵着某种目的；没有目的，就无所谓控制。维纳等人认为，在控制论意义上的目的性具有精确的含义，它不过是一种受负反馈控制的系统的行为特性。控制系统的目的性行为来源于负反馈机制。这种负反馈机制能够使控制系统将其输出信息与预定目标位进行比较，然后根据两者的偏差选择适当的输入信息，以便减小偏差。这个过程循环往复，直至输出信息达到目标值。于是，系统就表现出行为的目的性。

自组织理论意义上的目的性是系统自身的有序稳定性与系统对环境的有效适应性的统一，即所谓"内在目的性"与"外在目的性"的统一。与控制论意义上的目的性机制有所不同，自组织理论意义上的目的性是系统在非平衡、非线性条件下，通过对某一涨落的"自同构放大"而表现出来的。在描绘系统自组织过程的状态空间中，系统从不同的初始状态出发，随着时间的推移，轨道的流线总会受到其端点的吸引，这个端点就称为吸引子。在状态空间中，系统终归要不可逆地运动到这个吸引子上，只有这样，系统才能趋于有序稳定和有效适应。这种系统趋向吸引子的敏感性和坚持性，就是自组织行为的目的性。需要注意的是，这种目的性并非预先从外界输入的，而是在一定条件下系统自发产生、自己表现出来的。

基于系统的目的性，在研究系统问题时，不仅要搞清系统可能或应该达到什么样的"终极"状态，而且要根据这种"终极"状态来分析系统的现状和发展趋势。

三、协同与自组织方法

1. 协同与自组织方法的基本思想。耗散结构论、超循环论和协同学为研究一切系统的自组织过程提供了新的具有启发意义或指导意义的思维方法。然而，关于系统自组织的各种理论尚未形成统一的范式。这里主要从协同学的角度来阐发研究系统自组织过程的思维方法，即协同与自组织方法。

协同与自组织方法的基本特点表现为，它撇开组成任何系统的大量子系统的具体性质，着重考察系统从旧结构到新结构的转变，把系统的目的性运动概括为一个由系统间的协同作用而产生进化的自组织过程。这种方法具有显著的综合性。一方面，对于某一系统，它着重研究其各部分之间是如何以协调一致的动作来产生整体结构的，从而突出了这个由大量子系统组成的自组织系统的整体性；另一方面，对于物质世界中各种不同的系统，它还强调其在结构转变、系统进化过程中根本规律的一致性，丰富了人们关于物质世界统一性的认识。因此，协同与自组织方法能解决其他方法难以解决的复杂问题，发挥它更大的普适性的作用。

系统进化方程的一般形式可以表示为：

$$dq/dt = N(q, \alpha) + F(t)$$

它总是非线性的。其中 N 为确定性的驱动力，F 是随机性的涨落力。在 N 中，状态矢量 $q = (q1, q2, \cdots, qn)$，它又依赖于空间和时间；α 为控制参量（外参量），它代表环境对系统的影响。

从系统进化方程可以看出，系统的自组织过程与三个因素有关。

第一个因素，是环境对系统的影响。当控制参量的变化趋向某一临值时，可以将系统推向远离平衡的不稳定状态。第二个因素，是系统内部的非线性相互作用。这种非线性相互作用会产生相干效应，即导致子系统间相互制约，形成某种"通信"机制；同时，它还会产生分支效应，也就是使系统具有在失稳突发后形成结构的多样性。第三个因素，是起重要触发作用的涨落。在临界点附近的远离平衡和非线性相互作用的条件下，某一局部涨落将会得到自同构放大，从而使系统进入新的有序态，这时系统获得了具有新的稳定性和适应性的宏观结构。

在处理这种系统进化问题时，协同与组织方法的关键步骤是从伺服原理出发，建立并求解参量方程。

伺服原理的基本思想是所谓"慢变量支配快变量"。系统在临界点的变量（q），按其阻尼大小可分为快变量和慢变量。绝大多数变量阻尼大衰减快，它们对系统进化不起主导作用；而一个或少数几个变量出现了临界点无阻尼现象，它们支配或驱使着其他快变量的运动，系统进化的最终状态将由这种慢变量决定。因此，可以用慢变量来表示所有的快变量，这些留下的慢变量就称为序参量。伺服原理表明，尽管一个宏观系统的变量数目往往是很大的甚至是无穷的，但在新结构出现的临界点上，起关键性作用的只有少数几个描写系统有序状态的参量。这一结果包含着十分重要的意义。首先，它告诉人们，复杂的物质世界在本质上却是简单的，因为复杂结构本身由少数几个序参量就可确定了；其次，它使人们有可能以数学上最经济、最便捷的方式来处理一个高维的复杂问题。

根据伺服原理，可以将系统演化方程变换为序参量方程。对于序参量赋予不同的意义，这个序参量方程就可以描述各种自组织过程。例如，若序参量表示电场，则可刻画激光中的有序生成现象。

当然，还要从数学上求解序参量方程，以便得到具体的结果。

在协同与自组织方法中，序参量是一个核心概念。在伺服原理和序参量方程的基础上，对于这个序参量，可以获得更加全面而深刻的认识。首先，在系统演化过程中，序参量产生于子系统间的协同作用；同时，序参量或序参量之间的竞争与合作反过来又支配着子系统的运动。序参量正是在这种循环因果关系中被放大的。其次，序参量描述了系统的宏观有序度，序参量的变化反映了系统形成自组织结构的进化过程。用信息的观点看，序参量同样具有这双重作用。一方面，序参量"通知"各子系统如何统一行动；另一方面，它又将系统的宏观有序态情况"告诉"观察者。值得注意的是，如果要描述所有子系统的状态，需要有大量的信息。但是，一旦有序态建立起来，一个或少数几个序参量就发挥着决定性的作用，因而信息就被高度压缩，这时可以称序参量为"信息子"。

2. 协同与自组织方法的新发展。协同与自组织方法正处于新的发展之中。在协同与自组织方法中，由伺服原理出发，建立并求解序参量方程的步骤，体现了一种从微观描述到宏观观察的微观方法。这种微观方法与统计物理学相类似，它强烈地依赖于人们对系统中微观过程的了解程度。然而，对于一些十分复杂的系统，其微观过程也十分复杂，常常不易弄清，这时运用微观方法就难以奏效。于是，在吸取信息理论研究成果的基础上，协同与自组织的宏观方法又应运而生。这种与热力学相类似的宏观方法是唯象的，它直接从实验资料出发，用宏观观察量来处理系统，然后再推测产生宏观结构的微观过程。因此，宏观方法为解决微观过程不很清楚的系统进化问题，创造了新的可能性。

在系统中，信息具有媒介作用。一方面，系统的各部分对其存在做出贡献；另一方面，又从它那里得知如何以合作的方式来行动。

因此，只有通过信息的传递交换，才能实现自组织过程。对于复杂系统来说，它存在着一个信息层次链。在最低层次，各个部分都能够发射触发系统其他部分的信息。这样的信息能在特定的基元时间发生转移，或者由一般的携带者传递。在所有这些情况下，虽然最初的信息交换可能是偶然的。但是，各个信号之间展开了竞争与合作，最终则达到了一种新的合作状态。这种新的有序状态在本质上不同于原先那种无序或无关联的状态，因为这时系统的各个部分达到了特定的一致，即发生了自组织，并且出现了信息压缩。于是，在宏观层次上信息出现了，系统表现出某种新的功能。因此，系统的自组织就是一个宏观层次上信息自创生的过程，由于这种信息是由系统中的关联与协同作用所产生的，所以称其为"协同学信息"。协同与自组织的宏观方法正是用来唯象地研究这种协同学信息的。

协同与自组织方法已经在自然科学、技术科学以及社会科学的一些领域中得到广泛的应用，并且展示出更加广阔的发展前景。在计算机科学中，协同与自组织方法应用的一个重要成果，是解决了用不可靠元件构成可靠系统的问题。一个系统的各个基元，会由于缺陷、热涨落等原因而产生不可靠性，在分子水平上的系统尤其如此。计算机的元件做得越小，其可靠性也就越差。为使整个系统可靠地工作，可以用协同与自组织方法把计算机的各个元件组装起来。生物学也是协同与自组织方法应用的一个重要领域。生命世界展现出各种有序并具有优良功能的自组织结构。然而，如果没有生物系统内部各部分、各层次的高度协调与合作，没有信息的产生、交流和转换，任何生物行为都不可能发生。生物系统的协同作用可将分子水平的微观能量向上转换为宏观能量的形式。例如由肌肉收缩引起的各种运动，大脑中引起的电振荡以及图样识别和说话等。

第三篇　科学技术论

马克思主义自然哲学是宇宙自然论、科学思维论、科学技术论的辩证统一。宇宙自然论主要揭示自然界的本质及演化过程的规律性，它是自然界的客观辩证法。人们在改造自然界的实践过程中，运用科学思维的各种思维形式和科学方法能动地反映自然界的本质和规律，这就是主观辩证法。而人们对自然界本质及其规律的主观反映，还不能直接改造自然界，要把科学思维正确反映自然界的科学技术理论知识转化为直接改造自然界的物质力量，必须通过科学技术这个中介，才能实现客观辩证法与主观辩证法的统一，达到改造客观世界的目的。因此，马克思主义自然哲学从宇宙自然论出发，进入科学思维论，再由科学思维论推进到科学技术论的研究，反映了客观的辩证进程。

　　科学技术论作为科学技术的哲学理论，它的主要任务是从高层次的哲学理论上论证科学技术的基本形态；揭示科学技术发展的一般规律和趋势；对科学技术的社会功能进行价值评估。于此，科学技术论的理论体系，就表现为科学技术形态论、科学技术发展论和科学技术价值论的辩证统一。这种统一，体现了马克思主义自然哲学由自然的人出发，经过现实的人的中介，达到完全的人的自我完善，从而实现自然辩证法和历史辩证法的统一。"自然—人类—历史"的圆圈形运动，既意味着自然辩证法的完成，也揭示了历史辩证法的根据。

第十章　科学技术形态论

　　科学技术是人类认识自然界本质和规律的成果。它从原始的科学技术萌芽发展到现在，已经形成了一个庞大的、多层次、多结构的现代科学技术理论知识体系，并成为一种客观存在的社会建制。对这种客观存在的社会现象，如何从哲学高度对它的历史的和现实的形态进行概括和总结，是我们需要认真研究的重要课题。在现在流行的说法中，人们通常运用科学归纳的方法，把它们分为基础科学、技术科学、应用科学三大门类。我们认为，这是一种基于知性分析的表面的静态分类法。它不能揭示现代科学技术产生、发展的历史过程性和客观必然性。唯物辩证法的基本精神，是把任何事物作为一个发展过程来把握。因为任何事物的发展，只有在其发展过程中才能反映它的规律性，并显现它的真理性。于此，我们研究科学技术形态论，必须运用逻辑和历史相统一的辩证思维方法，从横向上解剖其逻辑结构，分析科学技术知识在人类整个知识体系中的地位；从动态上揭示它如何由经验形态发展到实验形态再归结到综合形态的辩证过程，从而说明现代科学技术知识体系的形成是以社会实践为基础并随之而发展，通过人类知识内在的否定性，由肯定到否定再到否定之否定的螺旋式前进运动。在此基础上，我们进而分析它的哲学性质，以达到对科学技术术本身所包含的哲学灵魂——哲学真理性——的认识。

第一节　科学技术知识在人类知识、体系中的地位

人类的知识，既不是上帝或神灵启示的结果，也不是人们头脑中固有的"良知良能"，而是人类实践活动所必需的对客观世界把握的思想形式。它并不是被人们所认识的事物、现象、特性本身，而是人们在自己的思想中复制事物过程并运用其映象和概念的能力。因此，知识是观念的东西，而其内容是客观的。正如马克思所说："观念的东西不外是移入人的头脑并在人的头脑中改造过的物质而已。"① 知识和客观实在的关系是反映和被反映的关系，离开了思维主体对客体的能动反映，就谈不上人类的知识。

知识虽属人类认识的主观范畴，但却有其客观化的存在形式。这就是语言、文字、符号及各种符号系统。知识只有通过这些可以使人感知的形式，才能被人们所运用。否则，人们就不能把知识信息传递给别人以供后人学习和继承，并在此基础上创新和发展，从而不断充实人类的知识宝库，为人类的进步服务。

人类的知识名目如林，内容似海。人们可以从不同的角度，用不同的方法对它加以分类。从哲学上概括，它不外乎两大门类：一是反映人们在认识和改造自然的实践中形成的自然知识；二是反映人们在认识和改造社会以及自身实践过程中形成的社会知识。而作为反映人们认识自然和社会成果的思维活动自身，则归结为哲学、逻辑与辩证法，数学在某种意义上也可以视为思维科学。

综观人类知识发展的历史，我们把人类知识分为三种形态，即知识的常识形态、知识的科学形态和知识的哲学形态。这三种形态

① 《马克思恩格斯选集》第4卷，第217页。

是随着人们改造客观世界的实践水平的提高，并与人们的感性直观、知性分析、辩证综合的认知能力相适应，层层推进，逐步升华的。它表现为由常识形态到科学形态再到哲学形态的递进运动。

一、知识的常识形态

所谓知识的常识形态，是指人们对客观现象或在日常生活中所积累的并为人们所熟知的经验事实的确认。一般来说，古代社会人类的知识基本上是知识的常识形态，从认识发展的进程看，"常识形态"是相对的。当某种较为高深的认识与时推移，达到家喻户晓的程度时，它就变成常识了。这种知识形态的基本特征是：

1.直观性。它是人们凭借感性直观反映客观存在的结果。人们的认识过程，总是由感性经验出发，经知性分析，再到理性综合达到真理的过程。由于古代社会生产力水平低下，缺乏精密的观察、实验手段以及较高的抽象思维能力，就决定了人们只能以感性直观所取得的事实材料，经过初步的思维加工整理，得出某种确认客观存在的经验结论。例如在古代，许多人不懂地球对物体具有引力作用，他们从物体下落的经验事实中得出地球绝不是球形的而只能是平面形的结论。在他们看来，如果地球是球形的，地球上的人就如物体下落一样，都要落到其他星球上去了。又如，人们经常看到太阳东升西落周而复始的运动，就认为太阳是围绕地球转动，而地球本身是静止不动的。再如，要使物体运动，就要不断地对物体施加外力，因而力是物体运动的原因。诸如此类的观点，尽管为后来的科学知识所推翻或揭示了它们的局限性，但在当时却是符合古代人的直观常识经验的。

2.表面性。任何事物都是现象与本质的统一。由于感性直观只是从总体上感知事物的外部联系，而不能深入到事物的内部联系，故不能区别事物的真相和假象，往往把事物的现象当本质。尽管亚里士多德突破了地球是平面形的直观常识之见，提出了地球是球形的论断，但他和柏拉图一样，仍然主张地球不动，地球是宇宙的中心。古代的占星术、炼金术、炼丹术，尽管从观察、实验中积累了不少可观察的资料和合理的因素，促进了天文学、化学的发展。但从总体上说，它还不能称为科学知识，因为其中包含着许多宗教迷信的成分和谬误。这说明，并不是任何常识知识都是科学知识。

3. 事实性。客观存在的事实被人们的感性直观所反映，其得出的结论具有两重性，即可能是正确的，也可能是错误的。但正确的反映却包含着科学知识的因素，成为科学知识的土壤和萌芽。这种如实反映客观事实的正确认识，如凡人必死，2+2＝4，拿破仑死于1852 年 4 月 15 日之类的论断，由于达到主客观的一致，只要人们确认这些事实，就具有不可推翻的客观性。我们把这种对简单事实的确认，称为"事实之真"。然而，在科学领域内，如果只满足于对这些简单事实的确认，并把它宣布为永恒的真理，正如恩格斯所说，是在真理问题上玩弄大字眼。只有揭示事物本质及其规律的真理性认识，才能称为科学真理。而人们要达到对事物科学真理的认识，必须由知识的常识形态上升到知识的科学形态。

二、知识的科学形态

所谓知识的科学形态，是指以社会实践为基础，以正确反映事物的本质和规律为内容，并通过科学概念、定律、原理、假说和理论形式表述出来的知识体系。它和知识的常识形态的根本区别是：（1）它不是单凭感性直观的结果，而是在感性直观的基础上进行知性分析，进行定性、定量的研究，达到事物的质的规定性的确立和量的规定性的测定。（2）它是以科学实验为基础，并通过一系列抽象的知性思维活动和分析方法，如归纳与演绎，分析与综合，特别是运用数学方法及严密的逻辑推理形成的，并具有绝对精确性与可证实性。（3）它的表述方式已不是知识的常识形态把事物的特性做简单的、经验性的描述，而是用概念、原理、定律等来揭示事物的本质和规律。如果说知识的常识形态是人们在感性常识范围内的认知能力即"聪明"认定的结果，那么，知识的科学形态则是人们用"机巧"这种认知能力反映的结果。人类的知识由常识形态上升到科学形态，是人类认识能力提高的必然结果。只有这种上升，才能达到对事物本质和规律的认识。

人类知识的常识形态上升到知识的科学形态，是通过三个环节作为它的逻辑结构形成的。

第一个环节，就是要以客观事实作为科学理论的出发点和基础。自然界中存在的不依赖于人的意识而存在的客观现象，可以被人们的感官或借助观察仪器所反映，具有可观察性。但它本身并无正确与错误之分，这种事实称为客观事实。人们用某种语言或文字符号描述客观事实所得出的观察陈述和经验判断，就是经验事实。由于客观事实和科学认识的复杂性，人们在观察、实验过程中所得出的经验事实不一定都与客观事实相符，往往产生误差，必须再通过观察实验对经验事实反复检验。只有经过检验的、正确的经验事实，才是科学事实。科学事实是经验事实与客观事实的统一。

第二个环节，就是科学假设。人们从观察事实所获得的科学事实，经过知性分析，形成某种假定性的理论解释，这就是科学假说。假说具有科学性，因为它是以已知的科学事实为根据，并按照知性分析法推论出来的。它虽然具有一定的猜测性，但并不是毫无根据的主观臆想。正由于它是一种假设，因此它又具有或然性，因为它是根据有限的事实提出的、未经实践检验、尚不能确定其真伪的一种可能性。但科学假设是科学知识由经验层次上升为理论层次的中介，是过渡到科学理论的桥梁。

第三个环节是科学理论。人们经过实践检验并得到公认的假设，便转化为科学理论。它是反映客观事物的本质和规律的理论知识体系。它最本质的特征是科学真理性。这种真理性不同于常识范围内的"事实之真"，而是实证科学范围内的"实证之真"。因为实证科学都具有可证实性，即它是经得起实践检验并以逻辑证明为补充而得到证实的。人类的认识由"事实之真"上升到"实证之真"，是符合人类认识发展规律的。

在人类的全部知识体系中，知识的科学形态占据特别重要的地位。其一，科学技术知识是人类在认识和改造自然的实践中，经过世代相传而积累的知识；它所揭示的自然规律并不随着某种社会制度的变迁而改变，任何人都必须遵循自然规律去改造自然，它本身没有阶级性。这就决定了世界各国不同阶级、不同民族之间可以进行科学技术的交流，利用它为推进人类的文明和社会进步服务。其二，科学技术知识的理论形态是属于"知识形态的生产力"，即处于潜在状态的一般的生产力。它渗透在生产力的三要素中，通过技术手段直接作用于自然界，转化为直接的生产力。随着现代科学、技术、生产一体化的发展，社会生产力愈来愈成为以科学技术为核心的生产力。而社会生产力在整个人类社会结构中处于最基础的地位，作为生产力重要组成部分的科学技术，自然成为推动人类社会发展的"最高意义上的革命力量"。其三，科学技术知识作为一种特殊的社会意识形态，是属于人类精神的范畴，它必然作为一种革命的精神力量参与社会生活。在近代，它曾作为资产阶级用来反对神学，掀起文艺复兴思想解放运动的精神武器。同时，它是各种唯物主义和无神论思想发展的科学基础，也是推动社会物质文明建设的精神动力和支柱。在当代，它是变革人们思维方式、生活方式和全部精神生活的杠杆。其四，科学技术知识的科学形态是对自然界本质和规律的正确反映，是具有客观真理性的知识。这种科学真理性，是唯物主义和辩证法哲学的基础。它是过渡到"哲学之真"即哲学真理性的中介和桥梁，是由科学技术揭示自然界的特殊规律上升到哲学揭示客观世界的普遍规律的必由之路。于此，人类的知识必然由科学技术的知识形态过渡到高度抽象的、知识的哲学形态。

三、知识的哲学形态

所谓知识的哲学形态，是以哲学的范畴、原则、原理构成的关于宇宙自然、人类社会及其异化形态 —— 精神世界 —— 的整体性的理论系统。在古希腊，"哲学"的本意是爱智慧，这是哲学的感情表达，而未反映出它的实质内容。实际上，哲学知识是人类智慧的结晶。它是以追求和认识真理为目的，从整体上把握客观世界整体的最一般规律的真理体系。感性、知性和理性是人类认识能力的三个环节。人们的认识如果停留在感性，成果止于常识；停留在知性，成果止于实证科学；如能在前两个环节的基础上归结到理性综合，成果则达到哲学的层次。因此，实证科学的真理是上升到哲学真理的中介。没有知识的科学形态做基础，要达到知识的哲学形态是不可能的。哲学的真理体系是处于最高层次地位的社会意识形态。

哲学和自然科学都重视知识间的内在必然联系及在现象背后隐蔽着的本质和规律性，以达到真理性的认识。但是，哲学和以实验性、精确性、可证实性为特征的实证科学相比，有自身固有的特点：第一，高度的抽象性。哲学既然是各门具体科学的总结和概括，必然具有抽象性。然而，哲学与具体科学揭示事物的本质和规律是两个不同的层次。具体科学所揭示的是客观事物局部的、具体的、特殊的本质和规律，而哲学揭示的是世界整体的最普遍的本质和规律。

因此，具体科学是由科学原理、概念、定律、规律构成的科学知识体系；而哲学知识是对这些具体规律、概念、原理再度抽象的结果。它是哲学范畴及范畴之间流动的、必然联系所构成的普遍原则的理论体系。例如，哲学的物质范畴和自然科学的物质概念是有区别的。它扬弃了原子、电子、实物和场等物质的具体形态，在更高的层次上反映着整个世界最一般的本质。同样，唯物辩证法的基本规律则是对各门具体科学揭示的特殊规律再度综合抽象的结果。其他诸如思维与存在、主体与客体、可能与现实等一系列范畴，都扬弃了具体科学知识的内容，使它具有超经验的性质。这就决定了哲学知识的抽象性和思维性。第二，非直接检验性。由于哲学范畴、原理及原则的最一般性和普遍性决定了哲学知识内涵的深刻性和丰富性，因而往往难以像科学知识那样可以在可控的实验条件下进行直接的检验，而要由人类的认识史和长期的实验活动的总结才能证实其基本原理或范畴体系的正确性。如无限性这一范畴，具有反常识和超经验的性质，就不能简单地以经验事实或科学实验直接检验，而必须由辩证思维来把握。因为生活经验或可观察到的宇宙目前还是有限的，但有限中包含着无限，无限即寓于有限之中。第三，导向性。哲学知识本身是一种知识，但它所提供给人们的并不在于知识本身，而是为人们认识世界提供总观点、总原则、总方法。它为科学思维的主体进行科学认识活动指明了追求真理、认识真理的思路和方向。正如爱因斯坦所说："如果把哲学理解为最普遍最广泛的形式中对知识的追求，那末，显然，哲学就可以被认为是全部科学研究之母"[①]。他深刻地道出了哲学对自然科学的导向作用。从哲学的源泉说，科学是基础，但对科学思维主体创造性研究的成果则需要哲学的概括和解

---

① 《爱因斯坦文集》第 1 卷，第 518 页。

释。正确的哲学概括和解释，可以使人们了解事物更深层的内在联系及科学所揭示的客观真理；错误的哲学概括和解释，则会限制科学思维主体的聪明才智，把科学引向邪路。林耐的生物学和牛顿的力学在科学知识上做出了贡献，但由于错误的哲学概括和解释，使他们得出了"物种不变论"和上帝是宇宙"第一推动力"的错误哲学结论。应当指出，哲学对科学的导向作用并不总是在哲学对自然科学成果总结概括之后才表现出来。在一定条件下，哲学具有超前性。例如，笛卡儿在哲学上"比自然科学整整早两百年就作出了运动既不能创造也不能消灭的结论"[①]，如果当时的自然科学家注意到这一点，就不会把热之唯动说作为最时髦的东西了。又如，在原子被发现之后，恩格斯就预言原子并不是不可分的。1897 年汤姆逊电子的发现使预言得到了证实。无数事实证明："不管自然科学家采取什么样的态度，他们还是得受哲学的支配。问题在于：他们是愿意受某种坏的时髦哲学的支配，还是受一种建立在通晓思维的历史和成熟的基础上的理论思维的支配"[②]。于此，否认哲学对科学思维的导向作用是错误的。当然，企图用哲学代替自然科学的研究，用哲学原则推论出科学成果，这也是不切实际的幻想。人类认识的历史证明，唯物辩证法是辩证思维发展的最高的科学形态，它对自然科学研究的导向作用将愈来愈显示出自己的真理性和巨大的生命力。

第二节　科学技术的基本形态

现代科学技术的发展日益显示出科学技术化和技术科学化的趋

---

① 恩格斯：《自然辩证法》，第 125 页。

② 恩格斯：《自然辩证法》，第 68 页。

势。因此，人们常把它们合成一个词组统称为科学技术。其实，科学与技术是两个不同的概念。科学是以揭示事物的本质和规律，并由特定的概念、原理、定律等组成的理论知识体系。而技术，首先是通过劳动实践探索物性，变革既成事物，使之符合个人与社会的目的所采用的手段。科学的任务在于认识世界，主要回答"是什么"、"为什么"的问题；而技术的任务在于改造世界，主要回答"做什么"、"怎么做"的问题，不管人们自觉与否，科学与技术是紧密相关的，即科学指导技术，技术推动科学。因此，科学和技术其实是不可分割的。科学的成果是发现，一般表现为理论的形式；而技术的成果，则一般以设计图纸、工艺流程、操作方法等客观化的形式出现，具有实用性和功利性。科学成果具有普遍的适用性，而技术，特别是工程技术手段的运用，必须考虑时空条件和各种复杂的因素，要讲求社会效益与经济效益。尽管科学与技术有各自不同的特点，但它们都是人们创造性的精神劳动的成果。它们的产品，本质上都是知识形态的产品，都可以以知识信息的方式储存和传播，具有无限的增殖性。科学知识和技术知识，都并不因为传给别人而丧失自己的知识性。今天，科学与技术互相渗透，形成科学与技术一体化。这就是我们把科学和技术作为一个整体来考察的客观依据，按照科学和技术发展的历史过程，我们把它分为三种基本形态。

一、科学技术的经验形态

人类的历史，从原始社会起直到 15 世纪为止，称古代社会。这个历史时期的科学技术的发展，经过了兴起—衰退—兴起这样一个螺旋式的圆圈运动。它由原始科学技术知识的萌芽，经两河流域古代文明的产生，发展到古希腊科学技术的高峰。从罗马帝国开始衰退，又经中世纪宗教神学的黑暗统治，科学技术陷于停滞。后经阿拉伯人的继承，直到文艺复兴运动的兴起，古希腊的科学技术和科学思维方法才发扬光大，为近代自然科学技术实验形态的产生奠定了基础。中国古代的科学技术，在许多领域曾处于世界领先地位，对欧洲文明起了重大的作用。但由于轻理论、重实用，哲学与科学严重脱节，加之长期封建制度的束缚，因此发展缓慢，理论化的程度比较低。世界各文明古国对科学技术知识的宝库都做出了贡献，但从整体上说，古代的科学技术仍处于经验积累的阶段，未能得到全面系统的发展。于此，我们把它称为科学技术的经验形态。它的基本特征是：

第一，经验性。这是最本质的特征。人们的认识总是从感性经验出发，并以实践经验为基础的。原始人类在改造自然的斗争中所取得的自然知识，就是他们的生产技能和生活经验的总结。他们第一个伟大的技术创造，就是用打制的方法把石块加工成石刀、石斧，继而又学会制造弓箭之类的复合工具。恩格斯说："发明这些工具需要有长期积累的经验和较发达的智力，因而也要熟悉其他许多发明"[1]。原始人类第二个伟大的技术创造，就是火的利用和人工取火。这是人类有力量征服自然的有力证明。"就世界性的解放作用而言，摩擦生火还是超过了蒸汽机，因为摩擦生火第一次支配了一种自然力，从而最终把人和动物分开。"[2]石器工具的发展和火的利用，极大地提高了社会生产力，导致原始农业和畜牧业的出现，使人们的物质需求基本上得到了满足。原始人类第三个伟大的技术创造，就是制陶技术的应用，这是原始社会最高的技术。制陶涉及多方面的知识和技艺，它标志着人类已认识到自然物的属性，第一次制造出人

---

[1]《马克思恩格斯选集》第4卷，第18页。
[2]《马克思恩格斯选集》第3卷，第154页。

工材料。制陶技术的发展一方面促进了原始手工业的建立，另一方面也促进了冶炼技术的发展。青铜器的发明和应用，石器工具逐渐被金属工具所代替，使原始社会到奴隶制的转化成为现实。在奴隶社会，巴比伦、埃及、中国最杰出的技术发明是铁器的发明和应用。它促进了手工业的发展，导致手工业和农业的分工。手工业各行业的发展形成了一支专门从事手工业的专业队伍。于此，工匠在实践的基础上积累着经验知识，成为推动古代科学技术经验形态的基本力量。之后，由于文字的发明创造，造就了一批专门观测天象和探索自然界奥秘，精于计算或记载生产经验、解释自然现象的祭司、数学家、自然哲学家和科学家，成为古代自然科学发展的骨干力量。英国科学史家梅森说："科学主要有两个历史根源。首先是技术传统，它将实际经验与技能一代代传下来，使之不断发展。其次是精神传统，它把人类的理想和思想发扬光大。……在青铜时代的文明中，这两种传统大体上好像是各自独立的，一种传统由工匠保持下去，另一种传统则由祭司、书吏集团保持下去，虽然后者也有他们自己的一些重要的实用技术。"[1]古代的科学技术是在学者和工匠相互隔离的状态下发展起来的，但他们都是以改造自然的实际经验为基础的。

古代科学技术的经验性特征还表现在当时数学、天文学和力学的知识中。恩格斯说："在整个古代，本来意义的科学研究局限于这三个部门"[2]。古代的数学本来是一套供实际运用的方法和规则。希腊文"arithmein"（数数）和拉丁文"calculare"（计算），来源于"calculus"（小鹅卵石），表明算术最初的日常用途。同样，希腊文

① 斯蒂芬·F. 梅森：《自然科学史》，第 1 页。
② 恩格斯：《自然辩证法》，第 27 页。

"geometrin"（丈量土地），表明了几何学是为了登记和征税的数目而被用来测定土地面积的。十进制和六十进制计数方法的创造，使算术及代数学逐步发展起来。古代数学的最高成就是毕达哥拉斯定律和欧氏几何学。但这些不证自明的公理和假设，是根据所观察到的现象，通过想象和归纳演绎得到的，在本质上是经验性的描述。古代天文历法是为适应季节性的周期变化进行农业生产，通过对日月星辰的观察总结出来的经验。而重视理论思维的古希腊人对宇宙的形状、结构和运动，曾经提出过不同的假说，形成了宇宙的本轮—均轮模型，最后由托勒密发展为地心说的体系。这个体系的基本观点虽说是可以争议的，但却符合当时人们的有限的生活经验。在力学方面，阿基米德的浮力定律及杠杆原理的发现，是当时最大的成果，这是他既重视观察实验，又重视逻辑推理和运用数学方法的结果。但其定理、公式基本上也是经验性的。

第二，从属性。古希腊的自然哲学是古代知识的特殊形态。因为许多自然知识尚未从哲学中分化出来，它们从属于自然哲学。而自然哲学本身也是人们从感性直观经验出发，从整体上对自然现象所做的哲学概括。作为一种自然观，它在整体上是正确的，但对自然现象缺乏定性的具体分析，使许多具体的科学技术知识带上经验性和思辨性的色彩。例如，他们在研究世界的本原时，不论是中国的阴阳二气说，印度的四元素说，还是古希腊的"水"、"火"等，都是从人们可感知的具体物质形态出发，加以抽象，来说明物质世界是无限多样性的统一。而德谟克利特的"原子论"则是天才的猜测和抽象思辨的产物。但是，古希腊的自然哲学成为欧洲近代自然科学的主要思想渊源。其主要影响是：（1）它对于世界本原问题的探索，为近代科学研究物质结构奠定了思想基础；（2）它关于数量和圆形的研究，为近代科学运用数学方法进行定量分析奠定了基础；

（3）它开启了逻辑和辩证法的研究领域，为近代自然科学的科学方法论奠定了基础。因此，古希腊自然哲学在科学技术史上占有十分重要的地位。

第三，实用性。古代科学技术的经验性决定了它的实用性。这一特征在中国古代科学技术中显得十分突出。古代中国无论是在数学、天文学、医学方面，还是在水利、建筑、纺织、造船、制陶等工程技术方面，都处于世界领先地位。我国古代记数一向用十进制，约在8世纪就有了表示零的符号，形成了完整的十进位值法记数，这在世界上是最先进的。汉代的《九章算术》是世界数学史上的名著。我国古代的历法有100多种，为古代世界任何地区所不及；最早的星表图在我国，载星之多居世界之首。造纸、指南针、印刷术、火药是我国最伟大的技术创造。《齐民要术》、《天工开物》、《内经》、《本草纲目》等世界名著，集中反映了我国古代科学技术的成就，是我国农业和手工业生产技术及医疗技术的经验总结。重实用，正是我国古代科学技术的特点。有的学者把我国古代的科学技术称为实用科学技术是非常有道理的。

二、科学技术的实验形态

科学技术的实验形态，是在古代科学技术经验形态的基础上，继15世纪意大利文艺复兴运动后期，伴随着资本主义生产方式的生长而发展起来的。它包括从16世纪开始一直到20世纪现代科学技术综合理论产生前的整个历史时期。在几百年的历史中，以"哥白尼革命"为起点，近代自然科学开始从神学中解放出来，在各个领域内向纵深发展，产生了一系列质的飞跃。16、17世纪，是近代实验科学的建立时期，在科学理论和科学研究方法上开创了新纪元，而在物理学、天文学上达到了高峰。到17世纪80年代，法国化学家拉瓦锡提出了氧化理论，完成了"化学革命"。18 世纪 60 年代，瓦特发明了蒸汽机，引发了第一次技术革命。继而发生了法国大革命，它推动了科学和民主思想的发展，使法国的科学居于世界之首。19 世纪中期，科学技术全面发展。这时，以科学理论为先导，引起了以运用电力为中心的第二次技术革命。之后，出现了科学技术革命的全面化、发展综合化、科学技术一体化的趋势。特别是电子计算机技术的出现，导致第三次技术革命，使人类社会由工业文明过渡到科学文明的新时代。在近现代科学技术发展的全过程中，科学实验始终是推动科学技术发展的强大动力和基础。这就是我们把这一历史时期的科学技术称为科学技术实验形态的客观依据。它的基本特征是：

第一，科学实验的基础性。这是它与古代科学技术经验形态的根本区别。在古代，人们凭借感性直观的认知能力，或以总结生产技术的经验为途径，或以哲学思辨和逻辑推理为依据，对自然现象的本质和动因做一些直观的考察或主观的猜测。它既缺乏科学实验的基础，又缺乏对事物进行精确的定性定量分析，未能形成系统的理论知识体系。只有在文艺复兴运动之后，以科学实验为基础的实验科学才得到系统的、全面的发展。科学实验与生产实践不同，它不是为了直接生产物质产品，而是为了获得精神产品。由于它能把自然过程置于人为控制的条件下进行知性的抽象分析和研究，故能获得对自然界的本质和规律的科学理论知识。只有当科学理论知识被科学实验所证实时，才能成为真正的科学。我们把这一历史时期的科学技术形态称为实验形态的理论根据正在于此。

强调科学实验是研究自然最根本的方法的思想渊源，可以追溯到 13 世纪英国的科学家和哲学家罗吉尔·培根（Roger Bacon）。他认为："有一种科学比其它科学都完善，要证明其他科学就需要它，那便是实验科学。实验科学胜过各种依靠论证的科学，因为，无论推理如何有力，这些科学都不可能提供确定性，除非有实验证明它们的结论。"[1] 他的思想，成了弗兰西斯·培根（Francis Bacon）的先声。意大利的科学巨人达·芬奇也认为，对自然界的观察和实验是独一无二的方法。尽管他们都强调实验方法的作用，但他们所做的实验多为试错的试验，还称不上是近代意义上的科学实验。只有物理学家伽利略把工匠的经验和学者的知性思维紧密结合起来，才把科学实验提高到真正的科学水平。真正的科学实验，不但要有明确的理论作为指导思想，而且要有意识地将实验对象和操作过程加以理想化，通过人为的控制尽可能减少外界因素的干扰，使自然过程以纯粹的形态出现，以便暴露事物的真相，抽象出其中的本质和规律。同时，在实验操作的基础上还要进行逻辑推理，把物质过程再一次进行纯化和简化，设计出某种极端条件下这一过程可能出现的结果，进一步推论出自然过程在理想状态下的规律，然后再回到现实过程中去检验，最后得出科学的结论。伽利略亲自做的著名的斜塔实验，就推翻了亚里士多德关于自由落体运动中重物比轻物下落快以及外力是运动的原因的错误结论，证明了物体的惯性运动，为牛顿第一定律即惯性定律奠定了基础。更重要的是，伽利略把实验方法和知性的逻辑方法，特别是数学方法结合起来，用数学语言表述自然过程有关因素的数量关系，并用严密的逻辑推理得出科学的结论，使人们对自然规律的认识更精确。正如爱因斯坦所说："数学给予精密科学以某种程度的可靠性，没有数学，这是达不到这种可靠性的。"[2] 英国的弗兰西斯·培根进一步继承和发扬了科学实验的科

----

① 丹皮尔：《科学史》，第 149 页。
② 《爱因斯坦文集》第 1 卷，第 136 页。

学传统。他重视实践经验，强调知识就是力量；他强调知性分析，认识到数学的功能，数学成了科学的母后；他热衷于归纳实验，认识归纳是演绎的前提，实验是理论的根据。因此，马克思说："整个现代科学的始祖是培根。在他眼中，自然科学是真正的科学……科学是实验的科学，科学就在于用理性方法去整理材料，归纳、分析、比较、观察、实验是理性方法的主要条件。"[1] 综观近代、现代的科学技术发展史，科学家们提出的每一个新概念、新定律、新原理，无一不是通过科学实验得出并被科学实验的精确数据所证实的科学真理。这种科学实验和知性分析（逻辑的和数学的）相结合的科学研究方法，已经成为欧洲科学精神的光荣传统，并成为一切科学工作者探索科学真理行之有效的规范性程序。通过这样的程序而得到的知识，才是对自然界的真知。人类只有通过这样的知识，才能征服自然界。因此，拉丁谚语云："自然界如不能被目证，那就不能被征服。"[2] 所谓目证，绝不能简单地理解为感官证明，而应理解为"科学实验的证明"。实证主义哲学只承认感性直观的东西为真实的；而以科学实验为基础，并紧密结合逻辑、数学为推导的知性分析得出的科学结论是虚幻不真的。把事实和逻辑、经验及数学完全对立起来，又把事实和经验归结为主观的感觉，这种哲学概括从根本上歪曲了以科学实验为基础的"实证科学"的本性，其唯心主义的实质是显而易见的。

　　第二，科学理论发展的纵深性。这个特征是由科学实验的基础性派生出来的。科学实验和知性分析紧密相结合的科学方法必然使近现代科学技术向纵深发展，这是科学技术发展的必然逻辑。16—

① 《马克思恩格斯全集》第 2 卷，第 163 页。

② 丹皮尔：《科学史》，第 3 页。

18 世纪，开普勒继承第谷大量天文观察资料，研究天体运动的规律，在 1609—1619 年，先后发现了行星运动三定律，打破了古希腊关于天体沿圆形规道运行的传统观念，克服了哥白尼日心说的局限，正确地描述了太阳系天体运动的状况。牛顿总结了前人的成果，发现了万有引力定律，把地球和整个太阳系其他行星的运动统一起来，从力学上证明了自然界的统一性。同时，他科学地论述了运动三定律，把人们对机械运动的认识从运动学水平提高到动力学水平。1687 年，他在《自然哲学的数学原理》一书中，以大量的实验和观测事实为依据，进行了严密的逻辑论证和精确的数学分析，形成了经典力学的完整体系，标志着力学的成熟。由于牛顿力学的最高权威性，形成了 18 世纪机械论的自然观，人们把自然界的一切运动都归结为机械运动，出现了对"力"的概念的滥用，阻碍了人们对热、光、电乃至生命运动本质的认识。到 19 世纪，经典物理学有了很大的进展。迈尔、焦耳、赫尔姆霍茨、威廉·汤姆逊、克劳修斯等人，通过大量的科学实验和数学证明，发现了热力学第一定律和第二定律，从理论上说明了能量守恒及转化定律，并提出了气体分子运动说，用统计规律解释热运动，导致统计力学的诞生，推动了数学和物理学的发展。在光学方面，几何光学对光的反射、折射、干涉、衍射和偏振等基本性质做了探讨，光速被实验所测定。但对光的本性是微粒还是波动曾发生过长期的争论。直到 20 世纪初，爱因斯坦提出了光量子论，才第一次明确了光具有波粒二象性，这是对光的本质认识的飞跃。在电学史上最大的成就，是奥斯特和法拉第发现电和磁的相互转化，证明了电和磁的统一。麦克斯韦从电和磁的相互转化中预言了电磁波的存在，建立了经典电磁理论，并用两组偏微分方程定量地描述了电场和磁场相互转化及电磁波传播的规律。赫兹的实验证实了光的本质就是电磁波。电磁波的证实，证明了电、磁、光的统一。在化学方面，波义耳从实验中抽象出元素的概念，把化学确定为科学；接着拉瓦锡建立的氧化理论取代了燃素说；1803 年道尔顿的原子论以及原子—分子论的确立，标志化学发展到新阶段。继而，俄国的门捷列夫提出了化学元素周期律，揭示了各种元素之间的内在联系，为新的元素周期表的发现奠定了基础。维勒尿素的合成，打破了有机界与无机界的界限。在生物学方面，拉马克首创进化论的思想，后由达尔文完成。他第一次把生物学建立在科学的基础上，彻底清算了目的论和神创论，并为马克思主义的产生提供了自然史基础。同时，德国的施莱登和施旺先后明确地提出了细胞理论，论证了一切动植物的基本生命单位是细胞，说明了生命现象的统一性。在数学方面，对数、代数学、解析几何、微积分、概率论、非欧几何学相继诞生，为人们提供了重要的数学方法和辅助工具。物理、化学、数学的发展，使人类对太阳系的认识有了新的突破。天王星和海王星先后被发现，证明了牛顿力学的正确性；康德和拉普拉斯关于太阳系起源的星云假说，赖尔的地层演化理论，进一步打开了形而上学自然观的缺口。19 世纪末至 20 世纪初，由于 X 射线、放射性元素和电子的三大发现，证实了原子不是不可分，化学元素不是不可变的传统观念，继而产生了以相对论和量子论为标志的物理学革命。相对论关于同时的相对性和光速不变原理，打破了牛顿的绝对时空观，论证了时间、空间和运动的不可分割性，把牛顿力学改造为相对论力学。同时，爱因斯坦把狭义相对论在惯性系中所研究的问题推广到非惯性系，从而建立了引力场理论。1900 年，普朗克从"紫外灾难"中提出了能量子假说；1905 年，爱因斯坦发展了量子概念，提出光量子论，首次明确光既有粒子性又有波动性。1923—1924 年，德布罗依又进一步提出一切实物粒子均具有波粒二象性，1925—1926 年量子力学建立。1927 年，海森堡提出了测不准原理，认为微观粒子的位置和速度不能同时准确地测定，证明了微观世界的运动规律不适用机械力学的规律，而要服从统计规律。自所谓"物理学危机"之后，人们对微观世界物质结构的认识向更深的层次进军。汤姆逊、卢瑟福、玻尔先后提出了原子内部结构的"西瓜模型"、"行星模型"和"圆规道模型"。之后，人们还从研究放射性现象的科学实验中认识到原子核内部还有结构，发现了原子核是由质子和中子组成。到目前为止，人们已经发现了三百多种基本粒子及其振态，并认识到基本粒子间存在着强力和弱力；强子内部也有结构，从而提出了"夸克模型"或"层子模型"。科学实验已经证明弱相互作用和电磁相互作用能统一起来。如果能把物理世界中的引力和电磁力、强力和弱力这四种力统一起来，那就能从科学上进一步证实世界统一性哲学原理的正确性。在化学方面，人们利用量子力学的成果，成功地解释了化学键形成的实质和分子结构的问题。在化学结构理论的基础上，我国在世界上第一次人工合成了蛋白质 —— 牛胰岛素，为揭开生命的奥秘做出了贡献。现代分子生物学的诞生是生物学的革命。它把人们对生命现象的认识从细胞水平推进到分子水平，终于发现了 DNA（脱氧核糖核酸）这一生物大分子的双螺形结构和功能是决定生物遗传性的根本原因。在宇观方面，人们认识到 200 亿光年外的天体，提出了各种宇宙模型。20 世纪 60 年代 3K 微波背景辐射的发现，使宇宙大爆炸假说得到了科学实验的证明，成为现代宇宙学中一个主要学派。在地球科学方面，板块结构学说阐明了地球形成和发展的基本面貌，使大陆漂移说以新的形式出现，并对整个地球科学产生重要影响。现代数学进一步向抽象化方向发展，其中泛函数分析与突变理论、数理逻辑、模糊数学与数理统计、运筹学和计算机数学，深入到各学科领域和社会生活中去，为宏观和微观世界的研究定量化提供了数学方法。

第三，科学理论对技术的先导性。这也是由科学实验的基础性这个根本特征派生出来的特点。它说明现代的生产、技术往往是由自然科学理论先行，导致技术的产生，通过技术的中介，转为直接的生产力。这一特点并不意味着自然科学理论可以脱离生产实践而先验的发展。恰恰相反，生产实践归根到底仍然是自然科学理论发展的基础，科学实验本身是从生产实践中分化出来的。同时，这一特点只有在19世纪中叶以后才表现得特别明显。古代的技术是生产经验的总结，缺乏科学理论的指导。18世纪蒸汽机的改进预先也无科学理论的指导。早期的资产阶级只重视能直接带来利润的技术发明，而忽视科学理论的研究。因此，自然科学理论的发展，总的说来，往往落后于生产的需要。尽管蒸汽机的应用需要理论去解决提高热机效率，但热力学却落后于生产几个世纪。如果说热力学的发展反映了产业对科学产生的促进，那么，在19世纪，只有电磁理论的建立，才能在技术上发明电动机和发电机，引起电力革命。同时，由于电磁波的发现，才能为后来的无线电通讯技术的发展开辟道路。在20世纪，自然科学理论对技术和生产的先导作用表现得更为突出。没有原子物理学、量子物理学，就没有原子能技术；没有固体物理学的发展，就没有半导体技术；没有分子生物学，就没有基因重组技术。现代的电子技术、激光技术、能源技术、新材料技术、空间技术等，无一不是在自然科学理论全面发展的基础上产生和发展起来的。科学理论对技术、生产的先导性，决定了它转化为生产力的周期越来越短，使自然科学愈来愈快地变为直接的生产力。

三、科学技术的综合形态

20世纪以来，特别是第二次世界大战前后至今，各门实验科学蓬勃发展，分支学科大量涌现，科学与技术之间相互交叉、渗透，科学与技术的发展趋向整体化、综合化。随着人们抽象思维能力的提高，为适应社会化、自动化大生产实践的需要，人们在以往科学成果的基础上，从不同的角度去探求各种系统间的共同规律。现代科学技术的综合理论即控制论、信息论、系统论、耗散结构论、超循环论、协同论的产生和发展，就是科学与技术相互渗透的产物，是自然科学、技术科学与人文科学综合贯通的成果，也是科学技术发展整体化、综合化的集中表现。因此，我们把这"六论"称为科学技术的综合形态。它们具体的科学内容已在本书第二篇科学思维论的第三章第三节"现代科学技术综合理论的辩证发展"中做了介绍。这里，我们则侧重"六论"之间的辩证关系及其基本特征加以概括性的说明。现代科学技术综合形态的基本特征是：

1. 共同规律的相关性。这是指"六论"所揭示的不同系统的共同规律并不是相互隔绝的，而有其内在的、必然的相关性。它们在理论上的发展也是一个相互联系的辩证发展过程，显示出两个螺旋式上升的圆圈运动。第一个圆圈是由控制论为起点发展到信息论再到系统论为终点；第二个圆圈是以系统论为新的起点，分化出耗散结构论和超循环论，作为系统论进一步发展的中间环节，协同论则是在高层次上对系统论复归，达到否定之否定阶段。因此，"六个环节"形成"两个圆圈"的上升运动是对现代科学技术综合形态特征的总概括。

（1）控制论是科学技术相互渗透的产物，把人的行为、目的及其生理基础，即大脑神经活动，与电子、机械运动相联系，突破了无机界与有机界，特别是生命与思维现象之间难以逾越的鸿沟，从整体相互联系、运动变迁的角度来观察问题。这种整体化的综合性研究是科学研究的一个飞跃。维纳把控制论称为"关于动物和机器中控制和通信的科学"。这个经典定义本身就说明了控制论与信息论不可分割的联系。维纳在《控制论》一书中，明确提出控制论的两个最基本的概念——信息概念和反馈概念，揭示了机器、动物和人所遵循的共同规律，即信息变换和反馈控制规律，从而为机器模拟人和动物的行为或功能提供了理论依据。控制论的基本思想是：任何控制系统都是有组织的进行合目的的运动的功能系统。它的功能主要是通过控制器对控制对象施加控制作用。随着系统内部因素和外部条件不断地调整自己的行为，以达到克服系统的不确定性，使系统保持稳定的有序状态。控制过程是通过信息的获取、加工处理和利用的过程来实现的。信息是控制系统中最本质的东西。信息的获取、加工处理和利用，是一切控制过程的共同的本质。因此，信息论和控制论是互相贯通的。离开了信息，控制就失去了客观内容；而没有控制，就不能消除信息的不确定性。此外，控制论从行为和功能的角度出发，揭示了技术系统与生物系统都具有反馈回路，具有自动调节和控制的功能。所谓反馈，是指控制系统把输入的信息输送出去，又把输出信息作用的结果返送到原输入端，并对信息的再输出发生影响，起到控制的作用，以达到预期的目的。从对输入的影响看，反馈可分为正反馈和负反馈。正反馈使系统偏离目标值较大而趋于不稳定的状态，达不到控制的目的。而负反馈是指倾向于反抗系统偏离目标的运动，使系统趋向稳定状态。维纳说："一切有目的的行为都可以看作需要负反馈的行为。"[①]机器和生物一般都是通过负反馈达到控制目的的。因此，负反馈是一切自动化技术的必要条件，也是维持生命发展的必要条件。这就是控制论的核心思想。

（2）信息论是以研究各种信息传输和交换的共同规律的科学。

---

① 维纳:《行为、目的和控制论》，第4页。

信息是信息论中基本的概念。它既不是物质，也不是能量，而是外部世界各种运动变化着的状态及其规律的表征或者叫知识。因此，信息又与物质、能量密切相关。没有物质和能量，就不存在事物的运动，就谈不上运动的状态和规律。只有运动变化着的客体才有信息。在通讯理论中，信息是一切通讯的共同本质。通讯的目的在于要消除不确定性，从而获得确定性的信息。为此，申农在创立信息论后，继而创立了"信息量"的概念，把它定义为"不确定性减少的量"，并用数学公式来表达，表明它的可度量性。在热力学中，不确定性的大小可以用"熵"去度量。"熵"表征一个系统无序的程度。高熵表征无序态，低熵表征有序态。而信息是被消除了的不确定性。所以，信息的本质是"负熵"，它表征着一个系统的组织化和有序化的程度。一个系统的组织化、有序化程度越高，其中所含的信息量就越大。信息论对信息和通讯过程的定量化的研究使通讯工程技术有了理论工具，从而使通讯更可靠、更有效。控制论正是在吸取了信息论研究成果的基础上发展起来的。信息论是控制论的理论基础。

（3）信息是实行控制的根据，而其发展趋势是整体化的"系统"的形式。系统论是归宿。什么叫作系统，系统就是过程的复合体。即相互作用和相互依存的若干组成部分结合而成的具有特定功能的有机整体，由于复合的程度不同，因而有简单系统与复杂系统、大系统与小系统。一般系统论是由其创始人贝塔朗菲从生物学的角度出发，在总结前人系统思想的基础上，运用类比同构的方法建立起来的。在一般系统论中，系统是它最基本的概念。它是指一个相互联系、相互依存的诸要素组成的具有某种特定功能的有机整体。因此，整体性是系统最基本的特征。系统的整体性是由系统内部诸要素之间以及系统与环境之间的有机联系来保证的。一般系统论就是着重研究系统诸要素之间的相互关联和相互作用。正是诸要素的相互关联、相互作用，共同构成系统的整体。系统作为一种互相关联的有机整体，表现为系统具有层次结构性。一个系统既是一个自己独立的整体，同时又是高一层次的子系统。因此，层次性是系统普遍存在的属性。系统作为一个整体，不仅其诸要素之间相互作用，而且还与其外部环境之间相互作用，即它与外界有物质、能量、信息的交换，其相应的输出和输入以及量的增加或减少，是向有序性和稳定性的方向发展的。因此，一般系统论研究的系统是开放系统。所谓系统的功能，就是系统对物质、能量、信息的转换能力和对环境的作用能力。正是系统的开放性决定了系统的动态性。系统的动态性不是消极地反映系统是个过程，而是要显示出系统过程发展的方向性。系统诸要素所表现出来的结构层次性以及动态性所表现出来的渐进分化的方向性，使系统具有有序性的特点。系统从无序到有序的发展过程标志着系统的组织性的增长。而系统的有序性是由一定的目的性支配的。系统论的这些基本观点，实际上就归结为系统论的四条基本原则，即系统的"整体性原则"、系统要素的"相互联系原则"、系统结构的"层次性原则"和系统的"动态性原则"。这些基本原则，既是对不同系统发展规律的概括，同时又为人们进一步认识不同系统的共同规律提供新的理论依据和一般原则。一般系统论虽然分析了生物和生命现象的有序性、目的性和稳定性的关系，但它并没有真正回答形成这种稳定性的具体机制。这就决定了系统论的研究必然要进一步深化。

（4）耗散结构论和超循环论是系统论的深化。人们在研究各种系统时，发现有两类完全不同的系统。一类是与外界既没有物质交换又没有能量交换的系统，即孤立系统。根据热力学第二定律，这种孤立系统的宏观状态总是随着时间的持续趋于平衡。熵的变化总是大于零，一直到熵达到极大值。这就标志着系统内部微观分子运动无序性的增加，有序性的减少。另一类就是与周围环境进行物质和能量交换的开放系统。它的内部状态随着时间的持续，无序性总是自发地减少，有序性总是自发地增加。这一类系统完全不遵循热力学第二定律，而是遵循达尔文的进化学说。这两种不同的系统间有没有内在的联系，能否统一起来呢？普里戈金认为，要解决这个问题，不能只满足于生命系统的进化是否对于宇宙的熵的增加，能否符合热力学第二定律，而是应该研究能否用热力学来阐明生命系统自身的进化过程。这就是普里戈金研究问题的出发点。由此他建立了耗散结构的新概念。所谓耗散结构，就是一个远离平衡的开放系统，不管是力学的、物理的、化学的、生物的，在外界条件变化达到一定阈值时，量变可以引起质变。系统通过不断地与外界交换能量和物质，就可以从原来的无序状态转变为一种时间、空间或功能的有序状态。这种非平衡状态下的新的有序结构就是耗散结构。他认为，形成耗散结构的系统，必须是一个开放系统。因为开放系统在与外界交换物质与能量的过程中，从外界流入的负熵流大，就可以抵消系统自身的熵的产生，使系统的总熵减少，逐步从无序向新的有序方向发展，形成一个低熵的非平衡的有序结构。根据最小熵产生的原理，系统只有远离平衡时才可能在不与热力学第二定律发生冲突的条件下向有序、有组织、多功能的方向发展；才能把系统内部各要素之间存在的非线性的相互作用，用非线性方程来描述其运动状态。在远离平衡态的条件下，系统从无序向有序的演化，是通过随机性涨落来实现的，它是形成耗散结构的杠杆。普里戈金的耗散结构论解决了克劳修斯主张物理世界是从有序到无序和达尔文主义主张的生物世界是从无序到有序的矛盾，把热力学第二定律和进化论统一起来，把物理世界的规律和生物世界的规律统一起来，为用物理学方法研究生命现象开辟了道路。

（5）系统论的另一个发展是艾肯 1971 年提出的超循环论。他是从生物学角度出发来研究非平衡系统的自组织问题的。他认为，一个生命系统，可以看作是一个以蛋白质和核酸为基础，由多种分子所组成，具有严整结构和自我更新与自我复制功能的系统。生命的基础是核酸与蛋白质。核酸与蛋白质的关系是一个互为因果的封闭的环。它必须存在一个开端和起点，但该环一旦形成，即已形成新的结构。这一新的结构叫作"循环"。生物的生命活动，都可以看作是一系列的生化反应。生化反应都具有"循环"过程。例如酶的催化作用就是一种反应循环。比反应循环更高级的循环结构叫催化循环。如果一个反应循环中有一个中间产物是催化剂，那么这个反应循环就是催化循环。它表现了较高级的组织水平。催化环中最简单的情形，也就是自催化剂，即生物在反应过程中起催化作用。如双链 DNA 的自复制。所谓"超循环"，就是经过循环联系把自催化和自复制单元连接起来的系统，叫作超循环系统或超循环结构。艾肯认为，通过因果的多重循环作用，可以建立起一个通过自我复制、自我选择而进化到高度有序水平的宏观功能性的组织。从生物大分子的水平来看，选择和进化的分子基础主要是代谢、自复制和变异，而这些都要有超循环这种组织来保证的。因此，艾肯认为，"进化原理可以理解为分子水平的自组织"，最终"从物质的已知性质导出达尔文原理"[1]。这一理论与耗散结构论得出了相同的结论，揭示了系统由无序向有序转化的共同规律性。同时，从分子水平上解释了生命起源和发展过程中由化学进化到生物进化之间的内在联系。

（6）协同论是系统论在高层次上的复归。1976 年，哈肯提出了

---

[1]　艾肯:《物质的自组织和生物高分子的进化》,《自然科学哲学摘译》1974 年第 1 期。

"协同学"。它以控制论、信息论等现代科学理论为基础，吸取了耗散结构论和超循环论的新成果，进一步揭示了各种系统和现象中从无序到有序转变的共同规律。他认为，一个系统从无序到有序的转化的关键，并不在于离平衡态多远，而在于只要是一个由大量子系统构成的系统，在一定条件下，它的子系统之间通过非线性的相互作用，就能够产生协同现象和相干效应，形成一定功能的自组织结构，表现出新的有序状态。它抓住了完全不同的系统在临界过程中存在的共同的本质特征，并结合具体现象描绘了由无序到有序转变的规律性，集中地反映了它高度的综合性。因此，协同论是系统论在高层次上的复归。

2. 理性思维的综合性。这一特征表明，现代科学技术综合形态的形成是人类理性思维发展的必然结果。现代科学技术综合理论的"六论"从不同的角度论证了不同系统及不同系统之间的共同规律性，体现了人们对客观世界的系统性、整体性的高度概括和综合。如前所述，人类认识客观世界的过程是由感性直观到知性分析再到理性综合的过程。科学技术由经验形态发展到实验形态，再由实验形态发展到综合形态，这是随着感性→知性→理性的认识能力的提高而发展的。在古代，人类对客观世界系统性、整体性的认识是以感性直观为基础的。古希腊和中国朴素的唯物辩证法就是它的表现形式。近代科学技术的实验形态是以知性分析为基础的，对事物的系统性、整体性是通过分解各个彼此孤立的部分，分门别类的加以研究，这是必要的。但它割裂了整体与部分的关系，只见树木，不见森林；只强调分析，而忽视综合，把整体等于部分之和；特别是用机械力学的原理解释一切，把自然界描绘成一个机械性的系统，这是一种反辩证法的机械的系统观。19 世纪自然科学技术实验形态的成果，经由马克思、恩格斯的辩证综合，才确立了"辩证的系统观"。20 世纪以来现代科学技术综合形态的形成和发展，进一步深化、丰富了唯物辩证法的系统观。现代科学技术综合理论的"六论"，为马克思主义自然哲学对其做出更高的哲学概括奠定了科学的基础。

3. 应用的工程性。这一特征表明，现代科学技术的综合形态不仅为当代各种科学技术的发展提供了理论基础，而且在各个系统领域内得到了广泛的应用。它的集中表现就是用"系统工程"的方法分析和处理各种工程技术的问题。同时，它把社会生活各个领域内各系统的问题也作为一个系统工程来处理，使本来不属于工程技术范围内的问题"工程化"。于此，现代科学技术的综合形态，不仅对各门具体科学技术的发展具有巨大的理论意义，而且由于其日益通过"工程技术"的中介成为改造主观世界的强大手段和方法，这就蕴含着"革命实践"的意义。因此，从以科学实验为基础产生发展起来的真正的自然科学技术到现代科学技术综合理论及其应用"工程化"的发展过程，其实质是由"知性分析"、"理性综合"、"革命实践"三个环节的发展过程。这就是对自近代以来科学技术的实验形态到综合形态发展过程的哲学概括。

第三节　科学技术基本形态的哲学性

科学技术三种形态的发展过程，为我们进而分析其哲学性质奠定了自然科学技术史的基础。所谓其哲学性，并不是说科学技术基本形态本身就是哲学；而是说，我们要从科学技术基本形态中揭示其蕴含的哲学灵魂，说明科学技术的发展是与马克思主义自然哲学的基本精神的一致性；同时说明自然哲学必须概括和总结自然科学技术发展的成果，促进自然哲学与科学技术共同发展的历史必然性。

我们认为，科学技术基本形态发展所体现的哲学精神，是它的实践性、辩证性和具体性。这"三性"是唯物论、辩证法、认识论的辩证统一在科学技术基本形态发展过程中的具体体现。

一、科学技术的实践性

实践性，说明科学技术的发展，不是纯知识的自然生长过程，而要依赖于社会实践。社会实践是人类知识最终的源泉和动力，是检验一切知识是否具有真理性的标准。同时，也是一切知识的根本目的。人类在社会实践中获取知识的最终目的是为了改造世界。科学技术作为一种理论知识体系，归根到底，是社会实践的产物，并随着社会实践的发展而发展。科学技术的产生和发展对社会实践的依赖性，说明了科学技术产生发展的唯物论基础。因为实践性是作为实践唯物主义特殊形式的自然哲学的最本质的特征。

生产实践是社会实践最基本的形式之一。它是整个人类社会赖以存在和发展的基础，也是科学技术产生和发展的根本基础。恩格斯明确指出："科学的产生和发展一开始早就被生产所决定。"[1] 人们在生产实践过程中逐步积累了生产经验，增强了改造自然的技能，这些经验和技能就是人类最初的自然科学知识的萌芽。随着生产实践活动领域的扩大，开阔了人们的视野，加深了人们对自然界的认识，推动了自然科学向前发展。古代自然科学技术的经验形态就是由社会生产实践的需要而发展起来的。近代科学技术实验形态的产生和发展，归根到底也是由社会生产实践决定和推动的。因为只有社会生产实践，才能为自然科学的发展提供研究的新材料和实验的手段。恩格斯在论及近代科学得以迅速发展的原因时强调指出："自

---

[1]　恩格斯：《自然辩证法》，第 27 页。

十字军东征以来，工业有了巨大的发展，并产生了力学上的（纺织、钟表制造、磨坊）、化学上的（染色、冶金、酿酒）以及物理上的（眼镜）新事实，这些事实不但提供大量可供观察的材料，而且自身提供了和以往不同的实验手段，并使新的工具的制造成为可能。可以说，真的有系统的实验科学，这时候才第一次成为可能。""如果说，在中世纪的黑暗之后，科学以预料不到的力量一下子重新兴起，并且以神奇的高速度发展起来，那末，我们要再次把这个奇迹归功于生产。"[①]恩格斯的这段话同样适用于现代。现代科学技术综合形态的产生和发展，也是以社会生产实践为根本基础的。如果没有社会化的大生产制造出高、精、尖的光学望远镜、射电望远镜、高能加速器、核反应堆、空间实验站、人造卫星、航天器等一系列高科技的物质手段，就没有现代物理学、化学、宇宙科学等科学的发展。如果没有电子工业、计算机工业生产的基础，电子、计算机科学的发展是不可能的。因此，归根结底，社会生产实践是推动自然科学技术发展的根本源泉和最终动力。

　　科学实验是从生产实践中分化出来的一种相对独立的社会实践形式。它在近现代自然科学技术的发展中越来越处于突出的地位，成为自然科学技术的源泉和动力之一。我们把近代自然科学技术称为实验形态，就充分说明了科学实验对发展科学技术理论所起的决定性作用。如果没有道尔顿和盖伊·吕萨克等科学家对气体的反复实验，就不能提出原子—分子论；没有奥斯特、法拉第、楞次等科学家进行的科学实验，就不能产生电磁理论；没有从卢瑟福起直至现今的高能物理实验，就不可能打开微观世界的大门，使我们深入认识到"基本粒子"的物质结构及其运动规律；没有生物学上的科

---

① 恩格斯：《自然辩证法》，第27页。

学实验，也就不可能产生现代遗传学、基因说及 DNA 双螺旋结构及人工合成蛋白质。由此可见，生产实践已不是自然科学理论的唯一源泉，而科学实验越来越成为直接的源泉和动力。不仅如此，科学实验还是检验理论是否具有真理性的标准。自然科学技术的经验形态，基本上是一些经验性的定律，相互间缺乏本质的联系，没有上升为系统的理论。因此，检验的方法比较简单，只要让它回到生产实践中去或者将其与所反映的对象直接相接触，看其是否与客观相符合，即可判断其是否正确。但自然科学技术的实验形态和综合形态是系统地反映自然界本质和规律的科学理论体系，就不能依靠感性直观或一两次实验所取得的经验事实做出正确的判断，而必须依靠科学实验的反复检验及严密的逻辑证明才能证明其真理性，我们强调科学实验检验的重要性和直接性，并不意味着否定生产实践是科学技术发展的最终动力和根本基础。它们作为社会实践的两种基本形式，本身是辩证的统一。科学实验是生产实践分化的结果，同时科学实验又必须依赖于生产实践。否则，科学实验既没有人力、物力、财力的物质保证，也没有现代化的实验手段。此外，我们说科学实验是检验科学技术理论的标准，也并不意味着否定生产实践是检验的根本标准。工程技术科学的研究成果是否正确，就直接取决于在生产实践中的检验。即使像物理、化学、生物学等基础理论科学方面研究成果的正确性，也必须视其对工程技术科学中的指导作用发挥得如何而定。因此，基础理论科学既要受科学实验的检验，也要受技术科学应用效果的检验，归根到底，还是要受生产实践的最终检验，因为一切科学技术知识最终的目的还是要回到生产实践中，为推动社会生产服务。

科学技术基本形态发展依赖于社会实践，其本身也经历了生产实践—科学实验—社会化生产实践这样一个否定之否定的过程。自然科学技术三种基本形态的发展，都是在一定的历史条件下由社会实践的水平决定的。古代科学技术的经验形态是在小规模的农业与手工业生产实践基础上产生、发展起来的；近代科学技术的实验形态是以大规模的机器生产为基础的；而现代科学技术的综合形态则是以现代高度社会化、自动化的生产实践为基础的。因此，科学技术基本形态发展的实践性，本身有其历史条件性。离开了社会实践的历史发展过程性，就不能理解科学技术三种基本形态发展过程的唯物论基础。

二、科学技术的辩证性

辩证性，说明科学技术基本形态的发展，有其自身的辩证法。自然科学技术知识体系，是属于非上层建筑的社会意识形式，它一旦形成，就具有相对独立性，并按自己固有的规律向前发展。它不但有其唯物论的实践基础，而且具有辩证法的发展性质。

它的辩证性表现之一，就是其发展由它固有的矛盾所推动。科学实验和科学理论之间的矛盾是推动科学理论发展的内在动力。一般说来，科学实验和科学理论之间的矛盾运动，是在科学实验的基础上，通过新的科学事实与原有科学理论之间的矛盾推动科学发展的。例如哥白尼的日心说代替托密勒的地心说，拉瓦锡的氧化说代替燃素说，光的波粒二象性代替微粒说及波动说，爱因斯坦的相对论代替牛顿的经典力学等一系列科学理论的发展，都是由新的实验事实所引起的。由于新的实验事实揭示了原有理论所不知的自然界的新属性或新的本质联系，因此引起旧理论和新事实之间的尖锐矛盾，迫使科学家重新审查原有的理论，加以补充、修正和完善，以使理论同新的实验事实相符合。正是新的实验事实同旧的理论的这种矛盾不断产生，又不断解决，推动着科学理论不断向前发展。至于技术发展的内在矛盾，则是由社会需要产生的技术目的和技术手段之间的矛盾。人类改造的实践活动，是人的自觉的有目的能动活动。人类在长期共同劳动的过程中，逐步认识到，要实现自己体力和智力的解放，必须通过技术的应用来减少自己在劳动过程中的直接参与程度，提高劳动次序，使自己能以较少的劳动投入，尽可能获得更多的产出。这种技术目的，是通过技术手段来实现的。原有的技术目的实现了，又产生了新的更高的技术目的，而要实现新的目的，必须不断改进技术，采用更新的技术手段。正是这种技术目的与技术手段之间的矛盾不断产生又不断解决，推动着技术的发展。

它的辩证性表现之二，在于它的发展是积累和革命的统一。这是唯物辩证法关于质量互变规律在科学技术基本形态发展过程中的具体体现。自然科学技术知识的发展具有历史继承性。人类对自然界本质和规律的认识是在继承前人研究成果的基础上前进的。牛顿说他之所以能在科学上取得成就，是因为他站在他人的肩膀上。也就是说，他是继承了前人的全部科学成果。如果没有伽利略、开普勒的科学成果，也就没有牛顿经典力学的三大定律及万有引力定律的发现。在科学领域内，当科学知识的量积累到一定程度，就会发生质的飞跃，产生"科学革命"。爱因斯坦的相对论尽管包括了牛顿力学的全部正确结论，但它否定了作为牛顿力学理论基础的绝对时空观，从根本上改变了力学以至整个物理学的体系。因此，它是物理学上的革命。但是，如果没有 19 世纪经典物理学理论的高度发展，20 世纪初的物理学革命是不可能出现的。同时，在科学革命中创建的新的科学理论体系，仍然保留了旧体系中正确的合理部分。因此，科学理论知识的积累和继承是科学革命的前提，是积累和革命的统一。至于技术的发展，继承和创新是它自身发展的内在矛盾，而继承和创新是通过技术改良和技术革命表现出来的。这也是由量的积累到质的飞跃的过程。技术改革的主要特点是在继承已有的科学技术原理的基础上，通过生产经验和技能的长期积累，对原有技术进行局部的改良。而技术革命则是能使整个社会生产力得到迅速提高的新的技术体系的出现，并成为整个社会生产力的主导部分。而原有的旧技术只起辅助性的作用。因此，技术革命与科学革命不同，它的产生并不意味着新技术对旧技术进行根本的否定，而科学革命有时则要对原有的旧理论进行根本性的否定或改造。

它的辩证法表现之三，在于科学技术发展的周期性。主要表现为："生产—技术—科学"和"科学—技术—生产"三个环节两个圆圈的双向运动。它体现了否定之否定是事物发展过程辩证法的核心。从科学技术发展的全过程来看，生产是科学技术产生和发展的起点和归宿，技术是生产和科学之间的中介。起初，生产是技术发展的基础，而科学理论落后于技术的发展。科学实验的兴起及蒸汽机的发明，促进了自然科学的生长，科学成了技术的先导。但科学理论不能直接地转化为现实的生产力，它必须通过技术的中介。由于技术的中介作用，科学转化为生产的周期缩短；同时技术能设法把科学理论的发现尽快转化为新工艺、新材料、新能源和新的物质手段，从而大大促进了生产的发展。反过来，生产又通过技术的中介，为科学理论研究提供先进的实验设备，提出新的研究课题，促进科学理论的发展。这样，技术作为中介环节，它基于生产，决定科学；科学指导技术并通过它转化为直接生产力。现代科学技术的发展形成科学、技术、生产一体化的趋势，正是这种"双向作用"构成的辩证运动的结果。这也就是现代科学技术发展的辩证法。

三、科学技术的具体性

具体性，说明科学技术基本形态的发展过程，体现了人们对自然界真理性的认识是由无数相对真理逐步走向绝对真理的过程，从而证明了马克思主义真理论的正确性。

科学技术知识真理的具体性，首先在于它的历史性。即人们对自然界的认识都是在一定历史条件下的认识。恩格斯说："我们只能在我们时代的条件下进行认识，而且这些条件达到什么程度，我们便认识到什么程度。"①科学技术在发展中形成的经验形态、实验形态、综合形态，都是在一定的社会历史条件下认识自然的结果。它们都反映了人们对自然界的本质和在特定历史条件下所能达到的程度。由于各个历史时代的生产力水平不同，认识自然的物质手段不同，人们对自然界本质和规律的认识，只能表现为由经验上升到科学技术理论，再通过科学技术理论的分化，上升到科学技术理论的辩证综合。真理是具体的，抽象的真理是没有的。科学技术知识真理的历史性、条件性，表明了它的具体性。

科学技术知识真理的具体性，还在于它的相对性。真理的历史性和真理的相对性是同一的。综观全部科学技术史，任何一个新的科学概念、原理、定律、规律的提出，都意味着它们都是人们对客观自然界某一方面、某一发展过程、某一层次或系统的本质和规律的正确反映，都有它本身适用的范围，因而是相对的、有条件的、可变的。人们对整个自然界本质和规律的认识，只能通过无数的相对真理近似的、逐步的接近绝对真理。正如恩格斯所说："对自然界的一切真实的认识，都是对永恒的东西、无限的东西的认识，因而本质上是绝对的。"②自然界是无限的、绝对的，处于永恒运动中的整体。我们要完全把握它的本质和规律，也只有通过有限去把握无限，

---

① 恩格斯：《自然辩证法》，第 118 页。
② 恩格斯：《自然辩证法》，第 106 页。

通过相对去把握绝对。但无限、绝对又属于有限、相对之中，是有限与无限、相对与绝对的统一。自然科学技术理论知识对自然界的本质和规律的正确反映，实质上就是一个个的相对真理。

科学技术知识真理具体性的表现之三，是它的全面性。人们对自然界的科学认识总是由感性直观到知性分析再到辩证综合的过程。每一个科学定律、原理、公式，都是对自然界某一方面、某一过程本质的规定性。但要认识各本质规定之间的内在必然联系，必须要经过辩证综合，把自然界作为一个整体来把握它的共同规律性。这样，才能把自然界的整体运动规律在思维中再现出来，达到"思维中的具体"。现代科学技术的综合理论扬弃了经验形态的表面性，保留了它的客观性，同时扬弃了实验形态的直观性，保留了它的现实性，从而上升到对自然界各系统共同的、普遍的规律的认识，这是科学认识史上的巨大飞跃，它为人们掌握马克思主义自然哲学的真理奠定了坚实的基础。

通过对科学技术基本形态哲学性质的分析，我们清楚地看到，科学技术的发展与哲学的发展是一致的。在不同的历史时期都出现过体现时代精神的哲学，力图对当时的科学技术成果进行哲学概括和总结。但是，不论是古代的自然哲学、近代的机械论自然哲学，还是黑格尔唯心辩证的自然哲学，都未能对科学技术的成果做出科学的概括和总结。历史已经证明，只有马克思主义自然哲学才是实践唯物主义的基石，才是科学技术成果的合乎逻辑的哲学概括。正如列宁所说："真理是过程。人的主观观念，经过实践（和技术）走向客观真理。"[1] 科学技术基本形态发展的历史同样证明，马克思主义自然哲学要进一步发展，必须从现代科学技术的成果中汲取养

---

[1]《列宁全集》第 38 卷，第 215 页。

料，不断丰富自己的内容，促进自身进一步深化。哲学工作者必须与科学技术工作者结成巩固的联盟，协作攻关，共同探索真理，促进马克思主义自然哲学与现代科学技术的共同发展，这就是历史的结论。

第十一章　科学技术发展论

科学技术的发展是一个历史过程，由技术到科学再到技术；由综合到分化再到综合；由手工技艺到基础理论再到工程技术。科学技术的这种辩证前进运动，就是一串圆圈形运动过程，犹如一支优美动人的科学圆舞曲，一环套一环地不断前进，在前进中又不断返回，在返回时又继续前进。这种前进，使整个世界不断地改变它的面貌，显示了人类智慧的巨大创造力。它的意义在于：人生存于这个世界中不是无能为力的，人不但能够认识它，而且能够改造它，使它日益符合人类生存的目的；人的主观能动性、行为目的性是科学技术发展中最本质的东西。

第一节　技术—科学—技术

科学与技术是两个既相联系又相区别的概念。科学作为一种意识形态，主要任务是认识世界；技术本质上是一种劳动形态，主要任务是改造世界。在科学技术的历史发展过程中，二者又合又分，又分又合；在当代科学整体趋势下，二者已融合为一个辩证统一体，形成了科学技术化与技术科学化的局面。但这种统一是一个过程，它经历了一个技术—科学—技术的辩证运动。技术既是起点又是终点，终点又成为新的起点，使科学技术不断推进到新的阶段。

一、从技术到科学

技术是人类器官和功能对象化的产物。希腊文 τέχνη 一词，相当于我们现今所说的技艺、技巧、手艺、工艺等意思。在亚里士多德的著述中就出现了技术的概念。他认为，自然界事物有些具有客观形成的内在原因，它们是自然存在的事物。事物是一个从潜在到现实的过程，当事物达到完成阶段，原先潜存的事物便显露出来，其产物被用来实现预定的目的。亚里士多德的论述正是一般所理解的技术过程。但技术有三种存在方式：作为实物的，有工具、机器、装置等；作为观念的，有技能、技巧、经验等；作为过程的，有设计、发明、使用等。古代技术的三种存在方式浑然一体。技术的最初成果是火的利用，它第一次使人类支配了一种自然力，从而最终地把人从动物界分开，增强了人类改造自然的能力，为从事其他技术活动创造了有利条件。但推动原始技术发展的是农业的出现，它改变了人与自然的关系，使人类获得了支配自然的主动权，从而使预先存在的技术形式由可能转化为现实。

当人类社会由原始社会转变到奴隶社会后，生产力获得较快发展，导致脑力劳动与体力劳动的分离，使得一部分人有可能从事专门的自然研究，其间文字的产生与工具的发展为这种研究提供了必要条件。于此，古代的科学技术便由技术的发明，逐渐进入科学的研究。它的高峰是古希腊哲学中所包含的科学知识。古希腊学者继承和发展古埃及、古巴比伦文化，使人类知识上升到科学的形态，公元前 4 世纪以前，古希腊科学的主要成果是科学和哲学一体化的自然哲学；公元前 4 世纪到前 2 世纪，科学开始同哲学分化，产生了一些古代理论科学。

自然哲学是关于自然界的哲学学说，是一种关于自然的系统化、理论化了的科学体系，虽然古希腊的自然哲学尚未达到系统化、理论化的水平，但它一开始就以整个自然界作为研究对象，探讨了自然界的本体问题。这一核心问题的提出是人类探索自然的飞跃，其意义在于：人们开始意识到"自然"的感性外观的虚幻性、暂时性、杂多性，而要求探寻真实的、永恒的、统一的实体。"实体"（substance）范畴的提出，意味严格意义的哲学的形成。也就是说，要求抓住自然界的本质及其内在规律性。

古希腊自然哲学包含了许多合理的科学观念，其中最有价值的成就是留基伯、德谟克利特提出的原子论，虽然它不是建立在实验基础上的科学理论，主要是一种哲学的推论，但深刻地说明了物质的结构和运动的原因，是古希腊自然哲学的最高成就。尽管它遭到了柏拉图和亚里士多德的反对和排斥，但它比以前或以后的任何学说都更接近于现代观点，对现代原子论的产生仍有很大影响。

亚里士多德是古希腊自然哲学的集大成者。他是一位百科全书式的自然哲学家，几乎在人类知识的一切领域都做了探索性的贡献，不愧为一代宗师，在古希腊科学史上是一位标志着由技术到科学的中心人物。在他的著作中呈现着自然哲学和经验知识的早期结合，有不少正确的见解和天才的发现。当然也有一些错误的结论，这是历史的、生产的、智力的局限所致。

从公元前4世纪起，古希腊科学发展到一个重要历史时期，即所谓"希腊化科学时期"。这一时期的科学从哲学中分化出来，产生了一些古代的理论科学，实现了由技术向科学的转化。在这一转化中，欧几里得系统地总结了以往的几何学知识，建立了逻辑严密的初等几何学体系；阿基米德把工艺技术与科学理论结合起来，提出了著名的浮力原理和杠杆原理，发明了一些原始工程技术；托勒密在总结前人积累的天文资料的基础上，建立了完整的地心说，尽管这一学说的基本理论是错误的，但仍具有相对的科学价值，在天文学史上是第一个系统化的天体学说。

随着神圣罗马帝国的建立，古希腊科学走向衰退。中世纪漫长的岁月，虽不是文化传统的简单中断，但与科学发展的其他阶段相比，确实是科学发展的沉寂时代。教会统治一切，科学遭到摧残。大约公元 9 世纪左右，中国隋唐时期的文化曾经达到了一个辉煌的境界。代表中国古代科学技术先进水平的，主要是农、医、天、算四大学科体系和闻名世界的四大技术发明以及冶金、造船、建桥、丝织、瓷器、制茶等实用技术。如果说古希腊文化是西方科学技术的母体，那么，中国科学技术则是西方科学技术的摇篮。阿拉伯人将中国的技术发明引进后，有力地推动了欧洲文化的复兴。近代以后中国科学技术之所以陷入落后的状态，并不是因为西方文化高于中国文化，主要是帝国主义的入侵和封建制度的腐朽，加之中国文化重伦理、轻自然，使相当发达的实用技术失去了向科学理论形态转化的契机。有些科学成就曾接近近代科学的边缘，如极限理论、变量思想、曲直转化、地磁偏角、引力观点等，但都未能做出理论上的深刻阐明。

当然，无论是古代中国，还是古代西方，由于生产力水平低下，缺乏科学实验条件，因而均未达到全面的、系统的发展。由技术到科学虽然形成了一定体系，但这些体系一般都很粗糙。所谓的技术也只局限于手工生产经验和工匠个人技艺的逐渐积累；所谓的科学对自然现象的说明虽有不少天才的猜测，然而却包含大量主观臆断的成分。总体上看，古代技术基本上是常识性和实用性的手工技艺，古代科学基本上是描述性和经验性的科学知识，带有原始综合的性质。科学和技术浑然一体，从未明显地将技术经验总结提高到科学理论的水平，这既是技术水平不高的表现，也是科学理论不成熟的标志。

二、从科学到技术

近代自然科学从总体上看是从科学向技术转化的过程。在这个过程中，科学的标志主要是哥白尼日心说—牛顿力学体系的确立；技术的标志主要是18世纪出现的蒸汽机革命和19世纪出现的电力革命。这两次技术革命，不仅推动社会、经济、科技的迅速发展，而且导致科学、技术、生产三者相互作用的加强。

15世纪下半叶以后，资产阶级革命为了扫除发展资本主义的障碍，掀起了一场声势浩大的文艺复兴运动。它发源于当时生产发展较快、社会矛盾重重而又素有希腊文化传统的意大利，尔后遍及西欧各国，最初是以恢复希腊文化的面目出现，其后在政治、思想、文化、人生等广泛领域内开展了反封建、反宗教的斗争。文艺复兴的中心思想是人文主义，提倡人性，批判神性；要求人权，摒弃神权；歌颂世俗，鄙视天堂；崇尚理性，贬弃天启。这实际上是一场"人心改革"的思想解放运动。这些思想和主张对于近代科学从神学中解放出来，起到了鸣锣开道的作用。

文艺复兴后，开创近代科学的巨匠是伟大的哥白尼，他在1543年出版了倾注毕生心血的《天体运行论》，提出了太阳中心说，把被教会奉为信条的地心说颠倒了一千多年的日地关系，重新颠倒了过来，使自然科学从神学中获得解放，并成为近代科学的标志，于此，近代科学经过千年的沉寂以后，开始大踏步地前进了。在天文学革命的推动下，力学、物理学、数学、生物学、生理学、医学、化学等学科都有不同程度的发展，尤其是力学成为近代科学的第一个带头学科，处于领先地位。牛顿创立的经典力学体系，集中地反映了近代科学的重大成就，也体现了人类科学思维的进步。

牛顿在总结前人成果的基础上，把物体的运动规律概括为三条基本定律，即第一定律（惯性定律）、第二定律（加速度定律）和第三定律（作用和反作用定律），并使这三条定律形成一个整体，作为动力学的基础。以后他又从惠更斯的向心律出发，根据运动三定律和开普勒的行星运动第三定律，推导出著名的万有引力定律。他效仿古希腊人的科学方法，把力学知识整理成一个归纳—演绎的知识系统。他于 1687 年出版了著名的《自然哲学的数学原理》，建立了经典力学的理论体系，为实现由科学到技术的转化，奠定了一定的基础。

标志科学向技术转化的，是人类发生的第一次技术革命。它以蒸汽机的发明为标志，实现了工业生产从手工工具到机械化的转变，导致一系列的技术飞跃，引起世界性的工业革命。在隆隆的火车和轮船的呼喊声中，宣告了大工业生产体系和技术体系的建立。但这个体系的建立主要是工匠们的功劳，还不是科学直接转化为技术的成果。19 世纪中叶以后才真正实现了这种转化，这一转化的标志就是电力的运用。以电力技术为代表的第二次技术革命，使资本主义生产开始向自动化、电气化方向前进，使人类由蒸汽时代跃进到电气时代。

第二次技术革命同第一次技术革命相比较，一个明显的特点是自然科学理论的突破已成为生产技术革新的前导，科学理论已经走在生产实践的前面。在第一次技术革命中，自然科学的理论指导还比较零散。对工作机来说，力学起到重要作用，而对蒸汽机变革来说，热力学只起到配角作用，工匠技艺经验的积累占主导地位，尔后才在研究提高热机效率的基础上，建立起系统的热力学理论。但第二次技术革命是在电磁理论创立后形成和发展起来的，真正体现了科学到技术的转化。

1820年，丹麦物理学家奥斯特发现了电流使磁针偏转的效应，第一次展示了电和磁之间的联系。这一发现是近代电磁学的突破口，蕴含着电动机的基本原理。1821年，英国科学家法拉第提出"把磁转化为电"的研究课题，经过十年的反复实验，证明不仅电可以转变为磁，磁也同样可以转变为电。1862年，苏格兰科学家麦克斯韦初步提出了电磁理论，不仅解释了法拉第的实验结果，而且补充和发展了法拉第的思想，指出交变的电场产生交变的磁场，交变的磁场又产生交变的电场，由此预言了电磁波的存在。十年后，出版了电磁理论的经典著作《电磁学通论》(1873)，建立了电磁场的基本方程，即著名的麦克斯韦方程组，揭示了电磁现象的本质和规律。这是近代物理的又一次重大的理论综合，使电荷、电流、电场和磁场之间的普遍联系辩证地统一起来了。

电磁规律的发现与电磁理论的建立，直接导致了第二次技术革命，人们根据电磁规律和电磁理论，创造了发电机和电动机，并使电力得到广泛的应用，主要是电报、电话、电灯的发明，推动了科学技术的发展。由于电力的应用，才使得1895年能够发现X射线，1897年能够发现电子等新的物质粒子，也才使得人们把研究这些粒子变化规律的课题摆到日程上来。以无线电电子学、物质的电结构理论等为代表的一批新的电学理论逐步建立和发展起来，把人们的研究领域从宏观低速引导到微观高速的范围里，为电学乃至整个物理学、化学和其他学科的理论研究和与此相应的技术研究，开辟了新的广阔天地，出现了科学与技术辩证统一的趋势。

三、科学与技术的统一

从上述科学技术的发展过程来看，如果说古代社会的科学技术是沿着由技术到科学的路线发展，那么，近代社会的科学技术则是沿着由科学到技术的路线发展；而进入现代社会以来，科学与技术之间的关系日益密切，水乳交融，形成了科学技术化和技术科学化的趋势，实现了技术—科学—技术的辩证前进运动，两条反向的直线运动变成三环节推移过渡的圆圈形运动。这一辩证复归运动的直接成果是第三次技术革命的形成和发展。

现代自然科学发展的起点是 19 世纪末拉开帷幕的物理革命，引起这场革命的导火线是 X 射线、放射线和电子三大实验的发现，这些发现打开了原子结构的大门，推翻了从古希腊到 18 世纪人们恪守不变的原子观，推动了原子物理学的产生，促进了相对论和量子论的诞生，引起人们对时空观、运动观的根本变革。从此以后，人们不仅深刻地认识了宏观物体运动现象，而且进一步去研究微观高速过程。

物理学革命不仅推动了各门基础科学的发展，而且也为现代技术革命奠定了基础。现代技术革命也就是今天人们所常说的第三次技术革命或新技术革命，其主要标志是原子能、电子计算机和空间技术的广泛应用。这些现代技术的产生和发展需要现代物理学和其他科学理论的指导，而现代技术的每一次重大突破又推动科学向纵深发展，这个过程显示了科学与技术的统一。尤其是电子计算机的产生和发展更具体地显示了这种统一。

电子计算机的问世，是 20 世纪最伟大的技术创造，它是以物理学为先导的现代科学发展的结果，数学、物理学、生物学以及哲学等科学是电子计算机产生的科学基础。它从 1946 年问世至今，已经历了电子管、晶体管、集成电路、大规模集成电路等四代更新，目前正进入第五代，即用超大规模集成电路装备的巨型机和微型机。现代电子计算机不仅具有计算精确度高、运算速度快的特点，而且具有一些逻辑思维功能，因而人们形象地称它为"电脑"。它的产生既是人类脑力劳动的伟大成果，又是人类智力进一步开发的物质前提，使人类走上了智力解放的道路。但电脑与人脑相比，从结构到功能都有本质区别。人脑中的物理、化学运动过程，虽然可以模拟，但人脑中的思维活动——最高级的生命运动形式，是任何机器都无法完全模拟的。在电脑中，一切复杂的问题都必须由人将它化为最简单的算法，否则电脑也无能为力。它的全部功能都是人脑的产物，是人脑理性思维在机器中的部分反映。然而不可否认的是，电脑确实可以代替人的一部分脑力劳动，而且在某些方面把脑力劳动的效率提高成千上万倍。从科学技术发展的历史看，电子计算机的进一步发展，不仅将会引起更深刻的科技革命，还必将引起更深刻的社会革命。20世纪40年代以来，伴随以电子计算机为核心的第三次技术革命的发展，正在逐步实现科学和技术的统一，普遍地出现了科学技术化和技术科学化的趋势。除前述物理学领域科学和技术的统一外，几乎在每个学科中都实现了科学和技术的统一，显示以下几个主要特点：

（1）科学与技术的界限模糊化。现代科学和技术相互交叉、相互渗透的综合发展趋势，导致了科学技术化与技术科学化，使得科学和技术之间的界限模糊化，日益形成一个统一的现代科学技术的有机整体。尤其是一些新兴的综合性学科，很难区分它是科学还是技术，实际上既是科学又是技术。现今人们常把科学和技术这两个不同概念的术语联用，统称为"科学技术"，也从一个侧面反映了现代科学与现代技术实现统一的特点。

（2）科学与技术的发展同步化。在当代，不论科学还是技术，其发展和进步都必须依赖于对方的发展和进步，只有在二者之间同步协调、相互促进的基础上，才能有所发现，有所发明。在科学的发展中，会出现技术的进步；在技术的发展中，会出现科学的突破。

在科学发展的不同时期，总会有一门或一组带头学科成为带动这一时期科学发展的带头学科；在技术发展的不同时期，也总有一项或一群尖端技术成为带动这一时期技术发展的主导技术。科学和技术在发展过程中的同步化，也反映人们对自然界的科学探索和对自然界的技术控制是两个相辅相成的过程，是两个循环上升的过程。

（3）科学与技术的联系复杂化。古代没有明确的科学和技术，如果说有什么联系的话，也只是一种经验性和常识性的联系，是人们在同事物的直接接触中，从日常生活的实践经验中，形成了萌芽性的科学与工艺性的技术。近代的科学与技术，虽然也建立了一定的联系，使技术成为科学的应用，但这种联系还很简单，科学的基本原理被直接应用到技术的实践活动中。如瓦特对蒸汽机的技术改造，就直接运用了当时物理学中关于比热和热容量等知识。现代的科学和技术，不仅联系密切，而且日趋复杂，呈现出纵横交错的网状联系，科学与技术相互交叉，相互渗透，综合发展，几乎不存在没有技术的科学，也不存在没有科学的技术。这种统一集中地体现在现代科学技术的综合理论，显示了现代科学技术愈益走向辩证的整体化的综合化趋势。

第二节　综合—分化—综合

在科学技术发展的历史过程中，基本上经历了原始综合—科学分化—辩证综合三个阶段，既有分化和综合的对立，又有分化和综合的统一，由此推动科学技术的辩证运动。现代科学技术一方面高度分化，一方面高度综合，形成了以综合为主导的整体化趋势。现代科学技术的综合理论是这一趋势的必然结果，它使人们对自然的认识逐步进入真理性阶段，为人的理性思维的发展奠定了坚实的科学基础。

一、原始综合

在科学技术不发达的古代，由于生产规模与社会分工的局限，人类见闻不广，思维能力不强，知识尚处于未加分化的原始综合阶段。哲学与科学浑然一体，人们以自然哲学这一原始综合的形态，从整体上综合了对自然界的本质及规律性的认识。这种原始综合知识集中地反映在古希腊学者的著作中，他们以各种不同的方式对自然现象进行了综合研究。这种综合研究大体上表现为感性直观综合、抽象思维综合、原始辩证综合三种形式。

感性直观综合。这一阶段综合的核心问题是寻找宇宙的本源，在感知自然现象的基础上，对整个世界做出综合性的概括。古希腊的学者面对千差万别的自然现象，试图把某种感性存在物作为万物的"始基"（ἀρχή，arche），如泰勒斯综合为水，赫拉克利特归结为火，阿拉克西美尼概括为气，等等。这些见解虽然不可究诘，但对于人们摆脱神话式的宇宙观，试图从自然界自身寻求宇宙的实质与根源的方向则是正确的，它成为科学地认识世界的先驱。他们开始意识到"自然"的感性外观的虚幻性、暂时性、杂多性，而试图探寻真实的、永恒的、统一的实体，正如赫拉克利特所说："承认一切是一，那就是智慧的。"[1] 因而在古希腊学者中，大多数人都把万物的始基归结为"一"，即把一种特殊的、具体的、可感知的东西（如水、火、气等）当作普遍的、抽象的、概括的东西，并视为考虑万物的唯一原则，即物质性的原则。

他们以为思维所能把握到的，同时也就是感性直观能够把握到

---

① 北京大学哲学系外国哲学史教研室编译：《古希腊罗马哲学》，第23页。

的东西。所以，他们都把某种感性存在物归结为"一"，于是陷入了思维与表达方式的矛盾。他们想的是那个万物的统一，宇宙的一体，普遍的东西，唯一的原则；而他们进行综合的表达方式却仍然是万物之中的某一可感知的具体物（水、火、气等）。于是他们便纠缠在以感性代替理性、以特殊代替普遍、以个别代替一般的矛盾之中。这个矛盾是人类思维前进运动中必然出现的过渡环节，它正是人类综合思维开始上升到抽象分析而一时尚难摆脱感性实体的产物。所以，实际是一种感性直观综合，只有毕达哥拉斯的"数"才使古代原始综合进入抽象思辨综合。

抽象思辨综合。毕达哥拉斯扬弃了具体物的可感性，用抽象的"数"来综合万物的变化规律，虽然具有神秘主义倾向，本质上是唯心的，必须扬弃。但关于数的辩证观点却使人类思维方法前进了一步。拨开神秘主义的迷雾，可以看到其中闪烁着辩证法的光辉，在探索自然现象的过程中，数给事物以量的规定，并使人们对万物的认识日益精确化，这在科学发展史上也是有重大意义的。现代量子论的创立者海森堡曾高度赞扬毕达哥拉斯的"万物皆数"的思想，并且认为"基本粒子最后也还是数学形式，但具有更为复杂的性质"[①]。

毕达哥拉斯的贡献不仅是在数的研究上取得了一些积极成果，更重要的是对事物进行了抽象的辩证的考察。数本身是没有思想的东西，但从数中抽象出事物的本质属性，就能够使简单的数目概念被赋予丰富的辩证内容。例如毕达哥拉斯从"3"中综合出"全"的意义。"3"不仅具有空间的量的规定性，如长、宽、高三元形成体积，而且具有时间的量的规定性，如起点、中点、终点三环形成过程。只有"3"才是全体，才能圆满地体现事物发展的过程。世界

---

① 海森堡：《物理学与哲学——现代科学中的革命》，第 55 页。

上的万事万物都是一个过程，是"过程的复合体"，"3"简洁地表达了世界的过程性。这种观点可以认为是辩证思维的萌芽，是抽象思辨综合。当然，毕达哥拉斯的思想只是唯心辩证法的萌芽状态而已。真正标志辩证思维发展的，实现原始辩证综合的代表人物是古希腊的伟大学者亚里士多德。

原始辩证综合。在哲学与科学的发展史上，亚里士多德是一位博学的、天才的伟大人物。他综合了人类的一切知识，著述涉及一切领域，据传其论著达千篇之多，黑格尔称他是人类最伟大的导师。他自觉而全面地综合了人类的已有知识，并构造了人类知识的概念系统。尤其是在生物学方面，不仅最早地综合了人类的生物学知识，而且从自然界的生长过程论述了事物发展变化的辩证过程。这是亚里士多德对科学和哲学做出辩证综合的独特贡献。生命是自然界发展的最高产物，也是自然界中最活跃的部分。亚里士多德从分析生命现象出发，提出了富有辩证否定性的生命原则，即生长原则或否定原则，把它作为区分事物、规定过程、自己运动的内在力量。这是事物运动、变化、发展的内在根据，是辩证法的灵魂和精髓。列宁指出："把生命包括在逻辑中的思想是可以理解的——并且是天才的。"[1]

在亚里士多德的辩证综合成果中，包括他创立的以三段论为中心的形式逻辑，这个成果汇集在《工具论》的逻辑著作中，涉及的领域十分广泛，并不局限于形式逻辑的内容。现在所谓的辩证法、逻辑学、认识论一致的提法，其实并不是什么新的探索，《工具论》基本上属于这一类综合性的著作，其中交织着辩证法、逻辑学、认识论、本体论等内容，是亚里士多德从自然自身的发展到思维自身

———————

[1]　列宁：《哲学笔记》，第216页。

的发展中总结出来的科学与哲学辩证综合的科学成果。

亚里士多德的辩证综合是古代辩证思维发展的全面综合，处于原始综合的最高峰，使古希腊的科学和哲学扬弃了抽象思辨的神秘色彩，克服了直观顿悟的主观倾向，从而具有了原始综合的科学形态，成为西欧哲学与科学前进运动的最初渊源。

二、科学分化

15 世纪中叶以后，由于实验科学的产生和发展，科学开始了分化，各门自然科学相继从统一的自然哲学中独立出来，并产生了对科学发展具有重要意义的分析方法。它使科学认识从对事物整体的笼统认识，深入到它的各个部分中去，使认识从一个层次发展到更深的层次，从现象的认识进入本质的认识。恩格斯指出："把自然界分解为各个部分，把自然界的各种过程和事物分成一定的门类，对有机体的内部按其多种多样的解剖形态进行研究，这是最近四百年来在认识自然界方面获得巨大进步的基本条件。"[①] 这一时期的自然科学在古代天文学、力学、数学的基础上分化出许多新的分支学科，对应于机械运动、物理运动、化学运动、生物运动、社会运动这五种基本物质运动形式，形成了力学、物理、化学、生物与社会科学五大门类的学科。经过分化后的学科，虽然研究对象的范围比古代缩小了，但认识的内容却比古人深刻了。

科学的分化反映了人们认识过程的一般规律。人们对事物认识的深化运动总是从简单到复杂、由片面到全面、由静态到动态，逐步获得较完整、较准确、较深刻的认识。科学的发展也是如此，先有反映最简单运动形式的力学，后有反映较复杂运动形式的物理学、

---

① 恩格斯：《反杜林论》，第 18 页。

化学、生物学。而当人们注重对研究对象进行单一、局部、侧面的研究时，科学发展则表现为统一的形式。18世纪下半叶以前，近代科学主要处于科学分化阶段。它是对原始综合的否定，是科学发展和人类认识跃进的标志，也是科学发展和人类认识的必经阶段，我们应该历史地充分肯定这种分化的进步作用。但现代一些哲学家把由于科学分化所采用的分析方法叫作"形而上学的方法"而痛加贬抑，这是非常不公道的，殊不知这恰好是各门实证科学得以迅速前进的必由之路。

"形而上学"这个概念是亚里士多德的弟子们对他的著作进行整理归类时提出的。在古代，哲学泛指人类知识的概念系统。而严格意义上的哲学，亚里士多德把它归结为关于宇宙第一原理的知识，即关于宇宙根本规律的知识。他的弟子们把这一部分论述摆在物理学（physics）这一集的后面，故取名为"metaphysics"，该词直译应为"物理学后编"，意译为"形而上学"，取"形而上者为之道"之意，意即超乎形体之上的那个根本之道。直到黑格尔时代，才将形而上学作为一种孤立的、静止的方法与辩证法相对立。这已非形而上学的原意。客观对象是多种质的复杂统一体，人们为了从总体上把握事物的多种规定性，必须首先把统一体的各种要素和属性暂时地隔离开来进行静态的抽象分析，从而弄清它们的内部联系。只有这样的分析，才能揭露事物的本质，达到科学研究的目的。所以，人们在科学研究过程中，首先必须稳定对象，控制条件，排除偶然因素，抓住必然联系，这一切都必须是隔离的、静态的；其次，静态地抽象分析的结果，必须上升为概念系统，才能形成科学理论。近代科学分化中出现的一些新学科，就是抽象分析的产物。

恩格斯指出："思维不仅把相互联系的要素综合成为统一体，而且也同样把认识的对象分解成为各个要素。没有分析就没有综合。"[①] 事物的现象和本质不可能是完全一致的，如果不透过现象，抽象分析出事物的本质及其规律性，那么还要什么科学呢？当然，分析方法也有它的局限性。由于这种方法着眼于局部的研究，有可能将人的思维限制在狭小的领域里，把本来互相联系的事物暂时地隔离开来静态考察，也容易养成孤立静止地分析问题的习惯；同时，分析的结果只能使人们得到关于事物各个部分的知识，而不能从整体上认识事物。所以，科学决不能、也不会停止在分析阶段，必须、也必然地由分析进入综合，使分析和综合辩证地统一起来。

自 18 世纪下半叶开始，特别在 19 世纪，自然科学出现了广泛而深入的综合，正如恩格斯所说："自然科学现在已发展到如此程度，以致它再不能逃避辩证的综合了。"[②] 科学分化的充分发展必然要求哲学的辩证综合，这种辩证综合的趋势已经成为不可阻挡的时代潮流了。

三、辩证综合

科学的发展既有分化，又有综合。在 18 世纪至 19 世纪时期的自然科学，几乎在各个领域都出现了综合趋势，取得了一些辉煌成果，实现了由实证科学向理论科学的飞跃；19 世纪末 20 世纪初，科学的发展进入现代时期，出现了既分化又综合的趋势，涌现出一批新兴的理论科学和技术科学；第二次世界大战以来，分化和综合的两种趋势同时获得空前加强，形成了既高度分化又高度综合，而综合占据主导地位的整体化特点。这种整体化的特点是自然科学实现真正的辩证综合的哲学精神，是人类认识高度发展的标志。原始综

---

① 恩格斯：《反杜林论》，第 42 页。
② 恩格斯：《反杜林论》，第 12 页。

合是人类认识的感性表现，科学分化是人类认识的知性表现，辩证综合才真正实现了人类认识的理性飞跃，生动地体现了人类认识过程肯定—否定—否定之否定的圆圈运动。科学发展到此，便成了一个"自成起结的总体"，这个总体就是科学自身回复的过程；这个过程的终点又与起点衔接，从而形成了一个首尾相应的科学动态系统。

自然科学是人类社会发展到一定历史阶段上的产物，它是人类对自然界物质运动的各种形态及其规律的反映，是一个不断扩展着的知识系统。人类对自然界认识的深化总是通过科学整体的运动发展而表现出来，或者表现为科学部门之间的分化，或者表现为科学部门之间的综合，其结果都是新学科的不断涌现，使人类的认识不断从简单到复杂、从片面到全面、从静态到动态。出于各个时代的社会客观条件和人们的认识水平以及思维方式的不同，因而有时科学发展以分化为主要形式，有时则以综合为主要形式。古代的原始综合虽然也具有某种辩证性质，但这种辩证性对整体的认识是笼统的，只能是感性直观的；近代的科学分化虽然对整体的局部认识是明确的、清晰的、具体的，但却是孤立的、静止的、单一的，只能是知性分析的；现代的辩证综合要求人们不仅从局部上考察事物的每一要素，而且从整体上考察要素之间的联系，既从纵的方面研究事物发展全过程和各阶段之间的辩证统一性，又从横的方面研究事物复杂现象之间的内在联系性。这种辩证综合亦即理性综合，是人类认识能力发展的高峰，是科学发展过程中的质的飞跃，较之原始综合和抽象分析，能更深刻、史全面、更系统地把握事物的本质和规律，也能够更有效地把科学的分化与综合作为科学认识发展的两条线接近起来，使之殊途同归，达到对自然界更为逼真、更加客观的认识。

从科学发展的整个历史进程来看，分化和综合是其中的两条渐进线。在现代科学发展中，分化与综合日益接近。一门现代的新兴交叉学科，就它相对于母科学来说自然是一种分化，但它又是不同门类的学科交互作用、互相渗透的产物，因而它又是一种综合。例如，分子生物学是从生物学中分化出来的一门新兴学科，它是在分子水平上作为生命现象物质基础的生物大分子结构和功能关系的学科。它比生物学研究的范围要小，属于生物学的一个分支。但它渗透了物理、化学以及数学的理论，是物理、化学、数学与生物学交叉渗透的产物，是多门学科综合的结果。

现代科学的分化和综合是辩证统一的关系，互相联系，互为前提。分化是综合的必要基础，综合是分化的必然结果，但综合同时又是更高层次分化的必要条件。因此，在现代科学中，原来作为一门科学研究的领域，现在却成为多门科学研究的领域，而原来是一门科学只研究解决某种专门的课题，现在却是一门科学被用来研究解决多种综合的课题，特别是对于重大课题的研究要涉及很多学科。例如，生态、环境、能源、材料、海洋、空间等问题均是如此。所以，生态科学、环境科学、能源科学、材料科学、海洋科学、空间科学等学科的建立，既有分化的特点，又有统一的特点。在科学发展中，既不可能是脱离综合的绝对的分化，也不可能是脱离分化的绝对的综合，分化中必然包含综合因素，综合中必然包含分化因素。

古代科学技术的原始综合缺乏分化的基础，因而对自然界的认识是不深刻的；近代科学技术在分化阶段由于缺乏综合，因而堵塞了对自然界整体认识的道路；现代科学技术相互交叉、相互渗透，既有分门别类的研究，又有纵横联系的考察，因而对自然界的认识是全面的、系统的、深刻的。

科学技术愈深入发展，分化愈细，渗透愈深，对象愈专，综合愈强。19世纪以前，自然科学由于分化的结果，使各门学科之间的差别越来越大，20世纪以来则通过以原有学科的相邻点作为生长点而形成的一系列新的交叉学科而弥合起来了。这些新的交叉学科填补了各门学科之间的空隙，使不同的研究对象有机地结合起来，从而极大地加强了各门学科之间的联系。事实上，在各门分化得相当精细的专门学科之间，都有可能综合成某门交叉学科。不仅在学科结构的同一层次上相邻的各学科之间可以综合新的交叉学科，而且在学科结构的不同层次或不相邻的各学科之间也可以综合出新的交叉学科。恩格斯认为在不同学科的接触点上可望取得最大的成果。19世纪前，新学科的建立主要由于学科的分化；19世纪后，由分化或综合产生的新学科数几乎相等；20世纪以来，新学科的产生主要是由于综合的结果。这些新产生的学科多数是人们曾经所忽视的"空白区"，而这些"空白区"，恰恰成为科学发展的突破口或前沿地。

20世纪40年代以来，由于多门学科相互间的渗透、交叉、综合，形成了集中地体现辩证综合精神的现代科学技术的综合理论。它们就是引人注目的控制论、信息论、系统论、耗散结构论、超循环论、协同学。这些综合理论的显著特点是整体性，它扬弃了自然、社会、思维三大领域的差别，扬弃了实体和过程的差别，把一切事物抽象成一个具有整体性的系统，以多种不同的物质运动形式或多种不同的物质结构、物质形态在某一特定方面的共同点或相似性作为研究对象，综合了多门学科的成果，涉及许多基础科学、技术科学、人文科学以及工程技术和电子计算机。它们的出现更促进了各门学科之间的渗透、交叉、综合，使各门学科之间的关系更加密切，在概念、语言、方法等方面筑起了一道道由此达彼的桥梁，加速了当代科学整体化的趋势。

第三节　手工技艺—基础理论—工程技术

技术是人们为了特定的目的，根据已有的知识和经验，创造一定的手段和方法对自然实行改造和控制的过程。古代的技术主要是一种工匠技艺，还不是科学的产物，是以经验为核心的技术；人类进入近代后，逐渐形成了以科学为基础的技术，虽然科学上的发现有时长期地不能在技术上得到应用，但技术的产生和发展不能离开科学的指导；现代科学的突破给技术带来质的飞跃，由于科学和技术之间的渗透，导致工程技术的诞生，它是实现人的目的的合乎规律的手段和行为，实质是人类的意志与理智、行为与思想在认识和改造世界目的之上的统一，蕴涵着"实践唯物主义"的哲学灵魂。体现实践唯物主义精神的马克思主义自然哲学，将与各个领域从应用上导向工程技术的现代科学技术的综合理论相互砥砺，并肩前进。

一、手工技艺

人类为了生存就要生产，而任何生产都离不开技术。技术不仅作为影响直接生产力的要素存在于生产劳动过程中，而且作为整个人类文明的重要标志被载入史册。但是，古代的技术只是一种工匠技艺，是工匠们为一定目的而制作出某种物品所积累的经验与技巧，我国古代把那些有经验、有技巧的人称为"工"。《考工记》中说："天有时，地有气，材有美，工有巧，合此四者然后可以为良。"所谓"工有巧"，指的就是工匠的技巧或技艺，天、地、材指的是自然、物质、材料，只有将这些要素同"巧"结合起来，才能获得"造物"的良好结果。长期以来，我国把那些有一技之长的人称为"能工巧匠"，指有一定技能与技巧的人，各个生产部门都有这些"能工巧匠"。古中国和古希腊就涌现了一批"百工",包括木匠、石匠、金匠、刻匠、铁匠、塑匠、画师、绣工、矿工、纺织工、青铜工等等。他们的技艺通过口授身教的方式,一代一代地传下来,在生产实践中得到不断的发展、改进和完善。古代的技术就是这些"百工"即各种手工行业的工匠的创造,表现了一些使现代人惊叹不已的技艺,有很高的艺术价值。

工匠技艺是技术发展的原始形态,是以经验为核心的技术,它是人类的思想与智慧。这种经验性的技术是社会生产体系中发展起来的劳动手段,它包括实现目的的工具和使用工具的方式。人们利用一定手段,依照自己的目的作用于客体,引起客体的改变,而人就在这种被改变了的客体中实现自己的目的。人类之所以需要技术,无非是两种目的:一是实现人的体力和智力的解放;二是寻求提高劳动效率的手段。在古代社会,人类的这种目的性是不太自觉的。工匠技艺主要是经验同自然物的自发结合,因而在严格意义上的"技艺"还不能与现今我们所能理解的"技术"含义等同起来。对技术这一特殊的社会现象进行整体研究,这是近代以后的事,按希腊文 techne 的含义,既可以理解为人造的物品,精巧的器皿,也可以理解为人的劳动技能和工艺技巧。

在手工业时代,技术主要是指个人的技能、技巧或技艺、手艺,包括世代相传的制作方法、操作手段、工艺过程等内容,是人类按照自己的目的对自然界实行改造的劳动手段。由于生产力水平不高,技术活动的物质手段比较简陋,因而更多地需要依靠人类自身的智慧和双手,才能实现人的目的。所以,手工技艺是人类的经验、能力和一定的物质手段相互结合的过程。这个过程显然包含人的主观因素(智慧、经验和技能)。但是主观因素终究要通过客观形态来表达,即实现对自然物的改造。因此,手工技艺意味着人对自然界有目的的变革，本质上反映人对自然的能动关系。马克思指出："活劳动必须抓住这些东西，使它们由死复生。"[1] 人类对自然物的改造，只有在活劳动同物质手段的动态结合中才能实现。

手工技艺中的工具一般来说比较简陋，但它的出现是人类改造自然的意志和理智的结晶，是人的行为目的的物化形态，它不仅增强了人类改造自然的能力，而且培育了掌握生产工艺的人，推动了智力的发展。

人类的实践活动最基本的形式是生产劳动。生产劳动是人类有目的、有意识地借助于生产工具变革自然的活动。人类的智力首先是随着如何学会制造并使用越来越高水平的生产工具进行生产劳动而发展的。人类智力的客观标志就是制造和使用生产工具。动物也有一定的"技巧"，但只能以自身的存在来影响自然界；而人类能按照自己的需要来改造自然界，并凭借大脑智慧创造的工具进行有目的的活动。黑格尔把人创造的工具叫作"理性的机巧"。他说："理性是有机巧的，同时也是有威力的。理性的机巧，一般讲来，表现在一种利用工具的活动里。这种理性的活动一方面让事物按照它们自己的本性，彼此互相影响，互相削弱，而它自己并不直接干预其过程，但同时却正好实现了它自己的目的。"[2]

人类制造和使用生产工具由低级到高级，由简单到复杂，也就是人类智力发展的客观标志。生产工具也可以说是一种物化的智力。手工技艺发展的历史表明，原始人类所使用的是最简单的石器工具，后来随着工匠们生产经验的不断积累和劳动技能的不断提高，由制作石器工具进到制作铁器工具，进一步的发展又从手工操作的工具

---

① 《马克思恩格斯全集》第 23 卷，第 208 页。

② 黑格尔：《小逻辑》，第 39 页。

发展到利用自然力驱动的机器工具。生产的发展，不断地创造出越来越高水平的生产工具，成为人的劳动器官的延长。这样，在不断地提高人的劳动能力的同时，也不断地提高人的智力。

在古代，人类的技术传统和科学传统是不相关的，即使近代初期，这两种传统也未能密切结合。以瓦特为代表的工艺实践家，在1766年发明了冷凝器，从工艺上改革了蒸汽机，提高了蒸汽机的效率。但当时并没有热机理论的指导，人们仍在盲目地探索提高热机效率的途径和方法，甚至醉心于永动机的设计制造。直到1824年卡诺从理论上导出了热机效率公式，才为工艺实践的改革指明了方向。科学和技术两者之间的分离达六十年之久，如果要算到1805年热力学第二定律被发现，则相距几乎一个世纪。但是，生产工具的创造总是要同一定的科学知识相结合。历史上的任何工具和工艺都是一定科学知识或劳动经验的凝结物，无论是石器工具、铁器工具还是机器工具、电器工具等，都是一定的科学知识和劳动经验实际应用的成果。所以，手工技艺孕育着科学知识的萌芽，这种萌芽主要扎根于劳动经验的土壤里。但经验的东西只是感性的表现，虽然经验仍然是今日技术的组成部分之一，但它在工艺实践中只知道"怎么做"，而不知"为什么"。只有将经验上升为理论，技术才能获得发展，这就有赖于科学的指导了。

二、基础理论

基础理论也就是理论科学或称基础理论科学。顾名思义，它是整个科学技术的基础，也是各门自然科学的基础。它的研究对象是自然界各种物质形态和运动形式的规律。目的在于认识自然，探索未知，用它的成果指导人们的实践活动，包括对技术的指导。

基础科学以追求真理为最高价值，它的成果主要表现为概念、公式、定律等观念形态，很难用功利主义的观点来评价它的经济效益，但它对科学技术以及其他领域所起的推动作用是巨大的，迟早会转化为现实的生产力。一旦找到物化为直接生产力的途径，就会给人类物质文明和精神文明带来质的飞跃，甚至做出划时代的贡献。近代以来的三次技术革命充分显示了它的巨大威力。这正如美国贝尔实验室科学家、诺贝尔物理学奖获得者史德逊所形容的那样，"一个理论工作者在几秒钟内回答的问题，足够偿还他几十年的工资"。

现在一般认为，基础理论的学科在自然科学领域主要是数、理、化、天、地、生所谓"六大学科"。其实，数学不应属于自然科学，它和逻辑一样，是各门学科的工具，是在科学研究中进行知性分析的中心环节。基础科学在研究中的任何结论都只是对研究对象的近似反映，只有求助于数学和逻辑，对研究成果做出量的规定性，用逻辑的"格"固定下来，才能形成科学概念，规定科学命题，揭示科学规律。除数学外，基础理论的主观形态主要体现在下述几门学科上：

物理学在基础理论中是一门发展最充分的学科，是研究自然界物质的性质、结构及其运动规律的科学。物理学（physis）的古希腊文一词的原意是指"自然"，在欧洲古代，是自然科学的总称。自然界最基本的现象是物理现象，甚至可以说自然界就是"物理世界"。亚里士多德的弟子们整理归类的《物理学后编》的哲学内容其实就是"理论物理学"。黑格尔认为经验物理学是哲学产生和发展的前提，自然哲学从物理学那里吸取素材，并加以改造提炼，上升为理论系统。现今人们提出物理学是自然科学的核心和基础，这是有根据、有道理的。在现代基础理论中，物理学是基础的基础，它的知识与方法已渗透到许多科学部门、生产部门和技术部门。

天文学是一门古老的基础科学，因为它的研究对象是地外天体，不像别的学科那样在干顶研究对象的实验条件下，"主动"地进行观测，而是在无法直接干预对象的条件下，"被动"地进行观测，这一特点决定天文学必须通过科学和技术的统一，创造和改革观测手段，才能使它自身得到发展。20 世纪以来，由于光学望远镜的发展，尤其是近三四十年以来，射电天文学和空间天文学的诞生，天文学观测手段空前加强，推动了科学技术的发展。空间科学技术是天文学领域的科学和技术高度统一，它直接涉及许多重大的科学技术领域，导致了一系列科学和技术的出现，不仅对天文学、物理学、化学、数学等产生深刻影响，而且对电子技术、材料技术、能源技术、通讯技术、遥感技术、激光技术等也起了极大的推动作用。它是继电子计算机之后的又一个伟大技术发明，是第三次技术革命的主要标志之一。

化学的历史非常悠久，但作为一门科学是 17 世纪英国科学家波义耳提出化学元素的概念后建立的。在现代社会，人类的衣、食、住、行等都离不开化学。它不仅是一门与其他学科相互渗透的基础科学，而且也是一门与经济发展关系密切的技术科学。现代化学一方面与其他学科的发展交融在一起，形成了一系列诸如化学、物理化学、生物化学、天体化学、大气化学、地球化学、量子化学等新的科学分支；另一方面在各种新兴技术的促进和影响下，出现了化学动力学、分子工程学等新的技术科学。高分子化学为分子设计提供了有效的科学与技术指导，人们正在像设计工程一样来设计高分子的结构，诸如定向、定序、定立体构象、定点交换等，为生命科学和材料科学开辟出新的方向、新的领域，使化学合成出现了一个很大的飞跃，从合成简单天然产物跃进到合成极其复杂的天然产物，从合成自然界存在的天然产物跃进到合成自然界没有的新型分子，使人的主观能动性得到充分发挥。

地学在 20 世纪以前还只是停留在对地球现象的描述上，20 世纪 50 年代以后由现象描述发展到理论概括，逐渐形成了一个庞大的科学体系，涌现出一系列新兴学科。其中令人瞩目的是环境科学的诞生。它建立的理论基础是生态学和地球化学；它所能依靠的技术手段是精密分析仪器的出现和现代分析方法的进步。它是 20 世纪 60 年代社会经济和科学技术发展过程中形成的一门高度综合的学科。它是以环境为对象，运用物理学、化学、生物学、社会学、经济学、管理学、心理学等多学科理论与方法以及各种工程技术进行整体研究的成果。在科学上，揭示了人类活动与自然生态的关系，指导人类在利用和改造自然过程中的行为，力求使环境向着有利于人类生存和繁荣的方向发展；在技术上，成为人们综合运用各种工程技术的方法和管理手段，从区域环境的整体出发，调节和控制人类和环境之间的关系，提出解决环境问题的合理布局与优化方案。环境科学的诞生不仅是人类改造自然向深度和广度进军的重要标志，也是当代自然科学向深度和广度进军的重要标志。

生物学是研究生命的科学，虽然进化论和细胞学说是生物学的理论基石，但更重要的任务还在于建立遗传、发育和进化的统一学说，这不仅需要高度的科学水平，而且需要雄厚的技术基础。进入现代后，在科学技术蓬勃发展的推动下，对生命现象的研究不断深入和扩大，各门学科相互渗透，出现了许多生物学的交叉学科，尤其是分子生物学的建立，深化了人们对生命活动的机制和生命本质问题的认识。工程技术的发展提供了大量的新技术和新方法，促进了生物遗传工程的崛起。这一新兴的生物技术或生物工艺学，运用类似工程设计的技术方法，人为地转移或重组生物遗传物质中的基因，从而改变生物的性状和功能，创造出人类需要的新物种。它自

20 世纪 70 年代初诞生以来，已应用于工业、农业、医学和环境等领域，对现有技术改造和产业革新发挥巨大的推动作用，成为第三次技术革命的重要组成部分之一，展示了人工合成生命和改造自然环境的光辉前景。

上述基础理论的五门学科，是自然界的机械运动、物理运动、化学运动、地学运动、生物运动五种物质运动形式最本质的规律性的反映，是人类思维高度抽象的结晶。恩格斯指出："研究运动的性质，当然应当从这种运动的最低级、最简单的形式开始，先理解了这些最低级的最简单的形式，然后才能对更高级的和更复杂的形式有所阐明。"[①] 从物质运动形式的序列看，机械运动与物理运动是最低级和最简单的两种物质运动形式，因而力学、物理学、天文学的研究相对来说比较充分。但天文学的研究对象是浩渺的宇宙，人们暂时还没有能力进行实际考察，虽然阿波罗登月计划在人类征服宇宙中走出了第一步，但它与人类视野所及的二百亿光年比较，就微不足道了。因而天文学的发展除少数几个时期外，它在整个科学体系中尚处于后进地位。

化学和地学在基础理论中尚处于中介地位。化学在古代由于炼金术或炼丹术的盛行，一度发展较快，文艺复兴后发展较慢，18 世纪到 19 世纪这一段时期，化学与物理学齐头并进，但 20 世纪后远远落后于物理学的发展。地学除 18 世纪下半叶曾成为发展最快的学科之外，一直比较后进，但地学运动作为一种最基本的物质运动形式，是生物运动得以实现的必要条件。20 世纪以来，一些尖端技术的应用给地学的发展带来了新的生命力。

生物学的对象是最高级最复杂的物质运动形式，因它与人类的

---

① 《马克思恩格斯选集》第 3 卷，第 491 页。

生存关系密切，所以自古以来，它的发展经久不衰，当今更加突飞猛进。自然界从无机物发展到有机物，在有机物中出现生命现象，这是自然界真正的跃进。20 世纪以来，生物学突飞猛进，不仅标志着人类思维的高度发展，而且展示了人类"自我意识"即主观性、目的性从生命活动中产生的必然性。这种必然性在工程技术中得到充分的实现。

三、工程技术

工程一词拉丁文 engineer 的原意是"创造"、"设计"。工程技术的内在实质是人类的意志与理智在认识与改造世界目的之上的统一，蕴涵着"实践唯物主义"的哲学灵魂，即我们通常所说的革命实践。人类认识自然界的活动和改造自然界的活动是密切相关的。如果说基础理论是从变革自然的实践中认识自然的规律，那么，工程技术就是运用自然规律从事改造自然的实践。它是人们运用一定的基础理论，使自在之物的物质、能量、信息变换或转化成自为之物的物质、能量、信息的过程。它是人类有目的的活动。人们为了达到某种目的，对工程对象（如具体的建设项目）进行调研分析、运筹规划、设计制造、调试运转等整个过程，均可称之为工程。用系统论的语言表达，就是对系统的一种"总体设计"，是系统的"总体方案"，是实现整个系统的"技术途径"。美国研制原子弹的"曼哈顿计划"和"阿波罗载人登月计划"的实现充分显示了工程技术的巨大威力。

以往，由于社会生产水平和人类认识水平的制约，人们往往把工程的含义仅局限于物质系统的制造过程，而把与这种活动紧密相关的非物质活动即思维活动看作非工程。随着现代科学技术的发展，系统工程、运筹理论、经营管理等学科的出现，加深了人们对复杂系统过程的认识，因而将前者称为"硬工程"，将后者称为"软工程"，其实这只是一种知性认识。我们只有从理性思维的高度上，用实践唯物主义的观点考察工程的含义以及工程技术的实质，不仅具有科学意义，而且具有哲学意义。哲学的范畴与原则同科学的概念与规律相比，完全属于两个不同层次、不同领域。前者是理性、智慧的升华，后者是知性、理智的表征。前者源于物，但离物而游弋于方寸之间；后者沉于物，剖物而思齐，明性而致用。因此，我们现就工程技术的实质做些哲学探索。

工程技术所创造的各种技术开发活动中的规划、试验、施工等在实施前，总是以一定的科学理论为指导，对实施过程进行精心的设计、周密的安排。工程技术活动中考虑问题的进路同基础理论的研究不同。基础理论研究的思路总的说是从个别到一般，从实践上升到理论，它的成果是观念性或知识性的形态，如概念、原理、定律等；而工程技术的思路则是从一般到个别、从理论回到实践，它的最终成果是物质的形态，如工具、机器、设备等。在工作程序上，工程技术与基础理论也有差别。基础理论的研究程序，一般是从由生产实践和科学实验中获得的科学事实开始，经过逻辑思维的加工概括，形成科学假说，经过反复检验，上升为科学理论；工程技术的活动程序，一般是从把社会需要和科学成果结合起来的某种技术需要开始，经过规划、研究、设计，使科学成果与技术原理具体化，最后经过研制和施工，使自在之物转化为合乎人的目的的自为之物。工程技术的思路与程序表明，工程技术是人们有目的地、能动地改造客观世界的自觉活动，具有明显的目的性与实践性。

人的实践是一种有目的的活动，在主观的指导下，凭借一定的中介（工具或手段）作用于自然界，使主观见之于客观。在这个过程中，人以自身的自然力和自身外的物质手段的消耗，引起外部客观对象的改变，以便在符合于自己目的的规定的形式上占有客观对象。这种依照目的的主观规定被改变了的客观对象，就是目的的对象化、实在化，它是实践的结果与归宿。它意味着既扬弃目的自身的纯粹主观性，又扬弃外部对象的自在客观性，使目的的主观规定在被改变了的客观对象中，取得外部现实性的存在形式，达到主客观的统一。工程技术就是这种主客观统一的具体体现。它不是纯客观的活动，而是使主观见之于客观的一种合理而有效的手段，是主体借助于一定的科学原理与物质手段改造客观对象的过程，既满足科学性的要求，也满足社会性的要求，使科学理论的完美性与实践效果的合理性达到辩证的统一，而后者是比前者更重要、更伟大的飞跃。

恩格斯在谈到社会发展史和自然发展史的根本区别时指出：在自然界中（如果我们把人对自然界的反作用撇开不论）全是不自觉的、盲目的动力，这些动力彼此发生作用，而一般规律就表现在这些动力的相互作用中。与此相反，"在社会历史领域内进行活动的，全是具有意识的、经过思虑或凭激情行动的、追求某种目的的人；任何事情的发生都不是没有自觉的意图，没有预期的目的的"[1]。人的活动有别于动物的活动，动物的活动是一种本能的、盲目的活动；而人的活动则是有目的、自觉的活动。工程技术是实现人的目的的合乎规律的手段与行为，旨在变革自然，改造自然，使之服从于人的既定目的，达到"目的及目的的实现"，即黑格尔所说的一种"善的理念"。黑格尔此处所讲的"善"，不是一个道德的范畴，而属于认识论范畴。

黑格尔的"善"是指使抽象的主观的概念转变为具体的客观的

---

[1] 《马克思恩格斯选集》第 4 卷，第 243 页。

实践。扬弃主客观的差别，就可以达到目的和目的的实现。他说：在目的的实现的"这个过程里，目的转入它的主观性的对方，而客观化它自己，进而扬弃主客观的差别，只是自己保持自己，自己与自己相结合"，"实现了的目的因此就是主观性和客观性的确立了的统一"。①

所以，黑格尔的"善"，实质上指的是合乎客观现实的主观目的、趋向，即人们期望实现自己的目的趋向，期望在客观世界中通过自己给自己提供客观性和实现自己的趋向。因此，黑格尔的"善行"就是"革命地改造世界"。当然黑格尔尚未明确地得出这个结论，但他的思路遵循着唯物主义的道路前进，必然要得出这个结论。

列宁高度评价了黑格尔关于"善"、"目的性"、"实践"等观点。他指出："卓越的地方是：黑格尔通过人的实践的、合目的性的活动，接近于作为概念和客体的一致的'观念'，接近于作为真理的观念。极其接近于下述观点：人以自己的实践证明自己的观念、概念、知识、科学的客观正确性。"②黑格尔的论述虽然是从唯心主义出发，但却十分精辟地分析了主观和客观的关系，对于我们探讨工程技术的实质是有启迪作用的。

工程技术综合运用自然科学、社会科学等原理的抽象概念，经过一系列的实验研究，通过技术科学这一中介环节，实现科学原理向技术原理的转化，使之变为具体的客观的实践，沟通主体和客体之间的联系，将自在之物改造成自为之物，即创造出合乎人类所需要的现实成果。工程技术的唯一使命就是应用，就是实践，唯应用是目的，唯实践是归宿。使主体功能与客体功能相结合，使认识世

① 黑格尔：《小逻辑》，第387—388、395页。
② 《列宁全集》第38卷，第203—204页。

界的功能与改造世界的功能相统一，使改造自然的功能与改造社会
的功能相一致，这是工程技术的实力之所在，也是工程技术的特征
之表现，列宁在分析黑格尔关于"善"、"目的性"、"实践"的观点
时指出其实质说，"人的意识不仅反映客观世界，并且创造客观世
界"，工程技术的内在实质是人类的理智与意志在认识与改造世界
的目的之上的统一。这个内在实质透露出工程技术所蕴含的"哲学
灵魂"。

　　工程技术的哲学灵魂是什么呢？就是革命实践。如果说，马克
思、恩格斯关于实践范畴的提出，其理论渊源是黑格尔的"善的理
念"、"目的及目的的实现"以及被唯心主义者充分发挥了的"主观
能动性"，那么，这一范畴的现实根据是什么呢？恩格斯曾经天才地
提出是"工业"。工业能使我们将自在之物变为自为之物，从而确
证了客观真理。工程技术进一步揭示了工业内在的结构与科学的内
容，从而更接近于实践范畴。当然，工程技术概念不能代替革命实
践范畴。但革命实践在工程技术蓬勃发展的基础上获得了新的活力，
它的抽象思辨的灵魂有了一个更加硕壮、更加精力充沛的躯体。以
实践为特征的唯物主义不但没有过时，而且在当代得到了强有力的
工程技术力量的支持，从而焕发出青春的活力。

　　20世纪以来，"工程技术"的概念所向披靡，其魔力有点类似
17、18世纪的"力"的概念，掀起了一股"工程热"，各个领域正
在工程技术化，连文化、教育、行政、法治等这些完全与工程技术
不沾边的部门也囊括到工程技术领域中去了。最近第五代电脑兴起，
日美竞相研制"智能机"，于是人类思维认识的成果——知识——也
被工程化了，从而出现了所谓"知识工程"，循此前进，它将造福人
类，前程似锦。这也充分证明了实践唯物主义的强大威力。马克思
指出："社会生活在本质上是实践的。凡是把理论导致神秘主义方面

去的神秘东西，都能在人的实践中以及对这个实践的理解中得到合理的解决。"人类的社会实践形式多种多样，但都是人的有目的的活动，或人的有目的性的活动，亦即"善的理念"。工程技术以认识和改造世界为直接目的，是人的主观能动性的高度表现。而人、人的主观能动性、行为目的性，正是实践唯物主义中最本质的东西。因此，实践唯物主义将与各个领域从应用上导向工程技术的当代科学技术的综合理论相互砥砺，并肩前进。

第十二章　科学技术价值论

价值是客体与主体需要之间的一种特定关系，是一个社会的、文化的范畴。评论科学技术的价值绝不能停留在对悲观派和乐观派的知性比较上，必须辩证综合地考察科学技术的经济价值、文化价值和人生价值。人的行为是有目的性的，对于价值的追求，是人类活动的一般目的和最终动因。科学技术的价值在于能否实现人性的解放与自由。对于主体而言，就是自我的自觉；对于客体而言，就是真理的显现；对于人生而言，就是幸福的享受：这意味着人类真正变成完全的人、自由的人、理性的人。这一切，正是本书论述科学技术价值论的精髓所在。

第一节　经济价值

价值这个范畴不纯属经济范畴，在不同领域有其特定含义，指客体对主体所具有的意义。"它是从人们对满足他们需要的外界物的关系中产生的"①，"实际上是表示物为人而存在"②。人们关心价值问题

---

① 《马克思恩格斯全集》第19卷（Ⅲ），第406页。
② 《马克思恩格斯全集》第26卷，第326页。

也就是关心自己的利益、命运和生活的意义。而最为直接的利益是经济上对主体满足的程度。因此，我们首先有必要考察一下科学技术的经济价值，目的在于如何使科学技术满足主体需要的客体创造出更大的价值。

一、科学技术与物质文明

物质文明是人类改造自然界的物质成果的总和，它在很大程度上是科学技术所导致的物质成果。马克思说："自然界没有制造出任何机器，没有创造出机车、铁路、电报、走锭精纺机等等。它们是人类劳动的产物，是变成了人类意志驾驭自然的器官或人类在自然界活动的器官的自然物质。它们是人类的手创造出来的人类头脑的器官，是物化的知识力量。"[①] 这里所说的"人类意志驾驭自然的器官"，是指人类凭借科学技术所创造的生产工具；"在自然界活动的器官的自然物质"，是指人类凭借生产工具创造出自然界没有的具有预先给定性质的新物质。生产工具是"物化"的智力，创造的新物质是智力的成果。这都是"物化的知识力量"，即科学技术的力量的结果。科学技术越发展，生产工具越先进，生产效率越提高，自然界没有的新物质就会越丰富，于此，人类的物质文明就会不断地进入新的水平。人类从石器→青铜器→铁器→蒸汽机→电动机→原子能和电子计算机，这既是人类物质文明进步的标志，也是科学技术价值的标志。人类社会发展史表明，原始社会的生产力水平很低，长期处于蒙昧时代和野蛮时代，只是由于科学技术的应用，创造了新的生产工具后，人类才进入文明时代。

文明是人类进步和开化状态的标志，"文明时代是学会对天然产

---

① 《马克思恩格斯全集》第46卷下卷，第219—270页。

物进一步加工的时期,是真正的工业和艺术产生的时期"①。近代科学产生后,由于生产工具的迅速改进,有力地推动了生产力的发展,它所创造的生产力比过去一切世代创造的生产力还要多,还要大。现代科学技术所创造的生产力则是以往人类生产力的全部总和,使社会物质生产各个领域的面貌为之一新,对社会生活的各个方面产生了深刻影响,正在改变着劳动活动的条件、性质和内容,改变着整个生产力的结构,引起生产力布局的变化,尤其是导致生产工具的变革,使人类物质文明进入了一个崭新阶段。

人类物质文明的发展都是以生产工具的变革为起点的,而生产工具的变革又是科学技术发展的必然结果。如果说,动物发展史是动物器官变化的历史,那么,人类的历史首先是"人类意志驾驭自然的器官"(生产工具)不断改进的历史,是生产力增长的历史,是物质文明进步的历史。生产劳动从来就是社会的活动。人不仅是制造工具的动物,同时也是社会的动物,因而生产工具的变化必然会引起社会的变化。马克思说:"劳动手段不仅是人类劳动力发展程度的测量器,而且是劳动所在社会关系的指示物。"②在古代,由于生产力水平极低,人们所能利用的劳动手段极其简陋,后来人们虽然借助手工技艺制造过一些精巧的生产工具,但整个说来水平不高;在近代,生产力获得巨大发展,蒸汽机、电动机等各种动力机的发明和应用,是生产工具的变革,极大地提高了劳动生产率,推动了物质文明的进步;在现代,生产力获得空前发展,由于科学技术的突飞猛进以及它被物化为生产工具过程的加速度,人类创造的新型工具变成了巨大的社会生产力,十倍、百倍、千倍地提高了劳动生产

---

① 《马克思恩格斯选集》第4卷,第23页。
② 《马克思恩格斯全集》第23卷,第194—195页。

率，把人类的物质文明推进到一个全新阶段。

科学技术是人类智慧的结晶，当它被劳动者所掌握，"物化"为新的更高效率的生产工具，开辟出越来越多的劳动对象时，就转化为一种推动物质文明进步的物质力量——直接的生产力。人类历史特别是近代以来的历史有力地证明了科学技术的价值。更重要的是，在这个过程中，科学技术通过创造和使用的生产工具作用于客体达到认识自然及其规律的目的，充分显示科学技术在人类创造物质文明中的能动作用。

人类创造和使用的工具是实现目的的外部手段。手段的出现离不开目的，手段的使用也离不开目的。工具之所以能够成为实现目的的手段，是由于它是一种体现了人的目的和需要的新的实体。这种新的实体既不是天然的存在物，也不是纯客观的东西，而是经过对自在之物的改造，赋予了人的目的的自为之物。黑格尔说："人类的这些发明是属于精神的，所以应当把这种工具看得高于自然界的对象。"[1] 黑格尔把人类所创造的工具称作"理性的机巧"，人们利用所创造的工具，依照自己的目的，作用于客体，引起客体的改变，而人就在这种被改变了的客体中，实现自己的目的。从本体论意义上来说，工具独立于人的意识而存在，它是一种物，是被人类赋予一定目的的物；但它不是单纯的客观存在物，而是作为人类器官的延长，是人的某些智力功能的强化或放大，成为人们认识自然、改造自然的强有力的中介手段。任何工具如果离开了一定的目的，那么，它只是一堆毫无活力的死物，无法推动人类物质文明的进步。

马克思主义创始人在论及人类生存的第一个前提即一切历史的第一个前提时写道："人们为了能够'创造历史'，必须能够生活。

---

[1] 转引自《列宁全集》第38卷，第233页。

但是为了生活，首先就需要衣、食、住以及其他东西。因此，第一个历史活动就是生产满足这些需要的资料，即生产物质生活。""已经得到满足的第一个需要本身、满足需要的活动和已经获得的为满足需要用的工具又引起新的需要。这种新的需要的产生是第一个历史活动。"① 这里所说的需要，已经不完全是动物式的本能需要，它不仅包括生产生活资料的需要，而且包括生产本身的需要，即创造和使用生产工具的需要。这种需要反映了人的目的性。为了满足这种需要，实现人的目的，人们就必然要向自然界去索取，使自在之物转化为自为之物，由此引起人类物质文明的进化。科学技术的价值就在于不断地满足人类的需要，不断地实现人类的目的。

人类社会发展史表明，科学技术不仅促进了生产力的发展，推动物质文明的进步，而且通过引起的生产力革命创造了社会革命的物质前提，从而推动了人类社会的进步。

二、科学技术与社会进步

恩格斯指出："在马克思看来，科学是一种在历史上起推动作用的、革命的力量。"② 人类社会发展史表明，科学技术还具有推动社会进步的价值。这种价值主要表现为，它的发展从根本上促使社会生产方式的变革，实现社会和自然的统一。

生产方式是社会生活所需要的物质资料的谋得方式，是社会进步的决定力量。它包括生产力和生产关系两个方面，生产力是生产方式的物质内容，生产关系是它的社会形式。生产力是人们改造自然界并从自然界获得物质资料时所表现出来的物质能力，它表明生

---

① 《马克思恩格斯选集》第 1 卷，第 32—33 页。
② 《马克思恩格斯选集》第 3 卷，第 575 页。

产活动中人同自然的关系；而人类的生产活动只有在人与人的一定相互关系范围内才能进行。人与人在生产活动中结成的关系就是生产关系。

科学技术的发展所以能导致生产方式的变革，最主要的原因是它极大地提高生产力水平，使社会生产和人类生活发生巨大的改变；而生产力水平的提高，必然引起生产关系的变革，导致社会形态的变更。18世纪以蒸汽机的使用为主要标志的第一次技术革命，使人类社会由铁器时代进入机器时代，使资本主义生产方式在欧洲各国先后取得了统治地位；19世纪以电力的应用为主要标志的第二次技术革命，使人类社会进入电气时代，使自由资本主义进入垄断阶段；20世纪以来以电子计算机为主要标志的第三次技术革命，使人类社会开始进入利用智能机来解放人类脑力劳动的新时代，给整个社会结构带来了深刻影响，带来了下述几个主要的社会变化：

（1）产业结构的变化。人类的产业结构长期处于以满足人们物质需要为主要内容的第一产业（农业）和第二产业（工业）的阶段，随着科学技术的进步，进入以满足人们精神需求的第三产业（劳务）的阶段，20世纪50年代以来，又从第三产业分化出了第四产业（信息），并且越来越占据主导地位。推动人类社会由劳动密集型产业和资金密集型产业向技术密集型和知识密集型产业发展，一系被称为"朝阳工业"的现代工业部门如旭日东升，蓬勃发展，以往那些被称为"夕阳工业"的传统工业部门犹如日薄西山，日趋衰退。

产业结构的变化必然引起劳动力结构发生相应的变化。这种变化的主要趋势是：从事物质生产的人数相对减少，而从事非物质生产的人数则相应增多，从而引起劳动方式的变化，使脑力劳动和体力劳动日趋结合。

（2）劳动方式的变化。劳动的异化必然导致劳动的复归。人类劳动经历了"结合—分离—结合"的过程。在人类历史上,体力劳动出现过两次分离。第一次是从原始社会向奴隶社会过渡时开始的,一部分人专门从事智力活动。这种分离是从野蛮状态进入文明时代的一个标志。第二次分离是近代资本主义生产出现后,随着机器大工业的发展,工程技术和企业管理的人员从直接生产中分离出来,智力变成资本支配劳动的权力。在现代科学技术条件下,人们不但用机器代替自己的体力劳动,而且通过电子计算机等逐渐代替一部分脑力劳动。由于出现了许多技术密集型和知识密集型的新兴产业,脑力劳动的比重日益增加,其人数甚至超过体力劳动的人数。在一些科学技术发达的国家,从事技术、管理、事务等工作的"白领工人"的人数超过了从事体力劳动的"蓝领工人",传统意义的体力劳动者开始从工厂里消失了。知识分子在物质生产部门中的比重日益增多,他们凭借掌握的科学技术,不但创造精神财富,而且创造物质财富。随着科学和教育的发展,掌握知识的劳动者越来越多,人们将既从事脑力劳动,又从事体力劳动,体力劳动和脑力劳动将结合在每一个社会成员身上。这种日趋发展的体脑结合,是人类改造自然与社会的历史性胜利。

（3）生活方式的变化。人类生活方式的变化受到生产方式的制约,但科学技术发展的程度会极大地影响生活方式的改变。科学技术上的发明创造不但改变着人们的衣食住行等物质生活的内容和方式,而且也改变着人们的知识、思想、感情等精神生活的内容和方式。

由于各个时代的生产方式不同,各个时代的生活方式也不同。在石器渔猎的原始社会,人们茹毛饮血,穴处巢居,人们的思想与感情,与禽兽并无二致;进入阶级社会后,剥削阶级过着锦衣玉食的糜烂生活,劳动人民由于劳动的异化,丧失了人的生活条件,过着非人的牛马生活。在资本主义社会，生活方式商品化，资产阶级挥霍无度，奢侈腐化。但科学技术的成果使每个人的生活方式都发生了巨大的变化，即使精神空虚的资产阶级也会享受到丰富多彩的文化生活，提高了他们的科学文化素质，在他们的先进人物中，也产生了一些超出其自身阶级局限性的开明人士。尽管剥削阶级还在不断地造成劳动人民的贫困，但科学技术的进步在客观上推动人类建立和形成文明、健康、科学的生活方式。

总之，科学技术不仅是推动人类物质文明，也是推动社会历史进步的革命力量。人类未来的社会——共产主义社会，将会按照越来越科学的原则组织起来，人类的一切活动都将高度科学化，实现人和自然的真正统一，达到天人合一的理想境界。

三、科学技术与天人合一

天人合一、知行合一、情景合一的问题是中国古代思想家长期讨论的三个命题，其中"天"和"人"的关系问题是一个最重要的研究课题，有各种不同的见解，如：荀子提出"明天人之分"；庄子提出"蔽于天而不知人"；董仲舒阐述了"天人相与之际"的"天人感应"的观点；刘禹锡提出了"天人交相胜"的论点；等等。概括地看，他们所说的"天"总是指宇宙的根本或宇宙的总体；他们所说的"人"往往指的人们的社会生活或人生价值，即如何使宇宙与人生统一，达到天人合一的境界。在天和人的关系上，他们都把"人"视为整个宇宙的中心。《中庸》强调人的行为不仅应符合"天道"的要求，而且应以实现"天道"的要求为己任。人生活在天地之中，不应取消极态度，而应"自强不息"。《大学》指出人应该有理想，最高的理想就是"治国平天下"，使人类社会达到"大同世界"的境界。

荀子最光辉的贡献在于揭示了自然运行的规律性，指出"天行有常，不为尧存，不为桀亡"。天地的运行，不以人的好恶为转移。我们研究天道，是为了尽人道，所谓"官人守天，而自为守道也。"只要人"修道而不贰，则天不能祸"，事在人为，人定胜天。现代科学技术证明了这些见解的合理性。

在近代社会中，由于科学技术的革命，推动了物质文明的进步和人类社会的发展。但从英国的产业革命开始，资产阶级为了追逐更多的利润，他们依靠科学技术对自然界进行了疯狂的开发，特别是 20 世纪中期以来，资产阶级进一步利用科学技术的成就，以原有的开发方式对自然界进行各种掠夺。随后一些发展中国家在改造自然的过程中，对自然界的开发仍带有一定程度的粗放性质，从而使人类遭到了一系列前所未有的自然界的报复，主要是破坏了包括人类在内的一切生物的存在环境，引起生物圈的急剧恶化，出现了如荀子所说的现象："水旱未至而饥，寒暑未薄而疾，妖怪未至而凶。"①

本来，人和自然的关系决定了人必须首先顺应自然，而后才能改造自然。但由于人类在实践中忽视了自身能动性与受动性的辩证统一，导致征服活动的加剧。人和自然作为一种对象性的关系，是一个有机的整体，人的任何作用于自然的活动都会引起自然的反馈。因此，人必须自觉地协调人和自然的关系。而这种协调，还必须以合理的人与人的关系为前提，没有人与人之间的协调发展，也不会有人与自然之间的真正协调发展。

中国传统哲学有着人本主义的倾向，它不仅和"神本主义"占统治地位的西方中世纪不同，而且与西方近世强调个性解放的人本

---

① 荀子：《天论》。

主义有区别。中国传统哲学的人本主义可以说是一种道德的人本主义，把"人"放在一定的社会关系上加以考察，以"人"为核心强调天和人的统一性（天人合一）。它一方面以"人事"去附会"天道"，另一方面又把人的道德性加之于"天"，使"天"成为一种道德的化身。"天"虽然作为客体与"人"对立，但又带有"人"的强烈的主体性，这种赋予"天"以道德性，把道德实践活动作为最根本的实践活动，就很难解决社会生活中存在的种种矛盾。这是一种历史唯心主义。但中国传统哲学强调伦理道德在社会生活中的重要意义，强调在处理天与人的矛盾的同时注意处理人与人之间的关系，这种思想是可取的。它以其伦理道德的求实精神统一了自然、社会、人类的矛盾。

人虽然隶属于自然和社会，但人作为自由的主体，具有自觉意识，能对自然和社会施加影响。人是宇宙自身产生的否定因素、能动力量。有了人，宇宙才有了一面反观自照的镜子；才有了真正的客体与主体的对立；才有了自觉推动沉睡的宇宙定向前进的力量。河山巨变，人在地球上铭刻了自己的印迹，现在正在超出地球，向其他遥远的星球进军。人类观测所及，已达二百亿光年的宇宙世界；人类剖析所及，已达 10^{-23} 厘米的微观领域。这是目前人类所能达到的限度，可望将来还会向外延伸，向内推进。但是，目前不可达到的领域，即完全排除人的影响的领域，不能认为是现实的宇宙，只能是潜在的宇宙。虽然根据推测，它是存在的，但对人类生存而言，可以略而不计。现实的宇宙是不能脱离人的，潜在的宇宙只能是一种设想，而不是现实的。然而，正如黑格尔所说：人类被提升到了一个哲学的顶峰，我相信人类本身受到如此尊重，这一点乃是这时代的最好标志。黑格尔那个为我们经常疵议的绝对精神其实并不虚无缥缈，无不落实到人类精神。如果说绝对精神是人类精神的神圣形态，那么，人类精神便是绝对精神的世俗形态。二者其实是统一的。因此，天人合一，人定胜天，正是黑格尔体系中的可贵的合理因素，也是中国传统哲学体系中的可贵的精华部分。

第二节　文化价值

科学作为社会一般生产力的形式，它是人类物质领域的一部分；而作为一种意识形态的产物，它又是人类文化的一部分，具有重要的文化价值。文化是人类社会的特有现象，具有地域性、历史性、民族性的特点，人类聚居的任何地域均有其自生的各种文化，不只是大河流域才有文化；文化的形成与发展是一个在历史前进中通过扬弃而不断积累的过程，具有历史的连续性；不同民族有不同的民族文化形式，伦理道德、思想感情、民族精神等被深深打上民族的印记。考察科学的文化价值，既不能排斥其他民族的优秀文化，也不能抛弃本民族的优秀文化。

一、科学技术与伦理道德

伦理道德是调整人与人之间相互关系的行为规范的总和。科学技术本质上是革命的，它的每一重大的发现或发明，都是对旧的伦理道德的冲击，促使人们的伦理道德观念发生深刻的变化。19世纪英国社会普遍认为在动物身上进行任何实验是不道德的，因而禁止任何活体的动物实验。可是科学发展冲破了这种"狗道主义"。现代生理学和现代医学所积累的知识，大都是通过动物实验而获得的，只有禁止动物实验的人，才是不道德的人。中世纪前，人们认为尸体解剖是不道德的行为，达·芬奇为获得人体解剖知识，冲破教会的禁令，偷偷解剖了几十具尸体，他绘制的解剖图被作为人类的艺术珍品而具有永恒的价值，现今再也没有人认为尸体解剖是不道德的了。但科学技术上所造成的社会后果，仍然存在着不同的道德评价和道德标准，例如对生态平衡问题、环境污染问题、能源危机问题、遗传工程问题等，就存在着两种截然相反的道德评价。爱因斯坦说："科学是一种强有力的工具。怎样用它，究竟是给人类带来幸福还是灾难，全取决于人自己，而不取决于工具。"[①]在人类历史上，科学从一开始就不仅是人们用来认识自然规律、控制自然力量、获得物质财富的手段，而且是人们用来认识社会，改造社会，进行社会革命，达到精神解放和道德进步的武器。任何一种具有真理性认识的科学都包含着道德的意义，在客观上都对社会发展和人类进步具有推动作用，而任何一种在历史上多少起过积极作用的道德，也都在不同程度上表现出对科学真理的尊重。因此，不少道德高尚的科学家总是力图使自己的知识与才智为人类的幸福贡献力量。马克思对他的女婿拉法格说："科学绝不是一种自私自利的享乐。有幸能够致力于科学研究的人，首先应该拿自己的知识为人类服务。"[②]杰出的科学家不但为人类物质文明做出了贡献，而且以自己高尚的道德品质，为人类的精神文明留下宝贵遗产。他们不谋权势，不谋虚名，热爱祖国，热爱真理，以天下兴亡为己任，以真知灼见动鬼神，这是最高的真善美，最高尚的道德品质。

亚里士多德认为，人的德行就是求乐避苦，人们只有掌握知识，运用理智，控制自己的行为，才能得到快乐，避免痛苦。他认为，人之所以成其为人，第一要有知识和理智，第二要充分圆满地运用知识和理智，以指导行动。古希腊的哲学家认为理智和知识是构成

① 《爱因斯坦文集》第3卷，第56页。

② 拉法格：《回忆马克思恩格斯》，第187页。

德行的最主要部分，"知识就是道德"，就是"最高的善"，只有科学知识才能把人类从对鬼神和死亡的恐惧中解放出来，才能使人们预测事物的发展，确定生活的目的和行为的准则。这些思想对于西方道德传统的形成和伦理思想的发展产生过极其深刻的影响。虽然科学遭到中世纪教会的摧残，但这种道德精神始终不灭，不断发出革命的闪光。文艺复兴运动使这种道德精神燃起熊熊烈火，在"知识就是力量"的口号下，把科学作为向封建教会势力进行斗争的武器，许多人为坚持科学和真理甚至牺牲了生命。

资产阶级中的先进人物，一般说来，都肯定科学对道德进步的作用和价值，认为科学是创造文明和获得幸福的工具，它能够使个人利益和社会利益达到和谐统一，从而促进人类道德水平的不断提高。在中国近代史上，许多先进的启蒙思想家和志士仁人，都曾努力治学，奋发进取，钻研科学知识，砥砺自己的品行，为中华民族的科学发展和道德进步做出了积极的贡献。伟大的民主革命先行者孙中山先生，他不仅欢迎西方自然科学输入中国，而且崇尚科学精神，反对迷信愚昧，从而成为品德高尚、博学明智的杰出的革命家。他认为，人们掌握了科学知识，不仅有了战胜自然的力量，而且能够促进中华民族的文明进步。他肯定了中国传统文化的德智并重、以德为本的思想，主张道德修养须同学习科学密切结合起来，尤其主张一个道德高尚的人，应同时是一个有知识、有才能的人。只有这样，才能具有"为人类服务"的精神和本领，为中华民族做出贡献。他的这些思想，对中国近代文明的发展和伦理道德的进步起了积极的作用。当然，由于中国社会长期受封建专制统治和小生产狭隘眼界的束缚，特别是近代中国遭受帝国主义的侵略和官僚资产阶级的压迫，科学的发展长期落后于西方先进水平，因而在一般社会道德和伦理思想中，对科学特别是自然科学，没有给予足够的重视，因而未能形成坚持科学、坚持真理的道德规范，造成现今仍然存在着的隐忧，即精神空虚、文化低落、理想幻灭、唯钱是举。长此以往，那种全无道德心肝、失去伦理灵魂的行尸走肉、酒囊饭袋日渐增加，从而造成一个物欲横行的世界，而共产主义的高尚道德则变为空洞的说教。历史的教训告诉我们，否认科学技术的道德精神，就必然破坏共产主义的伦理道德。只有克服各种自私的动机、腐败的幽灵，为人类的幸福而献身于科学事业，才具有高尚的道德意义。马克思说："我们所感到的就不是可怜的、有限的、自私的乐趣，我们的幸福将属于千百万人，我们的事业将默默地，但永恒发挥作用地存在下去，而面对我们的骨灰，高尚的人们将洒下热泪。"[①] 面对我国实现四化、振兴中华的伟大任务，发展科学技术，攀登科学高峰，这是中华民族的道德进步的要求，也是共产主义道德精神的具体表现。这是我们树立科学价值观的基本出发点。

二、科学技术与思想感情

科学技术不仅反映道德进步的要求，也对人们的思想感情发生强烈的影响。思想感情是一个复杂的心理过程。人类从野蛮进入文明，使情欲升华为意志、净化为感情，感情或叫热情是人生的原动力，是人生的斑斓色彩。人生无情等于槁木死灰，恨与爱、苦与乐等是人人都具有的感情表现。黑格尔甚至说：痛苦是人类的特权。乐从苦来，这是人生真谛。科学家往往把艰苦的探索看作是最大的乐趣，从而对科学事业表现出深厚的感情，不朽的科学巨著，永恒的科技珍品，正是人类健康感情的结晶。

爱因斯坦认为，真正有价值的东西并非出自野心，也不能仅从责

---

① 《马克思恩格斯全集》第 40 卷，第 6—7 页。

任感产生，而是对人对客观事物的爱与热诚产生。"爱"是人类感情的核心，爱的基本点是为了他人而放弃或牺牲自己利益的行为。科学家把科学事业看作是自己的神圣职责，不惜付出最大的牺牲，甚至在真理和死亡面前，会毫不犹豫地为了坚持真理而接受死亡的挑战。意大利的布鲁诺以极大的热情宣传哥白尼的日心说，受到罗马教廷的严刑审讯，但他始终坚持科学的信念，英勇不屈，在罗马鲜花广场的火堆上从容就义，用自己的生命点燃了科学的火炬，照亮了人们探索真理的道路。在科学史上，许多科学家就是如此地浩然正气，充塞两间，震天撼地，物我两忘。这种由情入理，以理疏情的感情，是人类高尚智慧的结晶，是理想的人、完全的人的精神意境。

人的感情世界由情感和情绪构成，情感和情绪是伴随其他心理过程而出现的主观体验和个体感受，作为特殊的心理过程，一旦产生，就会对其他心理过程起强化或削弱作用。但情感是深入人心的过程，情绪则是由内向外的外现过程，科学上的献身精神，追求真理的精神，是情感的最高表现。动物也有情绪，但始终不能产生情感，而人的情绪反应，却始终受情感的支配。心理学认为，情感是人对客观事物态度的一种反映。人们对作用于他们的事物的判断和评价是情感产生的直接原因，认知因素在情感产生过程中起关键性作用，只有当认识了所从事的工作对满足社会需要的意义，才可能产生强烈的事业心，产生无比热爱的情感。科学家的事业心是由科学的本性和科学事业的特点决定的，也是人的情感的本质反映。

科学的天职在于揭示事物的客观规律，增强人们改造世界的能力，从而造福于人类社会，因而要求科学工作者有极大的热情和很高的主动性。这种热情和主动性来自强烈的事业心，即来自献身科学、追求真理的崇高精神。爱因斯坦认为："一个科学家要象虔诚的宗教徒建立自己深挚的宗教感情，或者是青年人谈恋爱的热烈感情那样，来建立自己的科学目标和科学信念。要是没有这样的热情，就很难在创造性的科学研究工作中取得成就。"①

事业心的实质是对真理的追求，而对真理的追求，既是科学家的崇高理想，也是科学价值的内在本质。1910 年，罗素与怀特海花费十年心血，终于完成了《数学原理》这部巨著。他们漫长而艰苦的科学活动换来了什么？有什么价值？此书符号冗繁，内容艰涩，成本昂贵，发行狭窄。出版商出了一个价，亏损 600 英镑。为此，所在大学支付了 300 英镑，皇家学会拨款 200 英镑，罗素与怀特海各赚得负 50 英镑。对作者而言不但一钱不值，还倒贴 50 英镑，这就是从功利上计算出的《数学原理》的价值。但是，科学界的评价是，此书是 20 世纪初数学界最伟大的成果之一，其科学价值简直是无法估量，罗素和怀特海并不因为此书"一钱不值"而苦恼忧伤，恰恰因追求真理而感到无上欢欣。科学家们具有这样的信念：真的追求将达到善的境界——一种预定的和谐与内心的宁静。正是这种感情的需要，成为他们做出创造性贡献的动力，这也是科学活动背后的动力。这种动力驱使科学家们不断地追求真理，探索真理。只有那种最高尚的感情，才能有力地引导人们去追求真理、探索真理。

三、科学技术与民族精神

伦理道德是人类意志的表现，思想感情是意志的内在动因，而无论是伦理道德还是思想感情，都必须体现一种民族精神。民族精神是一个民族的精神生活的历史结晶，是一个民族屹然独立与日月同辉的标志。对一个人而言，哀莫大于精神世界的空虚；对于一个

---

① 《爱因斯坦文集》第 1 卷，第 347 页。

民族而言，哀莫大于民族精神的丧失。这种民族精神的实质就是爱国主义。列宁说："爱国主义就是千百年来巩固起来的对自己祖国的一种深厚感情。"[①] 这种感情集中地表现为民族自尊心和民族自信心；表现为人们争取祖国的独立富强而英勇献身的奋斗精神。科学技术上的发明和创造关系着祖国的荣誉和前途，真正伟大的科学家总是努力捍卫祖国的荣誉，为祖国的前途而献身。海涅说："热爱自己的祖国是理所当然的事。"居里夫人是一位伟大的科学家，也是一位伟大的爱国者，她虽然在法国从事科学研究，但时刻也没有忘记自己的祖国——波兰。1898 年 7 月，她把发现的新元素命名为钋（Po），用拉丁文波兰国名 polonia 一词的词头"po"表示对祖国的热爱，充满了强烈的民族自豪感。

印度诗人泰戈尔在一首诗里写道："我周游世界，跋山涉水，花了那么多的钱，走了那么多的路，阅尽世界万物。但是，这一切我都忘了。独有我家门外，一棵小草的嫩叶上面，冒着一滴露珠，它映出通天宇宙。"家门外一棵小草上的一滴露珠，凝结着诗人爱故乡、爱故土、爱祖国的无限深情。这种感情的产生，首先是生于斯、长于斯的缘故。

我们的祖国是一个统一的多民族的国家。我们的祖先称她是"华夏"、"神州"、"中国"。"华夏"的含义是"文化"，文化高的民族称为"华"，文化高的地区称为"夏"；"神州"源于战国齐人邹衍创立的"九大州"学说，所谓"赤县神州自有九州"，把"神州"作为中国的别称。"中国"的称呼可以追溯到商朝。当时的中原各地小国林立，商王统治的地区只不过是五都附近的一小块地方。由于五都位于东、西、南、北四方之中，故将这块国土称为"中国"。

---

① 《列宁全集》第28卷，第168—169页。

这些称呼，倾注了我们的祖先对祖国的热爱之情。她的子孙后代对祖国同样一往情深。从很早的古代起，我们中华民族的祖先就劳动、生息、繁殖在这块幅员辽阔、山河壮丽的绿洲上。在中华民族的开化史上，有素称发达的农业和手工业，涌现了许多伟大的思想家、科学家、发明家、政治家、军事家、文学家和艺术家，有丰富的文化典籍、珍贵的科技发明。具有五千年文明史的中华民族，虽几经兴衰，历尽艰辛，却从未根绝，业已形成了一个一以贯之的主心骨，这就是将它凝为一体的不可替代的文化传统。

可是，现在有些缺少中国文化熏陶的人却对伟大祖国的感情很是淡薄，他们的眼睛只看到西方，看不到东方，只看到蓝色，看不到黄色，一味追求西方的文化，而对我们中华民族的文化遗产不屑一顾。他们向往着法国的罗浮尔宫，拜倒在美国的自由神下，甚至从根本上拜倒在资本主义门下，将他们的利己主义、拜金主义等等也企图一股脑儿搬过来。

我们不反对学习西方的科学技术、管理经验乃至他们的某些优秀的文化财富。任何民族都有他们的长处，盲目的排外主义是愚昧无知的表现。但是，我们绝不要数典忘祖，妄自菲薄，更不可践踏民族感情，丧失民族精神。我们祖国作为世界上著名古国之一，在长时间内曾居于世界前列，对于东方乃至全世界的文化与科学技术的发展产生过巨大的影响。虽然中国的传统文化中包含了封建性的糟粕，但仍能流传迄今的东西，成为中国人安身立命的东西，是不可弃绝的，事实上也是弃绝不了的。这就构成了中国传统文化的特色，使中国人成其为中国人。例如，儒家作为一个整体的历史文化现象，它是封建主义的具有典型性的官方意识形态，在这个意义上它是应该被清除的。五四时代先进的知识分子提出"打倒孔家店"的口号，迄今仍有革命意义。然而，儒家学说作为三千年封建统治阶级的意识形态，也深刻影响了被统治阶级，特别是它的伦理、道德观念。象征"忠"的岳飞和象征"义"的关羽，是中国人民大众十分崇敬的历史人物，被奉若神明。一些具有广泛群众影响的儒家观念，经过民间吸取而有了社会共性，它超越历史与阶级，变成全民共有的东西，成为中华民族精神的构成因素。

中国文化一个突出的特征是注重人事，在于论证人事原则，集中表现为人的行为的道德准则，伦理道德被看作是人的本质。孔子把"礼"看作是人与动物的标志；荀子把"有辨"看作是人与动物根本区别。而"辨"即"别"，是礼的核心和本质。既然伦理道德被看作是人的本质，那么人的行为的最高准则就是实现道德，而实现的途径就是按照伦理的要求修身养性。这种伦理道德观念以其入世的求实精神，统一了客观世界与精神世界的矛盾。中国人不大注重修来世而是全力抓现世，他们求神拜佛，着眼点不在进入天国或西方极乐世界，他们需要的是现世尊荣，而不是天国幸福，似乎吃透了社会人生问题，精神生活完全融入现世之中，严格意义的宗教观念十分淡薄。所谓天意不过是人性的超出，人性不过是天意的归宿，天人原是合一的，人靠自己的灵性，协调尘世的纷争，从而获得内心的宁静。这些思想，清除其糟粕部分，应该说是相当合理的，这也正是西方所缺少的东西。

西方文化的一个突出的特征是注重自然，形成了"向外探索，穷究自然界的底蕴"的希腊文化精神，创造了精深优美的文化艺术科学。但他们的精神是困乏的、不安的、空虚的，在尘世的角逐中，有时不能不是昧心的。他们可能有万贯家财，可能过着豪华生活，但精神的痛苦难以解脱，因而需要宗教、神父、上帝，借以倾诉自己的隐私，忏悔自己的罪孽，求得一张天国入门券。近年来海外掀起了一股中国文化热，十分推崇中国的政治、伦理学传统，对代表中国的儒家传统做了极其精深的研究，这也说明西方文化迫切需要中国文化的滋润。

总之，中国文化也好，西方文化也好，各有其特点，各有其民族性，各自均有其精华与糟粕的二重性。不论这个民族具有如何非凡的优越性，或者令人生厌的劣根性，总是不能为它以外的什么东西替代的。它只能在外部某种条件下，通过其内在矛盾，自我转化。如何消融西方文化的精华于中国的优秀传统文化之中，亦即如何使自然与人生统一，达到天人合一的境界，这是我们建立马克思主义文化的奋斗目标。马克思主义是西方传统文化的最高产物，我们只能在扬弃这个传统的基础上，才能学到真正的马克思主义，也才能真正体现我国的民族精神。

中华民族作为一个富有伟大历史创造力的民族，不仅创造了中国的灿烂文化，而且更重要的是发扬了爱国主义的民族精神，这种精神是一种可贵的"民族魂"，它是中国的精华，民族的瑰宝，浩然之气，"长留于天地之间"。发展科学技术必须发扬这种民族精神，才能真正实现人生的最高价值。

第三节　人生价值

人类及人类精神的出现是客观物质世界内在否定性的显现，科学是人类最崇高的精神价值的开拓者，它的出现和人类及人类精神的出现具有同等重要的意义，甚至使人类精神获得最恰当的表现，在为人类和社会创造更多的物质财富和精神财富的劳动中，有效地实现和提高人生价值。

人从生物学的意义上通过劳动成其为人；人从政治经济学的意义上通过劳动的异化，大部分丧失了人的生存条件而沦为禽兽，小部分丧失了人的劳动本质变成了衣冠禽兽；通过劳动的复归，人重新恢复了人的尊严，并进一步在精神领域净化自己，完全显现了人的本质。这就是人的脱毛三变的自我实现过程。这个过程简单说来是：生物的人—现实的人—完全的人。共产主义奋斗的目标是使人在改造世界的同时也改造自己，不仅在生物上、政治经济关系上成其为人，而且在意识精神上成为一个完全的人。

在人类历史发展的长河中，人类一方面要与自然做斗争，解决人与自然的矛盾，另一方面要与社会做斗争，解决人与社会的矛盾。这两种矛盾均有自己的规律，都有自己的必然王国。当人们尚未认识它们的时候，人是不自由的。人类只有凭借科学的力量，从必然王国的统治下解放出来，才能进入自由王国，获得思维的解放和精神的自由，达到人性升华的境界，这意味着主客交融，天人合一，善与美统一于真，意志与感情统一于理性。

一、科学技术与人生态度

正确地衡量人生的价值是一个相当复杂的问题。一个人的价值主要体现在人对社会的责任与贡献以及社会对个人的尊重与满足。科学技术可以使人的价值实现内在价值与外在价值的统一。

人的价值是人所具有的改造自然、改造社会的能动的创造力。人的这种创造力只是潜在价值，只有当这种创造力发挥出来并转化为物化的价值形态和对社会的积极作用时，价值才能在个体身上得到体现。科学是一种知识形态的生产力，具有极大的创造力，但它在未加入生产过程前，这种生产力和创造力是潜在的，潜藏于它自身的创造力以及为使这种创造力得以充分发挥的社会品格之中。在科学成果中，凝聚着人们的劳动，是科学家劳动的结晶，所以它具有一种内在价值。但它仅仅是一种思想、一种知识、一种揭示对象规律所表现出的理论形态，即知识形态的生产力。当人们通过技术发明的途径，把科学物化在生产资料之中，创造出新的生产工具后，就会变成直接的生产力，由内在价值转化为外在价值。

科学由内在价值转化为外在价值的过程，实际上也是人的价值由内在价值转化为外在价值的过程。科学的价值也就是人的价值。这种价值是人的本质特性的反映，而人的本质来自劳动的性质。

劳动是人和自然相互作用的过程，是人类使用工具来改造自然物使之适合于自身需要的有目的的活动，具有目的性、能动性、社会性的特点。科学劳动是人类创造、传播、应用科学技术的特殊形式，属于人类劳动范畴，因而科学劳动者和其他劳动者一样，是人生态度的主体，是一个活生生的有意识、有情感、有追求的态度的持有者，不仅期望自己对社会做出贡献，而且期望社会对自己有所尊重。所以，绝大多数进步的科学家都把自己毕生的精力和事业，同人类的幸福和人民的利益联系起来，当他们孜孜不倦地从事科学劳动时，当他们经过一生操劳而离开人世时，所想到的不是个人，而是真理，是科学，是造福人类的伟大事业。

但是，历史上不存在什么抽象的"人生价值"，不同时代、不同阶级、不同理想、不同品质的人，就会表现出不同的人生态度。所以，在科学队伍中也存在着一些享乐主义、悲观主义、实用主义等人生价值观，因而在科学劳动中也存在种种不道德行为，诸如窃取他人研究成果的"科学小偷"，强占他人研究成果的"科学强盗"、垄断科学技术领域的"科学恶霸"等。"谁要是为名利的恶魔所诱惑，他就不能保持理智，就会依照不可抗拒的力量所指引给他的方向扑去。"① 科学绝不是一种自私自利的享乐，科学劳动要求人们以诚

---

① 《马克思恩格斯论教育》，第46页。

实的劳动为人类服务，用真实的成果为社会做出贡献。人的价值作为劳动者个人对人类和社会的贡献来说，在性质上没有高低和等级之差。任何事物的质作为规定性来说并无大小之分，因而人的价值的质也无大小差别；但它的量是不平衡的。各人的能力有大小，然而只要在劳动中尽力为人类和社会做出自己的应有贡献，那么他的生命、智慧和才能就同样具有社会意义，其价值是同样可贵的。

二、科学技术和人类进程

人类社会的产生是由工具的制造开始的。工具的制造标志着科学技术的起源。因此，科学技术和人类社会具有同样悠久的历史。但是，人类早在他生活在科学世界以前，就已经生活在客观世界之中了。人之所以为人，有一个自身进展的过程。这个过程简单说来就是：生物的人—现实的人—完全的人。科学技术在人的这种脱毛三变的过程中，推动人类实现真正的人生价值。

恩格斯引用一句谚语说："什么是人？一半是畜生，一半是天使。"人在进入人类社会以前，只是生物的人，与畜生并没有本质的差别，基本上处于兽禽状态。人如何从兽性中生长出人性来？黑格尔认为人必须生活在社会关系之中才是现实的。马克思分析人的本质时正是脱胎于此。他指出："人的本质不是单个人所固有的抽象物，实际上，它是一切社会关系的总和。"这个论点是唯物史观的基石之一。但马克思的这句话，常常被人简化为"人的本质是一切社会关系的总和"，认为它是马克思主义关于人的本质的科学规定。其实这里并未回答人的本质是什么，而是阐明"人的本质"同"社会关系的总和"之间的关系。什么关系呢？马克思在这里告诉我们：人的本质并不是单个人生来固有的抽象物，而是从现实的社会关系总和中抽象出来的抽象物，因此，它的现实表现是一切社会关系的总和。"人的本质"同"社会关系的总和"是对现实的人的本质的描述，绝口不谈人类自身的历史发展，又哪来"社会关系的总和"，以及社会关系的更替呢？

禽有禽性，兽有兽性，人当然也有人性。人之为人，有其不同于其他物种的自然属性，但这还不是决定人之为人的本质属性。人的本质在于人的社会性，人是社会的存在物，只有社会的人才是现实的人。这一点费尔巴哈也早有认识。他说："能够把人从自然界抽出来吗？不能！但直接从自然界产生的人，只是纯粹自然的本质，而不是人。人是人的作品，是文化、历史的产物。"① 费尔巴哈看到了人的社会性这一人的本质属性，但他未能以"社会关系的总和"来研究人的本质，始终是宗教所说的那种抽象的人。人之为人，人之所以异于禽兽的主要特征，都是在社会历史发展过程中形成的。

科学以大量的事实表明，人不是一个永恒的物种，他是在地球漫长历史发展过程中逐渐演化形成的，其关键是劳动。从此，人在生物学的意义上最终与禽兽相区别而成其为人，但人尚未真正地成其为人。

随着生产力的发展，人类熬过了禽兽生活的孩童时期，进入了人的社会，科学技术有了一定的发展。于是，人才成了社会的人，开始从人的潜在状态转化为现实状态，由生物的人变成现实的人。自从私有制和阶级产生以后，人类社会建立了以私有制为基础的阶级社会，经历了奴隶制度、封建制度、资本主义制度三个阶段，这三个历史阶段的社会制度都以人剥削人的现象为共同的经济政治特征，因而在政治经济学的意义上，多数人由于劳动的异化重新沦为禽兽，少数人由于游离于生产劳动过程之外，从而失去了人之所以

---

① 费尔巴哈:《费尔巴哈哲学著作选集》上卷，第274页。

为人的劳动本质，实际上也不复成其为人，徒有人之外观而已。他
们把个人的私利看作人生的基础，追求个人的人生价值，在自然的
桎梏与社会的重压下呻吟厮混，虽则为人，实则为兽，人性为兽性
所替代，与其说是天使，毋宁说是畜生。马克思指出：饮食男女固
然是真正的人的机能，但是，如果把他们变成最后的唯一的终极目
的，"那么，在这个抽象中，它们就是动物的机能"①。

　　宗教曾向人们揭示了一个具有双重特性的人——堕落前的人和
堕落后的人。人本来应具有最高的目的性，但他失了自己的这种地
位。由于堕落，人失去了他的人性，使他又恢复了兽性。这种堕
落是一种倒退，当然不是人类历史的倒退。事实上，在私有制的历
史时代，不仅有堕落的一面，也有进步的一面。在现实的人中，既
有禽兽，也有天使。这种进步的天使，主要表现在孜孜不倦地为科
学、为真理、为人类和社会造福的劳动者，特别是科学劳动者的身
上。爱因斯坦就是这样的天使代表。他不但有高度的人性觉悟，而
且有高尚的道德品质。他认为，作为一个科学家，首先要具备为人
类献身的精神，做一个真正的人，他说："一个人的真正价值首先决
定于他在什么程度上和在什么意义上从自我解放出来。"② 历史上开拓
社会前进的科学家、思想家、政治家、哲学家等伟大人才和杰出人
才，他们的人生价值都升华到神圣的地位，成为崇高的道德典型。

　　劳动的异化必然导致劳动的复归，劳动者虽然由于劳动的异化
丧失了人的生存条件，过着非人的牛马生活，但是由于劳动者通过
学习和教育的途径，使自己掌握必要的科学知识、生产经验与劳动
技能，在同自然与社会的颉颃中继续前进，从而重新恢复人的尊严，

---

① 《马克思恩格斯全集》第 42 卷，第 44 页。
② 《爱因斯坦文集》第 3 卷，第 35 页。

并进一步在精神领域净化自己，使人的本质达到自我的完全实现，即在意志、感情、思维领域中完全实现自己，达到克服盲目性的倾向，摆脱偶然性的支配，掌握必然性的规律，从而获得思维的自由与精神的解放。达到这一步，人才变成一个完全的人。

生物的人情欲占支配地位；现实的人意志占支配地位；完全的人理性占支配地位。理性思维的出现标志着人类精神的成熟。此时，人类在精神领域完全实现了自己，完成了物质与精神的统一、宇宙与人生的统一。此时，思维的精神、精神的自由也得到了实现。这种解放与自由的实现，对于主体而言，就是自我的自觉；对于客体而言，就是真理的显现；对于人生而言，就是幸福的享受。这一切意味着共产主义理想的实现，虽然这是十分遥远的事情，但只要人类奋斗不懈，随着科学技术的发展，这种理想还是可以实现的。

三、科学技术与人类理想

理想是人生的奋斗目标和精神支柱，是人们对美好未来的向往和追求。富于理想是人区别于动物的重要标志之一，体现着人类理性思维的本质。人类最进步、最美好的理想就是共产主义。这正是科学为之追求的奋斗目标。

共产主义 "communism" 一词来源于拉丁文 "communion"，是 "公有" 的意思。而科学恰好具有公有性或共享性的精神气质，科学成果一经生产出来，便变成全人类共同享有的财富。一个科学家做出了贡献，得到了社会的公认，便构成了社会的 "科学财产"，被分配给社会全体成员，科学家个人没有特殊占有的权力。达尔文的进化论，爱因斯坦的相对论，普朗克的量子论，等等，谁都可以享用这些 "财产"，无须付出任何代价，如同无偿地享用阳光、空气一样地不费分文。科学的这种公有性或共享性对人类社会的发展、科学技术的进步具有极大的促进作用。

理想作为社会意识的一个组成要素，本质上是对社会存在的反映。科学理想作为人们的远大奋斗目标，必然反作用于社会生活，虽然社会发展是一个自然的历史过程，但每一特定历史时代的客观过程，都同特定阶级的利益与意志有着内在的联系。从这个意义上说："历史不过是追求着自己目的的人的活动而已。"[①]科学的迅猛发展，至今不过三多个世纪，从人类历史的长河来看，只是短暂的一瞬。但最初结合着资本主义和工业革命的现代科学，它的生长已具有不可逆转性。19世纪资本主义生产方式在世界范围内的凯旋，同时宣告了所谓"科学世纪"的到来，被科学技术所激发的生产力像火车头一样，带动整个社会滚滚向前。历史发展进程的迅速使人们相信，理想的实现虽然还很遥远，但这一天终会到来。科学是促成理想实现的有力工具。

尽管近代科学和资产阶级一道成长，但科学的历史地位和作用肯定比资产阶级更大、更高、更重要，资产阶级必然有一天退出历史舞台，而科学却永葆青春，万世长存。资产阶级第一次把科学活动从个人书斋中的冥思苦想转变为专门的社会活动，成为一种社会建制，但与此同时，"资本家像吞并别人的劳动一样，吞并'别人的科学'"[②]。科学本质上是革命的，它有崇高的追求，随着无产阶级登上历史舞台，科学将最终与资产阶级分道扬镳，从资产阶级的武器变成反对资产阶级的武器，实现科学自身的解放和自由。

未来的科学技术和未来的人类社会，必将相互促进，协同发展，整个人类也必将从必然王国进入自由王国，人类不仅成为社会的真

---

① 《马克思恩格斯全集》第2卷，第118—119页。
② 《马克思恩格斯全集》第23卷，第424页。

正主人，同时也成为自然的真正主人，以自由人的身份驾驭社会，驾驭自然。这种美好未来的境界，既体现着社会发展的必然规律，也体现着科学技术的伟大价值。

马克思认为，未来的社会是真正的社会，是人作为人，按照人的样子来组织的社会。在这种社会里，作为人与人之间联系纽带的是人的本质，而不是商品、货币。也就是说，每一个人的生产都是为了满足"人的需要"，创造与另一个人的本质的需要相符合的物品。人们彼此重视的是人"自身"、"人的价值"，而不是物，不是人所拥有的"物的价值"。科学既能创造"物的价值"，更能创造"人的价值"，它超越自身，跨越某种物质的和认识的界限，与更高的精神上的要求统一起来。这个精神上的要求就是达到真善美的统一。

真，使宇宙显现其内在的辩证本性，驱使自然、社会的发展服从于人们所希望的目标；善，使人类获得思维的解放与精神的自由，达到从自在到自为的升华；美，使体现社会生活的本质引起特定情感的变化，赋予人类改造世界的活动带来美的成果，最根本的是人的心灵美、道德美、行为美。真、善、美是统一的。美以真和善为前提，真和善的升华就是美，所谓以美启真，以美储善，在对真、善、美的追求中，科学蕴含着极其宝贵的价值。研究科学技术的价值，一个极其重要的方面就是研究科学中的真、善、美，实际上也就是研究科学中的真理、道德和审美的问题。理想的实现就是使人自觉地追求客观真埋，树立高尚和道德情操，满足精神上的审美需要。

结束语

　　马克思哲学建立在对于客观自然界、人类社会发展以及相应的思维活动的规律的认识的基础之上。它本应是一门全面而无任何曲蔽的学问。但是，近百年来，由于政治与军事斗争的需要，由于生产与经济建设的需要，它的原则在这些方面得到广泛的应用与引申，以致马克思主义哲学充满了生产、经济、政治、军事等方面的内容。这对加深马克思主义哲学的社会现实性显然是极其有益的。

　　但是，当这样一些内容过分膨胀以后，对哲学的生存与发展更为重要的科学技术基础反而显得无足轻重了。哲学不要科学技术，科学技术蔑视哲学。其后果是：哲学的根基动摇，变成了空幻的游谈；科学技术的理论混乱，导致了步履的蹒跚。因此，哲学必须与科学技术交融，它才能重新焕发青春，充满活力，继续前进。而科学技术得到哲学思想的指导，它才能克服理论难点，纵深发展。

　　自然辩证法便是哲学与科学技术相结合的产物。它作为马克思主义哲学的基石，是恢复与发展马克思主义哲学的科学真理性的可靠保证。

　　近年以来，有一种值得注意的倾向，即以批判青年马克思的人性论为荣。这种批判不够审慎。马克思主义哲学唯物论正是以强调人的主观能动性、行为目的性而与机械唯物主义相互区别的。它在人本主义唯物论基础上进一步深化，即从生物的人进而研究现实的人，再进而提出共产主义的远期奋斗目标，将人提升到理想的完全的人的境界。可见马克思主义与人性的科学研究并不矛盾。

相反，拒绝探讨人性，以为研究客观自然界就必须排斥人，否则便不客观，这种纯客观的科学主义态度其实是不科学的。现实的宇宙自然是人生存于其中的自然，是人作为其产物的自然，是人能施加影响的自然。因此，自然辩证法如不滑入纯客观的科学主义泥坑，就必须将自然界连同人及人类世界作为其研究对象。这就是说，自然辩证法必须与历史辩证法相结合。它理当作为提升人类的武器，从而在人类脱毛三变的过程中，即从生物的人、现实的人到完全的人的前进运动中，发挥其催化加速的作用。

从前人们总认为自然辩证法的探讨与科学社会主义的追求是风马牛不相及的，殊不知它们却有其内在的深刻的联系。

资本主义社会的弊害与矛盾，使这个社会中的有识之士深感不满，他们厌恶私有制基础上滋生的拜金主义与利己主义，向往一个真正人人平等自由，能充分发挥人的个性的公有制社会。他们有高尚的社会主义、共产主义的理想，也有真正的自我牺牲的精神，然而，却没有找出一条将理想转化为现实的道路。马克思、恩格斯为他们的理想所鼓舞，经过几十年的科学研究与革命实践，制定了科学社会主义的一整套理论。其中最为重要的一点是：生产关系必须适合于生产力性质的法则。要确立社会主义公有制的生产关系，必须有与其相匹配的社会生产力作为其基础。这种生产力不是封建社会的那种农业生产力，也不是资本主义社会的那种工业生产力，而是以科学技术作为核心的三种产业统一的社会主义社会的社会生产力。

　　因此，自然辩证法归结到关于科学技术的哲学理论的探讨，正是对上述生产力的核心的全面的理论分析。这种分析无疑地将推动社会生产力的迅猛前进，从而奠定实现科学社会主义的物质基础。

　　自然辩证法作为科学社会主义的理论前提，就使它彻底与纯客观的科学主义以及西方的什么科学哲学、技术哲学划清了界限，成为一门真正的马克思主义自然哲学。它以其理论性与实践性的统一、科学性与革命性的统一，傲然独立于科学之林。

　　作为马克思主义哲学基石的自然辩证法，作为人类自我提升的自然辩证法，作为科学社会主义的理论前提的自然辩证法，是马克思主义哲学的优秀传统的继承与发展，是马克思主义哲学的最高权威的确证，是人类自我提升与社会变革的强大力量。

1989 年 4 月 9 日

写于扬州江苏农学院

第一版编后记

本书是由江苏省自然辩证法研究会组织人员编写的。

参加编写的有：萧焜焘（序言与结束语）、邹甲申、邓浩（导论）、王卓君、黄政新、李进尧（第一篇）、梁重言、苑金龙、狄仁昆、钟明（第二篇）、邓浩、邹甲申、宋明南、陈石、伍正亮（第三篇）。

本书主编一致推定由萧焜焘担任。

经主编提名，编委会由萧焜焘、邹甲申、邓浩、李进尧、梁重言、宋明南组成。

1982年江苏省高教局组编，由萧焜焘任顾问，并与张永声统编全书的《自然辩证法概论》出版后，由于其结构的合理性而受到好评。此次编写是在此基础上，参考国家教委编写的《自然辩证法概论教学要点》（试用本），由主编提出主导思想及全书篇章安排的设想，经全体编写人员多次认真讨论并个别磋商，然后分工写出初稿的。

初稿经编委分篇审读后交主编处理，鉴于时间紧迫，任务繁重，经主编建议，在扬州集中十天统稿，请邹甲申、邓浩协助稿件处理。最后，全书由主编审改定稿。

本书定稿、排印等事宜，承江苏农学院领导及有关同志热情协助，该院学报主编王义华同志对本书电脑排印做了技术处理；还承新华日报印刷厂精心印制并予优惠，本书才得以迅速出版，及时满足了教学需要。在此，我们表示衷心感谢。